东莞市中心城区及松山湖开发区抗震防灾规划编制

何 萍 聂树明 主编

地震出版社

图书在版编目（CIP）数据

东莞市中心城区及松山湖开发区抗震防灾规划编制/何萍，聂树明主编. —北京：地震出版社，2019.3

ISBN 978 - 7 - 5028 - 5008 - 1

Ⅰ.①东…　Ⅱ.①何…　②聂…　Ⅲ.①抗震措施–城市规划–东莞　Ⅳ.①P315.9

中国版本图书馆 CIP 数据核字（2018）第 282997 号

地震版　XM4173

东莞市中心城区及松山湖开发区抗震防灾规划编制

何　萍　聂树明　主编

责任编辑：刘素剑

责任校对：孔景宽

出版发行：地震出版社

北京市海淀区民族大学南路 9 号　　　　　　邮编：100081

发行部：68423031　68467993　　　　　　传真：88421706

门市部：68467991　　　　　　　　　　　传真：68467991

总编室：68462709　68423029　　　　　　传真：68455221

专业部：68467971

http://seismologicalpress.com

E-mail：dz_press@163.com

经销：全国各地新华书店

印刷：北京地大彩印有限公司

版（印）次：2019 年 3 月第一版　2019 年 3 月第一次印刷

开本：787×1092　1/16

字数：468 千字

印张：18.75

书号：ISBN 978 - 7 - 5028 - 5008 - 1/P（5713）

定价：98.00 元

编　委　会

序

　　城市是一个地区政治、经济、文化活动的中心。因其人口稠密，建筑林立，工商业流动量大而频繁，生命线系统错综复杂，面临的地震及其次生灾害风险与其它地区相比均要大得多。唐山大地震是我国近代非常典型的城市直下型震例，瞬时间，近 24 万人失去生命，造成直接经济损失百亿元，恢复重建也耗资近百亿元。2008 年的汶川特大地震则是给北川羌族自治县人民带来巨大灾难和悲痛，地震及其带来的地震滑坡次生灾害造成北川县 16.4 万人全面受到伤害，15645 人遇难，4413 人失踪，26916 人不同程度受伤，全县房屋倒塌或损毁 53614 户，面积达 74.46 万平方米，严重损毁无法居住的危房占全部房屋的 93%以上，县内道路交通、水、电、气供给以及通信全部陷入瘫痪，行政、卫生、教育等基础设施全部被毁，360 余家中小企业遭受严重损失，灾害造成直接经济损失达 585.7 亿元。这两个震例足已说明城市抗震防灾的紧迫性及重要性。

　　我国政府对防灾工作非常重视，在唐山地震后更加重视城市的防震减灾工作，特别是近年来，随着我国城市化进程的加快，已经考虑在城市的改造和发展规划中，不断增强城市抗震防灾的对策，并逐步形成城市发展规划中一项必不可少的专业规划——城市抗震防灾规划。

　　我国目前正处于重要的发展阶段，习近平总书记对新形势下的防灾减灾工作提出了更高的要求，他提出要坚持以防为主、防抗救相结合，坚持常态减灾和非常态救灾相统一，努力实现从注重灾后救助向注重灾前预防转变，从应对单一灾种向综合减灾转变，从减少灾害损失向减轻灾害风险转变，全面提升全社会抵御自然灾害的综合防范能力。为了充分贯彻落实习总书记防灾减灾重要讲话精神，将在广东地区逐步探索城市抗震防灾规划的编制与实施，未雨绸缪，在城市规划建设初始就把提高城市抗震防灾能力纳入视野，对城市的土地利用、规划、工程建设的场址选择、房屋、工程设施、设备、生命线系统和防止次生灾害等内容做出规划，为合理、安全、经济的抗震设防提供了基础。通过规划的实施最终达到减轻地震风险的目的。

　　东莞市政府一直以来非常重视防震减灾工作，并将其融合到城市安全的规划建设。东莞市政府确定以中心城区 4 个街道（莞城、东城、万江、南城）及松山湖开发区为核心区域，开展《东莞市中心城区及松山湖开发区抗震防灾规划》，作为东莞市防灾减灾一个专项规划及城市总体规划的重要组成部分。东莞市地震局于 2015 年组织实施规划编制，2016 年完成规划编制工作，2017 年 8 月规划经市政府同意印发，正式实施，这在广东省抗震防灾规划编制中也是具有里程碑意义。为更好地交流抗震防灾规划工作，2018 年初规划编制单位决定编撰本书。本书的出版不仅为东莞市城市规划和防震减灾工作提供了科学依据，同时对全省乃至全国其他城市相关规划的编制都有重要的参考价值。

黄剑涛

2018 年 7 月

前　言

　　城市抗震防灾规划属于城市规划中的专项规划，其编制及实施的目的就是为了减轻地震对城市所带来的直接及间接灾害，未雨绸缪，真正做到城市减灾，规划先行。

　　2015年1月，广东省工程防震研究院受东莞市地震局委托，负责编制东莞市中心城区及松山湖开发区的抗震防灾专项规划。在编制过程中始终以《中华人民共和国城市规划法》和《中华人民共和国防震减灾法》为依据，结合现有国家及地方相关标准和规范，以"预防为主，防、抗、避、救相结合"为编制方针，以人为本，因地制宜，编制立足于规划的可实施，易操作。2015年12月规划通过专家组验收，2016年10月通过东莞市城乡规划委员会审议，2017年8月东莞市人民政府正式批复，付诸实施。

　　在整个编制过程中，编委会得到东莞市发展和改革局、市经济与信息化局、市教育局、市民政局、市国土资源局、市住房和城乡建设局、市地震局、市交通运输局、市公路管理局、市水务局、市文化广电新闻出版局、市卫生和计划生育局、市体育局、市安全生产监督管理局、市统计局、市城乡规划局、市城市综合管理局、市公安消防局、市供电局、东莞市城建档案馆、中国电信股份有限公司东莞分公司、中国移动通信集团广东有限公司东莞分公司、中国联合网络通信有限公司东莞分公司、东莞市东江水务有限公司、东莞新奥燃气集团等单位的大力支持，他们为项目实施提供了大量宝贵的数据资料，为规划成功编制打下了坚实的基础，在此，谨致谢意。

　　本书一共分为九个章节，全面介绍了东莞市中心城区及松山湖开发区抗震防灾规划的编制依据、方法及具体内容。本书的出版将为广大地震工作者及从事规划设计人员提供此类专项规划的编制范本。

编　者

2018年3月

目　　录

第1章 东莞市中心城区及松山湖开发区概况

根据《东莞市城市总体规划（2016—2030年）》，中心城区的建设以调整优化转变为主调，以建设成为创智新城、山水绿城、岭南名城为目标。打造以松山湖高新区（生态产业园区）为龙头、重点镇街为有力支撑、各区域协调推进的全面创新格局，积极参与珠三角国家自主创新示范区建设，加快建成国家创新型城市[①]。

东莞市中心城区包括莞城、南城、东城和万江4个街道，承担市级行政、文化、商业、商务等综合服务职能，成为区域综合服务中心、高品质生态宜居城区。中心城区及松山湖开发区分区发展指引：

（1）莞城是历史文化的重要展示窗口、传统商贸服务业聚集地和教育科研中心。

（2）南城是穗港经济走廊的重要节点、东莞市政治文化中心、总部经济中心，是集现代服务业、高新技术产业和文化产业为一体的产业基地，也是宜居生态居住区。

（3）东城是东莞市优质生活服务业聚集区、中央居住区、都市休闲旅游胜地和市中心区高端制造业基地。

（4）万江是水乡都市休闲区、文化创意产业基地和市区商贸物流服务业基地。

（5）松山湖开发区以松山湖高新产业园为主体，与大岭山、大朗协同发展，强化创新服务能力，成为区域创新节点，是促进东莞转型升级的创新驱动器。

1.1　地理环境概况

东莞市位于广东省中南部，珠江三角洲东北部，北靠广州，南依深圳，东邻惠州、博罗，西与番禺隔珠江相望，不仅是穗、深、港经济走廊的黄金地段，沟通珠江两岸和深圳、珠海的桥梁，是广九铁路、广深准高速铁路、广梅汕铁路与大京九铁路的交会处，也是广州与香港之间水陆交通的必经之地（图1.1）。

东莞市中心城区位于东莞市内中部，地势上整体走势是东南高西北低，地形主要为低山、丘陵地、台地和平原。东南部多山岭，峰峦起伏，地势较高，属丘陵地带，地面高度在海拔130~150m之间，海拔最高的是185m的黄旗山；西北部都是冲积平原，属东江南支流水域地带，河网交织，地势较低，最低是东莞运河以西的海冲积平原，海拔在2~5m。

松山湖开发区规划控制面积72km²中，坐拥8km²的淡水湖和14km²的生态绿地，是一个生态自然环境保持良好的区域。松山湖开发区属于丘陵地貌，丘陵与洼地相间，高低不

---

① 《东莞市委、东莞市人民政府关于实施创新驱动发展战略走在前列的意见》。

图 1.1　东莞市中心城区及松山湖开发区区域位置示意图

平，地势总体较高，海拔在 10~95m 之间，丘陵顶面大部分海拔为 40~50m，少部分较高，为 70m 以上。场区内东南部及西部地势较高，中部及北部较为平坦。

　　东莞市中心城区及松山湖开发区地处低纬度地区，均在北回归线以南，属南亚热带季风气候，年平均气温为 22℃。夏季风带来大量水汽，成为降水的主要来源，历年平均降雨量 1788.5mm，有影响的灾害性天气主要为台风、霜冻、低温阴雨、寒露风和暴雨。最严重的灾害性天气是因台风带来的狂风暴雨，给人民生活带来严重影响，特别在沿东江沿岸地势低洼地区容易产生内涝。

　　东莞市中心城区及松山湖开发区水域资源丰富，主要水道包括东江南支流、万江河、东莞运河、黄沙河、寒溪河等。其中，东江南支流经万江、南城和莞城。受地质构造和地貌形态的影响，各河溪表现出以东江南支流为主干流向周边流散的放射状网格分布的特点。主要水库有同沙水库、水濂山水库、松木山水库、西平水库、佛岭水库等。

　　目前，东莞市中心城区及松山湖开发区对外交通运输主要以公路为主。途经规划区内的高速公路有广深高速、莞深高速和虎门高速。广深高速、莞深高速、潮莞高速、国道 G107、省道 S120、S358、S357、S256 是东莞市中心城区及松山湖开发区联系珠三角、广东省其他城市的主要对外公路。东莞市中心城区及松山湖开发区航空出行主要依靠广州白云、深圳宝安国际机场。东莞市中心城区及松山湖开发区现状城市道路主干网由莞龙路、莞樟路、东莞大道、东江大道、东纵大道、松山湖大道和东西、南北主要道路及环线道路构成，并形成了多条服务于工业区与各镇区的次干道及支路。东莞轨道交通 R2 线连接东莞西部的密集城镇带，呈北至西南走向，途经石碣镇、石龙镇、茶山镇、东城街道、莞城街道、南城街道、厚街镇、虎门镇和长安镇 9 个镇街，该线于 2016 年 5 月投入运营。

1.2　人口分布概况

根据《东莞市城市总体规划（2016—2030 年）》所确定的发展概念，并结合东莞城市的实际发展状况（需保护的生态用地、水源保护用地等），确定东莞市中心城区及松山湖开发区的规划范围包括东城、南城、万江、莞城街道及松山湖开发区。

2015 年东莞中心城区及松山湖开发区陆域总面积为 279.5km²，总人口为 130.5 万人，其中户籍人口 46.13 万人（表 1-1）。

表 1-1　东莞市中心城区及松山湖开发区人口及面积统计

	街道（园区）名称	土地面积（平方千米）	六普（2010 年）（万人）	2015 年总人口（万人）
中心城区	莞城街道	11.2	16.21	16.65
	东城街道	105.1	49.29	48.14
	万江街道	48.5	24.48	24.39
	南城街道	56.6	28.93	30.24
松山湖开发区		58.1	3.77	11.08
合计		279.5	122.68	130.5

资料来源：《东莞市统计年鉴（2016）》。

1.3　经济发展概况

2015 年，东莞市实现全年生产总值 6275.06 亿元，比增 8.0%。其中，第一产业总值 21.03 亿元，下降 0.4%；第二产业总值 2922.05 亿元，比增 6.2%；第三产业总值 3332.00 亿元，比增 10%；人均地区生产总值 75616 元，比增 8.4%；出口总值 1037.19 亿美元，比增 6.9%；固定资产投资总额 1446.52 亿元，比增 3.3%（数据来源于《东莞市统计年鉴（2016）》）。东莞市中心城区及松山湖开发区是东莞市经济发展的中心区域，2015 年实现全年生产总值 1236.34 亿元，约占东莞市全年生产总值的 19.7%。

1.4　上层次规划解读

根据《东莞市市域总体规划（2005—2020 年）》，近期（到 2020 年）：将东莞市发展成为现代制造业名城、珠三角核心地区的重要城市、可持续发展的和谐城市；中心城区为市域政治、经济、科技、文化及商贸服务中心，公路枢纽，高新技术产业研究和发展基地。

根据《东莞市城市总体规划（2016—2030 年）》，远期（到 2030 年）：将中心城区发展成为区域综合服务中心、东莞市行政文化中心、高品质生态宜居城区；将松山湖开发区发展成为国家科技创新中心、生态发展示范区。

第 2 章　规划目的与原则

2.1　规划目的

为适应东莞市中心城区及松山湖开发区发展和建设的需要，全面提升综合防震减灾能力，减轻地震灾害损失，保证人民生命财产安全，保障规划区国民经济建设和社会稳定，特制定本规划。

本规划应达到以下基本目的：

新建、改建、扩建和经抗震加固的建设工程，规划范围内万江和南城的西南片区应全部达到抵御地震烈度Ⅶ度的抗震设防要求；规划范围内的其余区域应全部达到抵御地震烈度Ⅵ度的抗震设防要求。

规划范围内万江和南城的西南片区遭受地震烈度Ⅶ度、规划范围内的其余区域遭受地震烈度Ⅵ度的地震影响时，城市基础设施基本正常，一般建设工程可能发生破坏但基本不影响城市整体功能，重要工矿企业能很快恢复生产或运营。

规划范围内万江和南城的西南片区遭受地震烈度Ⅷ度、规划范围内的其余区域遭受地震烈度Ⅶ度的地震影响时，城市功能基本不瘫痪，重要建筑和重要的城市基础设施不遭受严重破坏，不发生严重的次生灾害；应急保障基础设施可有效维持运转，人员可有效疏散，城市防灾救灾基本功能正常或可快速恢复。

2.2　规划原则

（1）在《东莞市城市总体规划（2016—2030年）》指导下，抗震防灾专项规划从实际出发，面向21世纪，远近期结合、统筹安排、分期实施、逐步完善。

（2）贯彻国家防震减灾"以预防为主，防御与救助相结合"的方针，做好工程抗震用地、避震疏散、应急规划，满足东莞市中心城区及松山湖开发区经济可持续发展的需求。

（3）坚持"以预防为主，防、抗、救相结合"的基本原则，做好震前防灾工作，提升城市的综合抗震能力，为最大限度减轻地震灾害损失做好充分准备。

（4）贯彻抗震防灾为人民生活安全服务的宗旨，为经济社会发展服务，改善城市环境。

（5）城市规划具有创新性、实用性、可操作性和适度的前瞻性。

（6）坚持科学态度、运用翔实的资料，深入分析和研究，得出科学结论，提出实施措施。

（7）强化法制意识，增强法制建设，维护规划的严肃性，保障东莞市中心城区及松山湖开发区抗震防灾专项规划在城市发展建设中的指导作用。

2.3 规划依据

《中华人民共和国城乡规划法》
《中华人民共和国防震减灾法》
《广东省防震减灾条例》
《城市抗震防灾规划标准》（GB 50413—2007）
《建筑工程抗震设防分类标准》（GB 50223—2008）
《建筑抗震设计规范》（GB 50011—2010）
《建筑抗震鉴定标准》（GB 50023—2009）
《中国地震动参数区划图》（GB 18306—2015）
《地震灾害预测及其信息管理系统技术规范》（GB/T 19428—2014）
《工程场地地震安全性评价》（GB 17741—2005）
《关于进一步加强防震减灾工作的意见》（国发〔2010〕18 号）
《广东省地震安全农居示范村建设指导意见（试行）》
《东莞市城市总体规划（2016—2030 年）》及相关专项规划
《中国·东莞松山湖科技产业园总体规划（2001—2020 年）》
《东莞市综合交通运输体系规划（2013—2030 年）》
《广东省应急避护场所建设规划纲要（2013—2020 年）》（粤府办〔2013〕44 号）
《东莞市中心城区地震应急避险场所专项规划（2011—2020 年）》
《东莞市域燃气专项规划修编（2007—2020 年）》
《东莞市城镇供水专项规划（2012—2030 年）》
《东莞市电网专项规划（2009—2020 年）》
《广东省东莞市地质灾害防治规划（2006—2020 年）》
《东莞市应急避护场所建设规划（2016—2030 年）》
《城市抗震防灾规划管理规定》中华人民共和国建设部令第 117 号
《东莞市市级发展规划编制管理办法》（东府办〔2013〕166 号）

2.4 抗震设防要求

根据《中国地震动参数区划图》（GB 18306—2015）、《建筑抗震设计规范》（GB 50011—2010）和《关于我市建设工程抗震设计有关问题的通知》（东建〔2004〕32 号）规定，规划区的抗震设防要求：万江的大汾村、新村、新谷涌村、简沙洲村、新和村、流涌尾村，南城的白马村、石鼓村、袁屋边村抗震设防烈度为Ⅶ度，Ⅱ类场地基本地震动峰值加速度 0.10g；其余片区抗震设防烈度为Ⅵ度，Ⅱ类场地基本地震动峰值加速度 0.05g。东莞市中心城区及松山湖开发区基本地震动峰值加速度分区和基本地震设防烈度分区见图 2.1 和图 2.2。

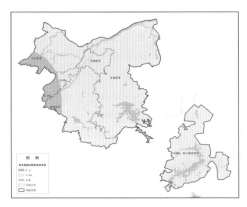 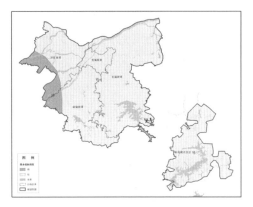

图 2.1　基本地震动峰值加速度分区图　　　　　图 2.2　基本地震设防烈度分区图

新建、扩建、改建的一般建设工程，应当达到规划区抗震设防要求或经审定的地震小区划图所确定的抗震设防要求。

对学校、医院、车站、体育场馆、大型娱乐场所等人员密集场所的建设工程按高于规划区抗震设防烈度一度的要求加强其抗震措施。

已进行地震安全性评价的建设工程应达到经审定的地震安全性评价报告所确定的抗震设防要求。

2.5　规划期限

规划期限为 2017—2030 年。其中，近期：2017—2020 年；远期：2021—2030 年。

2.6　规划范围

规划范围为东莞市中心城区及松山湖开发区。

依据《东莞市城市总体规划（2016—2030 年）》，中心城区及松山湖开发区包括莞城、东城、万江、南城和松山湖高新技术产业开发区，至 2030 年末，总面积为 281.8km²，城乡建设用地面积为 198.6km²，城市建设用地面积为 192.2km²，常住人口规模达 190 万人。

关于松山湖至 2030 年建设用地说明：松山湖开发区总体规划到 2020 年为止，总用地面积为 59.43km²，水域和生态核心绿地等不可建设用地面积为 1425.07 公顷（1 公顷＝10⁴m²，下同），占总用地面积的 23.98%；城市建设用地面积为 4517.93 公顷，占总用地面积的 76.02%。新一版的全市总体规划采取锁定总量，即将东莞市土地利用总体规划确定的 2020 年建设用地规模作为东莞未来建设用地的终极规模予以锁定。因此，本次规划松山湖开发区按照 2020 年建设用地规模。

关于松山湖 2030 年人口说明：松山湖开发区总体规划到 2020 年为止，总人口为 30 万，主要包括居住人口为 20.51 万人（居住用地面积 718.01 公顷），科教人口 1.5 万人（用地面积为 2.5km²）和产业基地规划单身公寓人口为 8.6 万人（用地面积为 129.04 公顷）。新一版的全市总体规划采取减量规划的方式，对比全市总规用地规划图（2016—2030 年），松山湖片区居住和单身公寓总用地减少为 689.76 公顷，科教用地基本不变，因此松山湖片区 2030 年的总人口将不会突破上版总规的 30 万人口规模，本次规划松山湖人口按照 30 万来计算。

2.7　编制模式

《城市抗震防灾规划管理规定》（中华人民共和国建设部令第 117 号）第十一条规定："城市抗震防灾规划应当按照城市规模、重要性和抗震防灾的要求，分为甲、乙、丙三种模式：（一）位于地震基本烈度七度及七度以上地区（地震动峰值加速度≥0.10g 的地区）的大城市应当按照甲类模式编制；（二）中等城市和位于地震基本烈度六度地区（地震动峰值加速度等于 0.05g 的地区）的大城市按照乙类模式编制；（三）其他在抗震设防区的城市按照丙类模式编制。"

《城市抗震防灾规划标准》（GB 50413—2007）3.0.6 条规定："城市规划区的规划工作区划分应满足下列规定：（1）甲类模式城市规划区内的建成区和近期建设用地应为一类规划工作区；（2）乙类模式城市规划区内的建成区和近期建设用地应不低于二类规划工作区；（3）丙类模式城市规划区内的建成区和近期建设用地应不低于三类规划工作区；（4）城市的中远期建设用地应不低于四类规划工作区。"

根据上述规定和东莞市中心城区及松山湖开发区地震小区划和震害预测工作现状，东莞市中心城区及松山湖开发区抗震防灾规划模式采用乙类模式，工作区为二类规划工作区。

第3章 地震活动性和地震构造评价

3.1 区域地震活动性评价

东莞市中心城区及松山湖开发区场地地震危险性主要来自于 150km 范围内的地震影响。本规划在考虑地震影响时，以东莞市中心城区及松山湖开发区外延 150km 为区域地震影响范围。

为满足抗震防灾规划需要，本规划收集了区域内东南沿海地震带的地震目录和前人对本地区地震活动性研究成果等资料（震级除标明外，一律为 M）。

3.1.1 地震资料来源

地震目录是研究地震活动性的基础资料，本规划整理和编制了区域历史记载的中强地震目录和区域性地震台网测定的现今地震目录，阐明地震活动的基本情况并对地震资料的完整性进行了分析。

本规划采用的地震目录主要来自以下：

（1）《中国历史强震目录（公元前 23 世纪—公元 1911 年）》，国家地震局震害防御司编，地震出版社，1995；

（2）《中国近代地震目录（公元 1912 年—1990 年 $M_S \geq 4.7$）》，中国地震局震害防御司编，中国科学技术出版社，1999；

（3）《中国强地震目录（公元前 23 世纪—公元 1999 年）》，中国地震局监测预报司预报管理处整编，1999。

1991—2008 年的强震条目采用中国地震局原分析预报中心的数据；2009 年以后的强震采用中国地震台网中心《中国地震台网统一地震目录》。另外，对以往工作中已经进行过详细调查并获得评审通过的历史地震，则直接引用其地震参数的调查结论。

3.1.2 地震活动的时空分布特征

图 3.1 是区域有历史记载以来的强震震中分布图。从图中的地震分布可以看出，本区域地震活动水平总体上较活跃，但分布不均。东北部的河源相对较强，集中了 11 次 $M \geq 4.7$ 地震，最大 6.1 级；中部的珠江三角洲地区（广州、肇庆一带）中强地震也相对集中，发生 $M = 4.7 \sim 5$ 地震 7 次；海岸沿线附近曾发生过 6 次 $M \geq 4.7$ 地震，最大是 1911 年红海湾 6 级地震；区域西北部，地震比较稀少。

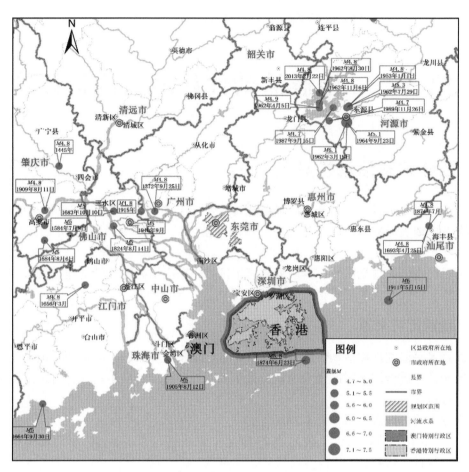

图 3.1　区域有历史记载以来的强震震中分布示意图

区域范围内发生 $M \geqslant 4.7$ 强震 27 次（表 3.1），其中 4.7~4.9 级 15 次，5.0~5.9 级 10 次，6.0~6.9 级 2 次。

表 3.1　区域破坏性地震目录（$M \geqslant 4.7$，截至 2015 年 10 月）

编号	发震日期 （年.月.日）	震中位置		地点	精度	震级	震源深度 （km）
		纬度	经度				
1	1372.09.25	23.1°	113.3°	广东广州西北	3	$4\frac{3}{4}$	
2	1445	23.4°	112.6°	广东四会	3	$4\frac{3}{4}$	
3	1584.07.08	23.0°	112.5°	广东肇庆附近	3	5.0	
4	1584.08.06	22.9°	112.5°	广东肇庆附近	3	5.0	

编号	发震日期 (年.月.日)	震中位置		地点	精度	震级	震源深度 (km)
		纬度	经度				
5	1656.03	22.6°	112.8°	广东鹤山	2	$4\frac{3}{4}$	
6	1664.09.30	21.8°	112.5°	广东台山西南	4	5.0	
7	1683.10.10	23.1°	113°	广东南海市	2	5.0	
8	1693.04.25	23.0°	115.3°	广东海丰	2	$4\frac{3}{4}$	
9	1824.08.14	23.0°	113°	广东广州西南	3	5.0	
10	1874.06.23	22.1°	114.4°	广东担杆列岛外海域	3	$5\frac{3}{4}$	
11	1874.07	23.0°	115.3°	广东海丰		$4\frac{3}{4}$	
12	1905.08.12	22.1°	113.4°	广东澳门外海	4	5.0	
13	1909.08.11	23.1°	112.5°	广东肇庆	2	$4\frac{3}{4}$	
14	1911.05.15	22.5°	115.0°	广东海丰外海域	4	6	
15	1915	23.1°	113.2°	广东广州	3	$4\frac{3}{4}$	
16	1925.01.27	24.4°	114.9°	广东和平	3	5.0	
17	1953.01.01	23.8°	114.7°	广东河源苟比排	2	$4\frac{3}{4}$	
18	1962.03.19	23.7°	114.7°	广东河源西北	1	6.1	5
19	1962.04.05	24°	114.5°	广东河源西北	1	4.9	6
20	1962.07.29	23.8°	114.65°	广东河源西北	1	5.3	8
21	1962.08.30	23.72°	114.7°	广东河源西北		$4\frac{3}{4}$	6
22	1962.11.06	23.9°	114.65°	广东河源西北	1	4.8	8
23	1964.09.23	23.7°	114.7°	广东河源西北	1	5.1	4
24	1987.09.15	23.73°	114.58°	广东河源西北	1	4.7	13
25	1989.11.26	23.71°	114.56°	广东河源	1	4.7	6
26	2012.02.16	23.90°	114.47°	广东东源	1	4.8	10
27	2013.02.22	23.90°	114.48°	广东东源	1	4.8	11

　　图 3.2 是区域现代地震震中分布图。1970 年以来地震观测结果表明,现代仪器记录小震震中与历史破坏性地震震中空间分布特征基本相同,破坏性地震集中区也是现代小震集中

区，且范围有所扩大。区内小地震在两个地区较为集中，一是河源小震震群在区域内较为显著；二是在海岸沿线附近，大致成带状，其中又在恩平和台山形成小震群。广州、佛山一带小震并不集中发生，肇庆小震虽多，但未成群。

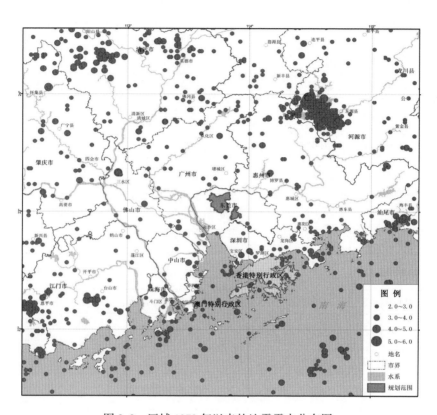

图 3.2　区域 1970 年以来的地震震中分布图

3.1.3　历史地震对规划区的影响

历史地震对东莞市中心城区及松山湖开发区的影响，东部来自潮汕地区，北部来自河源和赣南地区，西部来自阳江地区，东南部来自海丰及其南部的海域。根据历史地震宏观等震线资料，区域内及区域外围有 7 次对东莞市中心城区及松山湖开发区造成烈度Ⅳ～Ⅵ度的影响。具体如下。

（1）1067 年潮州 $6\frac{3}{4}$ 级地震。

史籍上未见记载该次地震对东莞市中心城区及松山湖开发区的影响。根据东部地区Ⅳ度等效圆半径 R 与震级关系，推测该次地震对东莞市中心城区及松山湖开发区最大影响烈度为Ⅴ度。

（2）1874 年担杆列岛外海域 5$\frac{3}{4}$ 级地震。

有史料这样记述：香港沿海滩屋檐之石多坠落，外村西屋凉台散裂。有倾覆之状，华屋震倒两间，所压之人幸即救起。震时，港人感二次震动，前轻后剧，相隔两秒，附近海水被震激荡异常。惠州等地史料也有记述该次地震（注：经在大鹏半岛、深圳、南头和珠海等地调查，未发现破坏迹象）。估计东莞市中心城区及松山湖开发区最大影响烈度为Ⅳ度。

（3）1895 年揭阳 6 级地震。

广州、香港一带，街铺招牌摇荡相触，居民惊逃户外，门窗作响。估计东莞市中心城区及松山湖开发区最大影响烈度为Ⅳ度。

（4）1911 年海丰外海域 6 级地震。

有感范围西至清远、恩平一带，判定东莞市中心城区及松山湖开发区最大影响烈度为Ⅴ度。

（5）1918 年南澳 7.3 级地震。

南澳 7.3 级地震震中烈度为Ⅹ度，距离规划区较远，地震对东莞市中心城区及松山湖开发区最大影响仅为Ⅴ度。

（6）1962 年河源 6.1 级地震。

地震对东莞市中心城区及松山湖开发区最大影响仅为Ⅴ～Ⅵ度（图 3.3）。

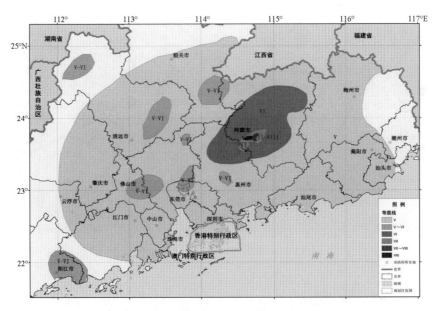

图 3.3　1962 年河源 6.1 级地震等震线分布图

（7）1969 年阳江 6.4 级地震。

根据增城、从化人感上下颠动、屋瓦作响的现象，推测东莞市中心城区及松山湖开发区最大影响烈度达Ⅳ度。

由此可见，东莞市中心城区及松山湖开发区历史上未遭受Ⅵ度以上的地震破坏。

3.2　区域地震构造背景

东莞市中心城区及松山湖开发区地处东南沿海地震带。在该地震带中的地震呈北东向分布的条带最为明显（图3.4），表明地震活动主要受北东向断裂构造所控制，尤以泉州—汕头、邵武—河源断裂带最为显著。该带范围内的从化—阳江、吴川—四会、钦州—灵山断裂带均显示出地震活动与北东向构造的密切相关性。值得注意的是，6级以上强震大都发生在北西向构造发育并与北东向断裂交会的地区，如福建的泉州、漳州、厦门，广东的潮州、汕头等地区。区域地震构造的研究范围，以东莞市中心城区及松山湖开发区为中心外延150km。在该区域及区域外围内，东部的潮汕，北部的河源，中西部广州、阳江等地区是中强以上地震丛集区，潮汕地区也是本地震带地震重复性最多的地区。

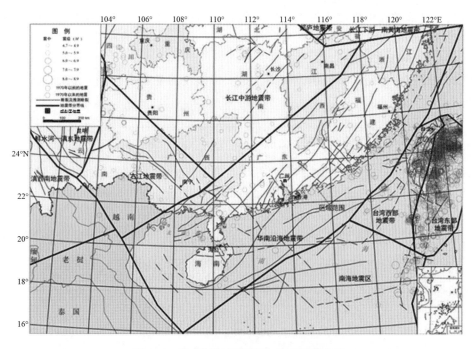

图 3.4　华南深海地震带及本区所处位置

东莞市中心城区及松山湖开发区位于东南沿海地震带的中段，地震活动空间上主要沿泉州—汕头、邵武—河源、从化—阳江断裂带分布，保持与东南沿海地震带的一致性。但从整个东南沿海地区而言，在强震分布上呈现自东南沿海向西北内陆逐步减弱的现象，即7级以上大震的发生都在沿海一带。

从地震分布图（图3.1）显示可以看出，地震活动表现了继承性，即现代地震的活跃部位，也是历史上强震的发生地，如河源等地。

区域及区域外围内的中强地震震源深度一般为5~23km，河源地区地震深度多数为

4~8km，1962年河源6.1级和1969年阳江6.4级地震宏观深度均为5km。总之，本区地震均属发生于地壳内的浅源地震。

3.2.1　区域主要断裂及其活动性

本区域地壳经历了加里东期至喜山期多次构造运动，形成了一系列规模不等、方向不一、性质不同的断裂。仅陆地上已发现的规模较大的断裂构造达1000余条。它们往往有规律地成群组合在一起，形成断裂束或断裂带，主要有北东、北西和东西（近东西）向三组（图3.5）。现对主要断裂（带）简述如下（主要断裂构造特征见表3.2）。

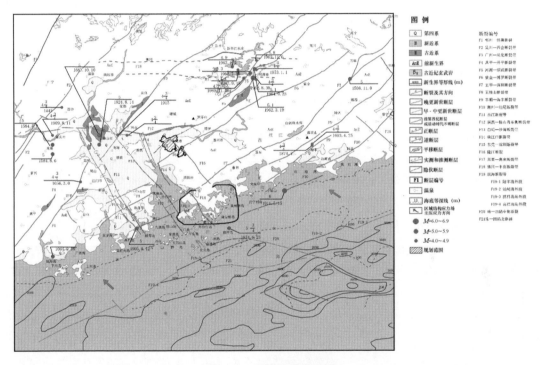

图 3.5　区域地震构造图

表 3.2　区域主要断裂构造特征

编号	断裂名称	区内长/km	产状			断裂性质	最新活动时代	地震活动（区域内）
			走向	倾向	倾角			
F1	四会—吴川断裂带	230	NE30°~45°	NW	50°~60°	逆断	$Q_{p_{1-2}}$	1445年 4$\frac{3}{4}$级
F2	广州—从化断裂带	270	NE40°	NW/SE	40°~60°	正断	Q_{p_2}	1372年、1915年 4$\frac{3}{4}$级

续表

编号	断裂名称	区内长/km	产状			断裂性质	最新活动时代	地震活动（区域内）
			走向	倾向	倾角			
F3	苍城—海陵断裂带	110	NE30°—35°	NW/SE	35°~60°	逆断	Qp_2	$4\frac{3}{4}$ 级以上 1 次
F4	鹤城—金鸡断裂带	120	NE20°~35°	NW/SE	35°~75°	逆断	Qp_2	1656 年 $4\frac{3}{4}$ 级
F5	邵武—河源断裂带	170	NE10°~45°	SE	30°~70°	逆左旋/正断	Qp_2	$4\frac{3}{4}$ 级地震 9 次，最大 6.1 级
F6	紫金—博罗断裂带	220	NE60°	SE	40°~60°	正断	Qp_2	
F7	翠亨—田头断裂带	120	NE50°~60°	SE	50°~60°	正断	Qp_{1-2}	
F8	五华—深圳断裂带	250	NE30°~80°	NW/SE	40°~80°	逆断/正断	Qp_2	
F9	丰顺—海丰断裂带	230	NE30°~70°	SE	40°~80°	逆断	Qp_2	$4\frac{3}{4}$ 级 2 次
F10	横琴岛—下川岛断裂带	110	NE40°~60°	NW	65°~70°		Qp_{1-2}	
F11	潮州—汕尾断裂带	50	NE30°~50°	SE/NW	50°~80°	逆断/正断	Qp_2，Qp_3	6 级地震 1 次
F12	怀集—郴州断裂带	110	NE20°~25°	NW	50°~60°	正断	AnQ	
F13	那扶—镇海湾断裂带	50	340°	NE	70°		Qp_{1-2}	1664 年 5 级
F14	银洲湖断裂带	30	335°	SW	80°	正断	Qp_1，Qp_2	
F15	西江断裂带	250	310°~340°	NE/SW	60°~80°	左旋	Qp_2，Qp_3	1905 年 5 级
F16	淇澳—桂山岛东断裂带	60	320°	NE/SW	陡	正断	Qp_2	
F17	白坭—沙湾断裂带	120	320°~330°	SW/NE	>50°	正断	Qp_2，Qp_3	
F18	珠江口断裂带	90	310°~340°	NE/SW	45°~85°	逆断/正断	Qp_2，Qp_3	
F19	温塘—观澜断裂带	70	310°~330°	NE/SW	40°~80°	逆断/正断	Qp_2	
F20	佛冈—丰良断裂带	260	EW	S	45°		AnQ	

编号	断裂名称	区内长/km	产状			断裂性质	最新活动时代	地震活动（区域内）
			走向	倾向	倾角			
F21	高要—惠来断裂带	240	EW	S	50°~80°	正断	Qp_2	$4\frac{3}{4}$ 级以上 5 次，最大为 5 级
F22	滨海断裂带	200	NE60°~75°	SE	50°~70°	正断	Qp_2, Qp_3	1874 年 $5\frac{3}{4}$ 级
F23	珠—凹陷断裂带	130	NWW	NE		正断	Qp_1	

3.2.1.1　北东向断裂带

北东向断裂是区内最醒目的断裂，它遍布于全区，由西而东有：四会—吴川断裂带（F1）、广州—从化断裂带（F2）、苍城—海陵断裂带（F3）、鹤城—金鸡断裂带（F4）、邵武—河源断裂带（F5）、紫金—博罗断裂带（F6）、翠亨—田头断裂带（F7）、五华—深圳断裂带（F8）、丰顺—海丰断裂带（F9）、横琴岛—川岛断裂带（F10）等 10 条断裂，这些断裂规模宏大，延伸数百千米以上，大多生成于印支期，强烈活动于燕山期，沿断裂分布有中新生代断陷盆地。控制大型山脉、水系的发育和花岗岩的侵入，断裂的动热变质现象显著，沿断裂有基生岩全和温泉出露，表明它们是切割较深的深、大断裂，控制两侧地质发展历史，往往是一二级大地构造单元的分界线。地震震中分布表明，强震沿断裂呈条带状分布，是一组控制强震震中空间分布的控震构造，成为地震带划分的地质构造基础。

3.2.1.2　北西向断裂带

北西向断裂主要分布于沿海地区，由西而东有：那扶—镇海湾断裂带（F13）、银洲湖断裂带（F14）、西江断裂带（F15）、淇澳—桂山岛断裂带（F16）、白坭—沙湾断裂带（F17）、珠江口断裂带（F18）、温塘—观澜断裂带（F19）等 7 条断裂。这些断裂带规模较小，延伸一般在百千米以内，形成较晚，主要形成于燕山晚期和喜山期，它们几乎都切截了所有北东向和东西向断裂，大多数控制沿海水系的发育和沿海港湾的形成，断裂控制了韩江三角洲和珠江三角洲的形成和发展，并制约了其中第四系等厚线和地壳垂直形变等值线的分布。河源 $M6.1$ 地震的余震分布呈北西向，南澳 $M7.3$ 地震和琼山 $M7.5$ 地震的极震区除呈北东东向展布外，在北西向上也有明显显示，这表明北西向断裂是中强地震的主要发震构造。

3.2.1.3　东西向断裂带

东西向断裂分别横贯本区北部、中部和南部地区，由北而南有：佛冈—丰良断裂带（F20）和高要—惠来断裂带（F21）。这些断裂在地表断续出露，延伸 200~600km。物探测深资料显示，向深部延伸常达 30km 以上，是本区深部构造的主要骨架。断裂形成最早，多数在加里东期已具雏形，以后仍有继承性活动。控制巨型隆起带和沉降带。

3.2.1.4 北东东向断裂

北东东向断裂主要发育于滨海地区，主要有滨海断裂带（F22），它位于南海北部陆缘区海水等深线30~50m海域，平行于海岸线，呈北东东向延伸，由一系列平行斜列的断裂组成。

航磁资料显示，该带是一条十分显著的剧变负异常带，宽达60km，走向北东70°~80°。航磁资料反映，在汕头—香港一带为变化负磁场带，以升高和降低异常频繁交替变化为特点，担杆列岛以西则以剧烈变化的负异常和锯齿状异常为主。重力资料揭示担杆列岛以东的重力正异常带异常值较大，推测存在基性或超基性岩，以南为大面积变化负异常，显示出明显的重力梯度带。

在沉积建造上，断裂是新生代海相沉积与陆相沉积的分界线，南侧珠江口外盆地主要为海相沉积，北侧珠江三角洲主要为陆相沉积。断裂带又是地壳厚度的突变带，断裂北侧地壳厚度达34km，南侧减至30km以内。断裂主要形成于喜山期，与南海盆地的扩张有密切关系，在横剖面上表现出向南倾斜并往南逐级下落的阶梯状陡坎。断裂控制了南侧珠江口外盆地的形成和发展，盆地沉积了厚达7000m的新近系至第四系地层，其中第四系厚度就达280m。这套新地层的等厚线呈北东东向分布。

在地形地貌上，断裂是沿海岛链带与陆架盆地的分界线，北侧为万山群岛隆起区，据野外观测，珠江口外一些岛屿（桂山岛、牛头山岛、中心岛、外伶仃岛、横岗岛、担杆岛、两洲岛、北尖岛、庙湾岛）分别发育15m、25m、55m、75m、110m、120m、140m、180m海蚀洞穴或海蚀平台，南侧则为珠江口外盆地，沉积了厚达7000m的新生代地层。

在断裂带东西两端的南澳和琼山，分别发生过7.3级和$7\frac{1}{2}$级地震，故此断裂是7级以上地震的发震构造。

3.2.2 活动盆地

本区域自古近纪以来，受断裂活动的影响，发育或继承地发展了一些活动盆地，它们规模大小不一，主要有珠江三角洲盆地和珠江口盆地。

1）珠江三角洲盆地

它是第四纪期间有明显活动的大型断陷盆地，由于受活动的北西向边界断裂所控制，盆地总体的走向也为北西向。古近纪盆地内断块差异活动强烈，堆积了较厚的古近纪地层，三水附近的古近系厚度可达3800m。渐新世盆地停止接受沉积，直到中更新世珠江三角洲才开始具河流沉积。晚更新世中期继承性差异活动又趋强烈，区内开始形成三角洲沉积，第四系最厚可达60~70m。盆地内的断裂在晚更新世有明显的活动，局部地段断裂全新世仍有活动，盆地内曾发生过$4\frac{3}{4}$~5级地震。

2）珠江口盆地

珠江口盆地是南北两侧受北东东向断裂所围限的北东东向新生代盆地。形成于喜马拉雅期，沉积了巨厚的古近纪—第四纪地层，一般厚度达5000m，第四系厚度可达440m。古近纪以来，盆地中具玄武岩浆喷发。由于其远离内陆，历史地震史料记载不全，但在1931年

9 月 21 日有 $6\frac{3}{4}$ 级地震的记载，这是一个较强地震孕育盆地。

3.2.3　地震危险性影响评价

东莞市中心城区及松山湖开发区地处东南沿海地震带中部。根据地震危险性分析结果，东莞市中心城区及松山湖开发区潜在地震危险性主要受附近的东莞、广州、珠海和担杆列岛潜在震源区的影响（表 3.3）。潜在震源区是指未来可能发生破坏性地震的潜在地区。它是在地震带划分的基础上，依据地质构造、地球物理、地壳形变以及地震活动性等信息来判定。

表 3.3　附近主要潜在震源区

潜在震源区名称	位置	震级上限	影响烈度
东莞潜在震源区	位于新塘—石滩（仙村）断裂、紫金—博罗断裂、狮子洋断裂之间。区内有温塘—观澜断裂、南坑—虎门、石龙—厚街断裂等	5.5	Ⅵ度
广州潜在震源区	位于北西向晚更新世断裂与区域性北东向断裂交会处。区内存在三组北西向晚更新世活动断裂——西江断裂带、白坭—沙湾断裂、狮子洋断裂带	6.5	Ⅵ度
珠海潜在震源区	位于珠江口和五桂山以南地区，包括珠海、澳门等地。区内存在狮子洋断裂、西江断裂、五桂山北麓断裂、白坭—沙湾断裂	6.5	Ⅵ度
担杆列岛潜在震源区	位于珠江口外担杆列岛以南海域，1874 年历史地震附近。北东东向的滨海断裂分布在担杆列岛东南外海，最新活动时代为晚更新世早期	7.5	Ⅵ~Ⅶ度

1）东莞潜在震源区

位于东莞市附近。区内发育有珠江三角洲三大盆地之一的北东东向东莞盆地，该盆地是一个中、新生代断陷盆地，仅晚更新世以来，就接受了厚约 40 米的沉积。区内断裂比较发育，北面主要有北东东向新塘—石滩（仙村）断裂，南面有北东向紫金—博罗断裂，西面有北西向狮子洋断裂。这些断裂均为第四纪活动断裂，该区历史上没有破坏性地震记载，近年来小震活动也不多。震级上限判断为 5.5 级。

2）广州潜在震源区

沿着珠江三角洲盆地北部划分，南部与珠海潜在震源区相邻，呈梯形展布。本区东部为广州凹陷，第四系厚 20m 左右；西部为三水盆地，第四系厚约 40m；南部有中山凹陷和顺德凹陷，前者第四系厚度为 40~60m，后者第四系厚度为 30~40m。珠江三角洲盆地第四纪晚期以来有活动，盆地北部活动性稍低于盆地南部，北西向晚更新世断裂与区域性北东向断裂在这里交会。历史上曾发生多次中强地震，如 1372 年广州 $4\frac{3}{4}$ 级地震、1683 年南海 5 级地震、1824 年广州西南 5 级地震、1915 年广州 $4\frac{3}{4}$ 级地震，盆地现今小地震较少。本区划分的主要依据是区内存在三组北西向晚更新世活动断裂——西江断裂带、白坭—沙湾断裂、狮子洋断裂带，考虑到区域性北东向断裂与北西向断裂在该区交会，因此将震级上限判断为 6.5 级。

3）珠海潜在震源区

位于珠江口和五桂山以南地区，包括珠海、澳门等地。区域性的北西向狮子洋断裂、西江断裂分别位于本区东西两个边界的内侧，北以五桂山北麓断裂为界，南与担杆岛潜在震源相邻，北西向的白坭—沙湾断裂也延入本区，上述 3 条北西向断裂在晚更新世有活动，且与区域性北东向断裂在本区交会。珠江三角洲盆地南部活动性稍大于盆地北部，区内第四系最大厚度达 60 余米，斗门凹陷的沉降速率约为 4.85mm/a。另外，本区内曾发生过 1905 年澳门 5 级地震。1970 年建立地方台网以来，记录珠海、万山群岛、磨刀门、珠江口等地发生过多次小震。因此，其震级上限与珠江口盆地北部的广州潜在震源区一致，定为 6.5 级。

4）担杆列岛潜在震源区

位于担杆列岛附近海域，呈北东东向长方形展布。北东东向的滨海断裂分布在担杆列岛东南外海，由一组北东东—近东西走向的正断层组成，均为断面南倾的正断层。海域单道和多道地震资料揭示断裂为控制珠江口外盆地的大断裂，其最新活动时代为晚更新世早期。滨海断裂在珠江口外与北西向的西江断裂和狮子洋断裂等相交，其构造条件与粤东南澳和琼北海口等发生过 $7\frac{1}{2}$ 级地震的地区地震地质背景相似。1874 年在担杆列岛东发生过 $5\frac{3}{4}$ 级地震，近期小震活动较为频繁。根据上述地质特征和构造类比，将其震级上限定为 7.5 级。

采用本地区地震烈度衰减关系得到各潜在震源区的影响烈度分布，表 3.3 给出的影响烈度是在各潜在震源区震级上限的地震作用下，在东莞市中心城区及松山湖开发区的地震烈度。可见，外围潜在震源区及区域地震构造对东莞市中心城区及松山湖开发区的影响烈度为Ⅶ度及Ⅶ度以下。在《中国地震动峰值加速度区划图》（GB 18306—2015）中，万江街道的大汾村、新村、新谷涌村、简沙洲村、新和村、流涌尾村和南城街道的白马村、石鼓村、袁屋边村地震基本烈度为Ⅶ度、Ⅱ类场地基本地震动峰值加速度 0.10g，其余片区地震基本烈度为Ⅵ度、Ⅱ类场地基本地震动峰值加速度 0.05g。

3.3 东莞市中心城区及松山湖开发区地震活动性与地震构造

东莞市中心城区及松山湖开发区在新构造单元划分上，中心城区西北地区属于东江三角洲断陷区。东江三角洲断陷区与虎门—樟木头断块差异隆起区两者之间的边缘控制断裂为石龙—厚街断裂带。东江三角洲断陷最早形成于早白垩纪，晚白垩纪时断陷盆地范围扩展至东莞市区，沉积了上白垩统红色岩系。自古近纪—中更新世全区处在上升状态，以侵蚀为主。延至晚更新世—全新世，盆地再次下沉接受沉积，形成上更新统—全新统三角洲相沉积层。中心城区东南部及松山湖开发区属虎门—樟木头断块差异隆起区，该区域自震旦纪后至今，一直以大范围整体隆升为主，地貌上以低丘山地为特色。

大地构造上，华南地槽褶皱系的增城—台山凹褶断束内，区内出露地层自老而新包括有震旦系、寒武系、三叠系、侏罗系、白垩系及第四系。新构造运动以断裂的继承性活动和断块差异运动为基本特征，表现出既有频繁的升降运动，又有水平的挤压和走滑活动；既有大规模的火山喷发活动，又有众多的温泉涌出。由于活动的继承性和新生性，时间上的间歇性和空间上的差异性，构成了山地、丘陵、盆地相间排列的地貌景观。地球物理场、地壳结构与区域内的中强地震活动有较为密切的关系。重力异常、航磁异常反映，地震常常分布在北东向异常与北西向及近东西向异常交会处。在地壳深部构造平面的分带上，地震主要位于地壳深部构造的南部隆起区，在莫霍面等深线 33.7~34.2km 之间。区内的中强地震震源深度一般为 5~23km，属于发生在地壳内的浅震。东莞市中心城区及松山湖开发区内主要存在5 条断裂（图 3.6），分别是北东—北东东向的南坑—虎门断裂、大朗—三和断裂、石龙—厚街断裂，北西向的温塘—观澜断裂、黄旗山断裂。

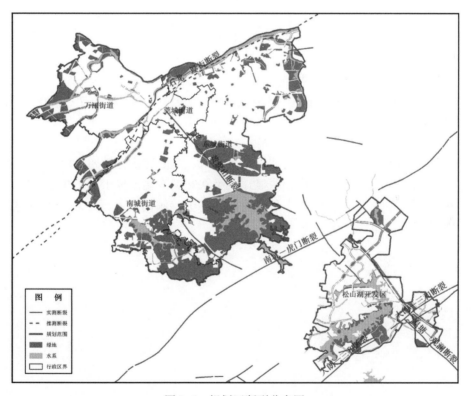

图 3.6　规划区断裂分布图

1）南坑—虎门断裂

南坑—虎门断裂属于紫金—博罗断裂带的西南段，从博罗经龙溪进入东莞境内，沿企石、横沥、寮步、大岭山、厚街至虎门一带后延伸进入狮子洋水道，长约 75km。主断裂走向 NE67°，倾向北西，倾角 81°，宽 1~18m 不等，在企石镇南坑村南东约 700m 山地开挖处可见宽约 80 多米的断裂破碎带出露，在寮步东北亭冈一带断裂破碎带宽约 20 多米。最新活动时代为中更新世中晚期。未发现该断裂晚第四纪以来有近地表活动迹象（据《东莞市石龙—厚街断裂、南坑—虎门断裂探测与地震危险性评价》）。

2）大朗—三和断裂

该断裂又称桥头圩—莲花山断裂带，隶属于紫金—博罗断裂带，自三和往西南方向延入近场区，抵东莞大朗附近，长约38km。该断裂整体走向NE60°~70°，倾向南东，局部倾向北西，倾角45°~70°，在松山木附近断裂破碎带宽约3~5m。该断裂整体走向NE60°~70°，倾向南东，局部倾向北西，倾角45°~70°。该断裂晚更新世以来活动不明显，据历史及近代小震资料记录，沿断裂带或其附近均无明显的地震活动，断裂较为稳定。

3）温塘—观澜断裂

该断裂又称观音山断裂或东莞—深圳断裂，北西起于东莞的石龙温塘一带，往南东经马蹄岗、屏山水口、雁鹅岭进入龙和、观澜到深圳水库附近，长度达60km，总体走向330°~340°，倾向北东为主，倾角往往在60°以上，局部地段直立，发育宽15~20m的断裂破碎带。该断裂属于中更新世活动断裂。在地震活动方面，沿断裂历史上未发生较大地震，但在近期的仪器小震记录上反映沿断裂及其附近，有少数弱地震活动。

4）黄旗山断裂

断裂断续延伸，成束分布，北西自赤蛛岗向南东经市党校、黄旗山一带，延伸至市区外，长约12km。断裂带总体走向310°~320°。倾向北东或南西，倾角70°~80°。该断裂自晚更新世晚期以来活动已不明显。

5）石龙—厚街断裂

断裂往北东经厚街、赤岭、石鼓延伸至石龙一带，主要潜伏在第四系松散层下，推测大致沿东江三角洲南缘通过。地表出露较明显地段是在断裂南端，位于狮子洋左岸的者西山一带（市区外）。断裂主要走向北东至北东东向40°~70°，倾向南东或北西，倾角32°~80°。未发现与该断裂有关的破坏性地震记载。

第4章　城市用地抗震性能评价

根据《城市抗震防灾规划标准》（GB 50413—2007）的有关规定，城市用地抗震性能评价包括：城市用地抗震防灾类型分区，地震破坏及不利地形影响估计，城市用地抗震适宜性评价及抗震规划要求。

4.1　引用资料概述

根据《城市抗震防灾规划标准》（GB 50413—2007）的规定，城市用地抗震性能评价应根据规划区地形地貌特征、工程地质、水文地质条件及历史震害经验等因素，对规划区城市用地进行抗震适宜性综合评价。本规划收集了《东莞市城市总体规划（2016—2030年）》及相关专项规划、《东莞市城区地震危险性分析及地震影响小区划综合研究报告》《东莞市区地震小区划报告》（"东莞市区震害预测与防御对策系统建设"项目汇编材料之二）、《东莞市松山湖开发区地震地质环境评估报告》《东莞市石龙—厚街、南坑—虎门断裂探测与地震危险性评价报告》《东莞市地质图（1∶5万）》《东莞市地质灾害防灾"十二五"规划》（含东莞市地质灾害分布及易发程度分区图、东莞市地质灾害防治规划图、东莞市地质灾害防治监测预警点一览表）及293份地震安全性评价报告、54份岩土工程勘察报告等资料。

《东莞市城市总体规划（2016—2030年）》及相关专项规划对中心城区和东莞市的城市用地进行了系统规划。本规划中的城市土地利用主要以总体规划的内容和图件为依据，确定东莞市中心城区及松山湖开发区城市建设用地和非建设用地范围。

主城区地震小区划、震害预测和东莞市石龙—厚街、南坑—虎门断裂探测与地震危险性评价资料中的地震活动性评价内容、地震地质构造环境评价内容、软土震陷分布图、砂土液化分布图、工程场地类别分布图，是主城区城市用地抗震适宜性评价的基础资料。

《东莞市地质图（1∶5万）》对地质界线、地层产状、断裂、岩石及地层特征、地形地貌特征等具有详细描述，对城市用地抗震适宜性评价具有指导作用。

地震小区划报告、地震安全性评价报告和岩土工程勘察报告不仅对工程场地地质条件有详细描述，还具有大量的工程地质钻孔数据。本规划从地震小区划成果报告、震害预测成果报告、工程场地地震安全性评价报告、岩土工程地质勘测报告及松山湖开发区地震地质环境评估报告中选取了503个钻孔，又补充了45个钻孔，共548个钻孔。各钻孔数据内容包括覆盖层厚度、地下水位、等效剪切波速、场地土类型、土类型、是否液化、是否震陷、抗震是否有利、特征周期等参数。在进行城市用地抗震防灾类型分区和抗震适宜性分区时，将电子地图按1km²划分网格，将548个工程地质钻孔导入，并与地震地质灾害分区图叠加进行综合分析。图4.1为叠加在地质灾害防治分区图上的工程地质钻孔分布示意图。

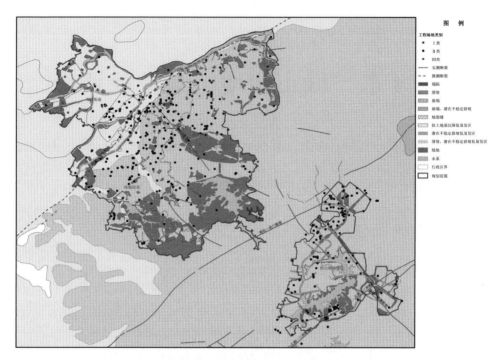

图 4.1 工程地质钻孔分布示意图

4.2 城市建设用地规划解读

在《东莞市城市总体规划（2016—2030 年）》中对城市建设用地进行了综合评价和规划。中心城区的建设转向调整优化转变，建设用地规模实行"底线"管理，建设用地开发强度控制在 70%以内，立足于存量开发。其中，居住用地布局规划是总体规划的重点之一，其地点一般选择在交通方便、环境条件较好、与工业用地相距一定距离的地区内。

中心城区是东莞市唯一成规模提供高水平公共服务和环境品质的地区。主城区及其周边地区——东莞的主要中心，以行政、商贸、居住、物流等为主要职能；松山湖开发区——以高新技术研发、制造、科研教育、旅游休闲、居住职能为主，培育成为东莞重要的科技产业中心。

4.2.1 重要公共服务设施用地

（1）行政办公用地。以东莞大道—东城中路商务商贸服务轴和鸿福路—八一路山水休闲服务轴为基本十字骨架，构建"市级—单元—社区"三级公共服务中心体系。

市级中心包括由行政文化中心、南城国际商务区组成的城市主中心，莞城、东城、万江 3 个城市副中心。3 个副中心应各有侧重、差异互补，其中莞城副中心侧重教育文化与传统商贸，东城副中心侧重现代商业商贸服务，万江副中心侧重滨水休闲体验。

在单元层面，形成万江龙湾、万江中、万江西南、南城南、南城西平、东城滨江、东城东北侧、东城东南侧、黄旗南、牛山等个 10 个发展单元中心。

（2）商业金融业用地。主要有 5 个商圈：①南城鸿福商圈以鸿福路为主干，鸿福路为东莞金融大道；②南城 CBD 商圈：以 S256、东莞大道为主干，南城步行街、东泰商圈、第一国际与西平商圈均分布在左右两侧；③万江商圈：分布于万道立交桥下面万江路两侧、莞穗路附近；④莞城西正商圈：以百佳、天和百货为节点，以市桥路、向阳路、西正街等多条商业街构成发散性的商圈形态；⑤东城东纵商圈：集中分布于东纵大道、东城大道、东城中路、东兴路的两横两纵之间。

（3）文化娱乐设施用地。东莞市中心城区内现有 7 大文化设施，其中东莞图书馆、群众艺术馆、科技馆、东莞玉兰大剧院、东莞展览馆、科学技术博物馆位于市中心广场或附近鸿福路，东莞青少年文化活动中心位于四环路北侧。新增妇女儿童活动中心、市博物馆、老年大学位于南城市政府中心广场。

（4）体育设施用地。市级体育中心 1 个，位于南城体育路。规划区内还有滨江体育公园、东城体育公园、南城体育公园、松山湖月荷体育公园等。

（5）医疗卫生用地。中心城区现有三级医院 5 家，其中东莞市人民医院位于万江街道新谷涌万道路南，东莞市中医院位于东城街道松山湖大道，东莞市妇幼保健院位于东城街道振兴路，东莞康华医院位于南城街道东莞大道，东莞东华医院位于东城街道东城东路。规划新建、改建医疗机构 4 家医院和市中心血站，其中市第二人民医院位于松山湖，慢性病医院位于万江，传染病医院、国医馆、中心血站位于莞城。

（6）教育科研设计用地。东莞市中心城区及松山湖开发区的中小学、幼儿园分布于主城区及各街道（园区）。高等院校主要分布在松山湖大学城和南城。新建的中职学校位于南城，新建或扩建的体育学校、残疾人康复实验学校、启智学校位于东城。

（7）福利设施用地。扩建社会福利中心，位于东城市社会福利中心原址；新建大型福利设施，位于万江街道滘联村。

4.2.2　工业用地

工业用地重点引导传统产业升级改造，优化现有产业空间，整合形成两类产业集聚区与产业园区及松山湖南部科技走廊，主要分布在五环路外围，包括新型智慧园区和综合产业园区两类园区进行布局。中心城区及松山湖开发区规划主要工业用地包括：（1）以科技研发、创新孵化、智慧产业为特征的新兴产业集聚区，包括同沙产业片区、水濂山产业片区 2 处，主要分布在环境资源优越的水濂山、同沙水库地区。（2）以传统优势产业转型升级为特征的都市产业集聚区，包括东城温塘—桑园产业片区、横坑产业片区、万江西部产业片区 3 处，主要分布在东城东部与万江西部地区。（3）松山湖南部科技走廊，松山湖湖区以南，东佛高速以北，厚大路以东，莞博路以西地区。（4）松山湖—寮步连廊地区用地，是指松山湖中心区、北部产业组团以及由莞樟公路、石大路、莞深高速、东部快速干线围成的走廊地区，临近松山湖的香市科技园组团对接松山湖的服务和产业，发展成为集科技研发、企业生产、产品展示于一体的城市生态科技型园区。

引导传统产业升级改造，优化现有产业空间，整合形成两类产业集聚区与产业园区。

4.2.3 仓储用地

仓储用地主要布局于环城路沿线，结合产业发展单元、专业市场和主要对外货运通道布局。

4.2.4 生活居住用地

根据总体规划的空间布局，居住用地分布为：

（1）中心城区居住用地主要分布在 4 个综合服务发展单元和 7 个居住生活发展单元内，分别是：莞城发展单元、南城北发展单元、南城南发展单元、南城中发展单元、黄旗南发展单元、西平发展单元、东城主山发展单元、东城滨江发展单元、万江新中心发展单元、万江中部发展单元、万江龙湾发展单元。

（2）松山湖开发区居住用地主要集中于园区南部、生态核心区以南及西北部。

4.2.5 绿化用地

中心城区规划旗峰公园、同沙生态园、佛岭郊野公园、东莞植物园、水濂山森林公园、城市花谷等 9 处郊野公园，石鼓农业园、小享农业园、大王洲农业园、温塘农业园等 4 处都市农业观光园。结合片区划分，规划东莞人民公园、龙湾湿地公园、元美公园等 24 处大型城市公园。至 2030 年，人均绿地与广场用地达到 11.4m²，人均公园绿地 9.6m²，绿地与广场用地占城市建设用地比例达到 12.4%。

松山湖科技产业园的绿地系统设计完整地保留了园区内的水域及周围自然生态林地、山丘等，提供了面积达 14.25km²（含水域 7.63km²）的生态核心绿地和城市绿地，占园区总用地面积的 23.98%。

4.2.6 生命线工程用地

生命线工程包括供电、供水、燃气、交通、通信系统。生命线工程涉及到许多长输线路，用地规划分散设置于中心城区及松山湖开发区各处。

4.3 地震破坏及不利地形影响估计

4.3.1 地震破坏影响估计

4.3.1.1 地震影响烈度

东莞市中心城区及松山湖开发区无历史震害记载，也没有地震记录。自 1970 年建立地震监测台网至今，规划区内未发生过 $M_L \geqslant 2.0$ 地震。但是，规划区外围存在发生中强地震的构造背景，受地震破坏影响，估计规划区的地震烈度为Ⅵ度，局部为Ⅶ度。

4.3.1.2 地基土液化

按照《建筑抗震设计规范》（GB 50011—2010）给出的砂土液化判别方法，通过对工程地质钻孔数据及地质灾害分布图、地质灾害隐患点分布综合分析，东莞市中心城区在东江南支流及东莞运河以西部分地段的饱和淤泥质细砂、淤泥质粉细砂层、中细砂在地震烈度Ⅶ度的作用下容易发生液化。

4.3.1.3　软土震陷

按照《软土地区岩土工程勘察规程》（JGJ 83—2011）给出的判别软土震陷方法，从工程地质勘测资料分析，东莞市中心城区在东江南支流及东莞运河以西部分地段软土层较发育，松山湖开发区局部建设用地发现有软土层。软土层主要由呈灰黑色，流塑—软塑状的淤泥和淤泥质土等软弱土层组成，包括有全新世和晚更新世的软土层。其中，全新世的软土层埋深较浅、厚度较大，经控制钻孔揭露显示，埋深主要为 1.0~12.0m，土层厚度 0.70~16.0m，呈流塑、软塑状，具高压缩性，承载力低，且以条带状分布；晚更新世以淤泥质土为主，软塑、流塑状态，一般厚度在 10m 左右。结合现场波速原位测试值，全新世的软土层剪切波速值一般在 95~146cm/s 间，属软弱土。这些地区的软土层以条带状分布，埋深较浅、厚度较大，具高压缩性，承载力低，在地震烈度Ⅷ度作用下会发生软土震陷，对工程抗震不利。

4.3.2　不利地形影响

根据东莞市水文地质、工程地质条件分析，规划区位于珠江三角洲平原的东侧，东江中下游流经规划区的东部和北部。工作区河网交织，地形属于丘陵地貌，丘陵与洼地相间，高低不平，总体西北低东南高。区内海拔最高是 185m 的黄旗山，最低是东莞运河以西的海冲积平原，海拔在 2~5m。

根据工程地质钻孔资料、地震小区划资料、地质灾害危险分区图、地质灾害隐患点分析，规划区内局部地区具有软土地基、地表断层破裂及潜在崩塌、塌陷、滑坡等不利地形影响，见图 4.2。

4.3.2.1　地表断层

东莞中心城区及松山湖开发区内未发现晚更新世以来活动的断裂。因此，可不考虑断裂在地震时对规划用地的影响。但是，规划区内的南坑—虎门断裂、大朗—三和断裂、温塘—观澜断裂和黄旗山断裂及一些规模较小断裂，其局部破碎带较宽，在土地利用及建筑工程选址时应注意考虑断裂破碎带对建设工程的不利影响。

4.3.2.2　崩塌、滑坡、地裂缝和泥石流

由《东莞市地质灾害防治规划（2006—2020 年）》给出的东莞市地质灾害分布及易发程度分区图（图 4.3）可见，规划区内没有中等以上地质灾害危险性区。但是，规划区内存在一些地质灾害隐患点或潜在隐患点（表 4.1），主要分布在东城内。这些隐患点规模均为小型滑坡、崩塌，出现大规模破坏性地震滑坡、崩塌的可能性很小。

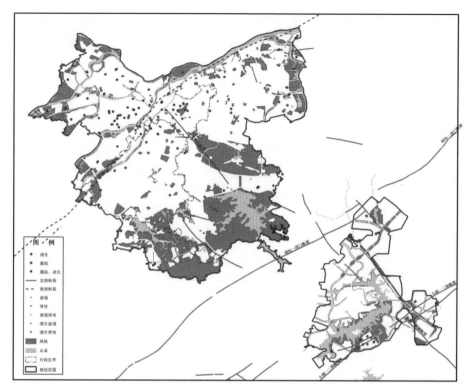

图 4.2　建筑用地抗震不利地形分布图

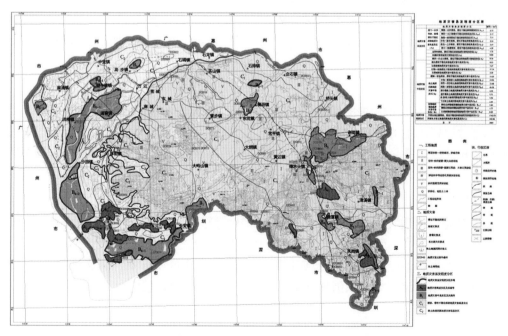

图 4.3　东莞市地质灾害分布及易发程度分区图

资料来源：《东莞市地质灾害防治规划（2006—2020 年）》

表 4.1　中心城区及松山湖开发区 2015 年地质灾害隐患点基本情况

序号	灾害类型	地理位置	灾害点规模
1	潜在崩塌	莞城华利五金机电市场	小型
2	潜在滑坡	莞城大兴路北侧	小型
3	潜在崩塌	东城上三杞"三大人灶"	小型
4	潜在崩塌	东城金玉岭	小型
5	崩塌	东城蒲岭	小型
6	崩塌	东城葡萄岭、岑屋岭巨丰厂后	小型
7	潜在崩塌	东城大山	小型
8	潜在滑坡	东城积善里村后侧	小型
9	潜在滑坡	东城黄公岭	小型
10	潜在滑坡	东城朗基湖村山头	小型
11	潜在崩塌	东城仁厚里废品站	小型
12	崩塌	东城太初坊	小型
13	崩塌	东城翠峰路	小型
14	崩塌	东城利民小学	小型
15	潜在崩塌	东城老围村	小型
16	潜在崩塌	东城新锡边村	小型
17	滑坡	东城黄公山下粤华学校后面	小型
18	崩塌滑坡	东城上元上高岭	小型
19	潜在崩塌	东城牛仔岭光明中学左侧	小型
20	潜在崩塌	东城石古岭下面金坤磁铁厂后面	小型
21	潜在崩塌	东城石古岭下面凯格精密仪器厂后面	小型
22	潜在崩塌	东城同沙生态公园打石山	小型
23	崩塌	东城同沙生态公园天虹桥	小型
24	潜在崩塌	东城同沙生态公园映翠湖	小型
25	潜在崩塌	东城岗贝社区禾仓岭一街、二街	小型
27	滑坡	东城鳌峙塘社区卖鱼岑山坡	小型
28	潜在崩塌	东城佛岭路陈锐坤诊所后山	小型
29	潜在崩塌	东城凯迪鞋业厂背山体	小型
30	潜在崩塌	东城光华中学左侧边坡	小型
31	潜在滑坡	东城亚能机电设备有限公司	小型
32	崩塌	东城沙岭	小型

序号	灾害类型	地理位置	灾害点规模
33	潜在崩塌	东城东莞市毅桥事业有限公司安琪厂后（事通达机电厂旁）	小型
34	潜在崩塌	东城东城第一幼儿园	小型
35	崩塌	南城胜和社区塘坑新村 4 巷	小型
36	潜在崩塌	大朗马山	小型
37	滑坡	大岭山文化广场	小型
38	潜在崩塌	大岭山健乐厂	小型
39	潜在崩塌	大岭山五队	小型
40	潜在崩塌	寮步黄鼠岭住宅区	小型

在黄旗山、将军帽和麒麟岭一带的丘陵基岩裸露区，此一带的岩石长期受内外应力的作用，节理裂隙发育，岩体破碎。在旗峰路、东莞大道、环城路穿过地段开挖的路堑，以及在此一带因基建缘故土石开挖等人工形成的高陡边坡，在受到地震作用时，这些松动的岩石容易失稳造成崩塌。

在台地区，由于风化土层较厚，特别是近年来经济发展大量开挖土方，形成许多人工陡坡，这些陡坡在地震作用下容易失稳向临空一面发生土层滑动。

地震的震害调查结果发现，某些特殊地形地面会加重震害，如孤立的山丘。突出的山嘴以及河流的拐弯处等，这些地段在地震作用下，烈度会比相邻地区增大。在沿河岸处，地震时会产生顺河向的地裂缝。如下伏软弱土层，极易发生向河方向的侧移。

由于近年来城市建设的高挖低填，规划区分布许多大面积的人工填土区，有些填土层厚达 8.20m，大部分的填土层在 2.00m 以上。在一些未压实的人工填土分布区，地震时容易产生地裂隙，会对建筑物和构筑物造成破坏。

4.3.2.3　地震海啸

东莞市中心城区及松山湖开发区远离海岸，不考虑地震海啸影响。

4.4　城市用地抗震防灾类型分区

根据《城市抗震防灾规划标准》（GB 50413—2007）第 4.2.1 条和《建筑抗震设计规范》（GB 50011—2010）第 4.1.6 条规定，建设用地抗震防灾类型应按表 4.2 要求及场地工程地质条件划分。

表 4.2　各类建筑场地的覆盖层厚度（m）

岩石的剪切波速或土的等效剪切波速（m/s）	场地类别				
	I_0	I_1	II	III	IV
$v_S > 800$	0				
$800 \leqslant v_S > 500$		0			
$500 \leqslant v_{se} > 250$		<5	≥5		
$250 \leqslant v_{se} > 150$		<3	3～50	>50	
$v_{se} \geqslant 150$		<3	3～15	15～50	>80

注：表中 v_s 系岩石的剪切波速。

　　根据各钻孔岩土柱状图显示内容，对规划区内钻孔的岩土覆盖层厚度进行了重新确定，覆盖层厚度一般在数米至 60 余米之间，最大 62.7m，最小 1.5m。根据各钻孔的等效剪切波速及覆盖层厚度，按表 4.2 要求确定各钻孔场地类别。在综合分析规划区地形地貌、地质灾害不利影响和钻孔数据的基础上得到城市用地抗震防灾类型分区，见图 4.4。

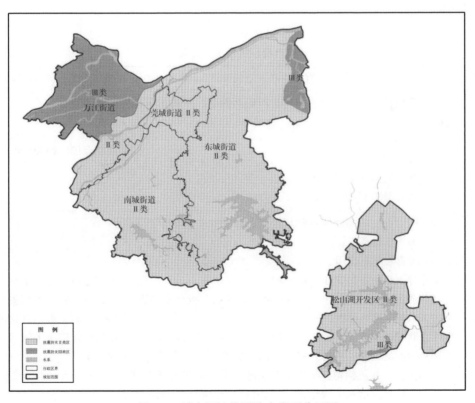

图 4.4　城市用地抗震防灾类型分区图

城市用地抗震类型分区以Ⅱ类和Ⅲ类为主。规划区城市用地抗震防灾类型划分如下：

Ⅱ类区：主要分布在莞城、东城、南城和松山湖开发区，约占城市用地面积85.3%。

Ⅲ类区：主要分布在万江、东城部分区域，松山湖开发区东南角的少许用地，约占全区城市用地面积14.7%。

在Ⅱ类区内，有局部用地抗震类型为I_1类。

4.5　城市用地抗震适宜性评价

4.5.1　抗震适宜性分区

根据《城市抗震防灾规划标准》（GB 50413—2007）的有关规定，城市用地抗震适宜性评价应按表4.3进行分区，综合考虑城市用地布局、经济社会等因素，提出城市规划建设用地选择与相应城市建设抗震防灾要求和对策。

东莞市中心城区及松山湖开发区内城市用地包括规划建设用地和以郊野公园和生态公园、农业观光园、东江南支流、东莞运河、万江河等自然山体、河流水域、绿地要素形成环状绿地；以沿东江、东莞运河两岸绿地景观廊道，沿各公园的区域绿道和主题性绿地廊道构成网络化的绿地系统。

表 4.3　城市用地抗震适宜性评价要求

类别	适宜性地质、地形、地貌描述	城市用地选择抗震防灾要求
适宜	不存在或存在轻微影响的场地地震破坏因素，一般无需采取整治措施： ①场地稳定； ②无或轻微地震破坏效应； ③用地抗震防灾类型Ⅰ类或Ⅱ类； ④无或轻微不利地形影响	应符合国家相关标准要求
较适宜	存在一定程度的场地地震破坏因素，可采取一般整治措施满足城市建设要求： ①场地存在不稳定因素； ②用地抗震防灾类型Ⅲ类或Ⅳ类； ③软弱土或液化土发育，可能发生中等及以上液化或震陷，可采取抗震措施消除； ④条状突出的山嘴，高耸孤立的山丘，非岩质的陡坡，河岸和边坡的边缘，平面分布上成因、岩性、状态明显不均匀的土层（如故河道、疏松的断层破碎带、暗埋的塘滨沟谷和半填半挖地基）等地质环境条件复杂，存在一定程度的地质灾害危险性	工程建设应考虑不利因素影响，应按照国家相关标准采取必要的工程治理措施，对于重要建筑应采取适当的加强措施

续表

类别	适宜性地质、地形、地貌描述	城市用地选择抗震防灾要求
有条件适宜	存在难以整治场地地震破坏因素的潜在危险性区域或其他限制使用条件的用地。由于经济条件限制等各种原因尚未查明或难以查明： ①存在尚未明确的潜在地震破坏威胁的危险地段； ②地震次生灾害源可能有严重威胁； ③存在其他方面对城市用地的限制使用条件	作为工程建设用地时，应查明用地危险程度。属于危险地段时，应按照不适宜用地相应规定执行；危险性较低时，可按照较适宜用地规定执行
不适宜	存在场地地震破坏因素，但通常难以整治： ①可能发生滑坡、崩塌、地陷、地裂、泥石流等的用地； ②发震断裂带上可能发生地表位错的部位； ③其他难以整治和防御的灾害高危害影响区	不应作为工程建设用地。基础设施管线工程无法避开时，应采取有效措施减轻场地破坏作用，满足工程建设要求

注：①根据该表划分每一类场地抗震适宜性类别，从适宜性最差开始向适宜性好依次推定，其中一项属于该类即划为该类场地。②表中未列条件，可按其对工程建设的影响程度比照推定。

根据表 4.3 城市用地抗震适宜性评价要求，通过对工程地质钻孔资料、地形地貌、水文地质、工程地质、场地分类、砂土液化、软土震陷和抗震不利地段等因素的综合评价，将规划建设用地划分为抗震适宜、较适宜和有条件适宜区地段，见表 4.4。其中，规划建设用地大部分土地属于适宜区域。

表 4.4　中心城区城市用地抗震适宜性分区

类别	编号	地段	抗震适宜性
适宜	S1	抗震有利地段，主要分布在莞城、东城、南城和松山湖开发区大部分区域	总体上适宜建设各种结构类型的建筑物和构筑物
较适宜	S2	主要分布在万江，东城、南城、莞城部分区域，松山湖开发区东南角的少许用地	原则上适宜建设各类建筑，对液化、震陷和地面沉降敏感的建筑类型必须采取有效的抗震措施
有条件适宜	S3*	抗震不利地段，潜在崩塌、滑坡地段。主要分布在东城、莞城、南城及松山湖开发区内的一些丘陵边坡地带	限制用于建设用地。确需选址建设的，必须进行地基处理和周边可能危及建设工程安全的岩土处理

* S3 由于面积较小，未在图中标识。

如图 4.5 所示，抗震适宜性规划区建设用地面积 198.6km²，抗震适宜性分区划分为三类：

（1）适宜区。主要分布在莞城、东城、南城和松山湖开发区大部分区域，约占全区建设用地面积 61.1%。

（2）较适宜区。主要分布在万江，东城、南城、莞城部分区域，松山湖开发区东南角的少许用地，约占全区建设用地面积38.7%。

（3）有条件适宜区。主要分布在东城、莞城、南城及松山湖开发区内的一些丘陵边坡地带，约占全区建设用地面积0.2%。

图4.5 城市用地抗震适宜性分布图

4.5.2 抗震适宜性综合评价

（1）规划区内建设用地的抗震适宜性主要为适宜和较适宜，局部为有条件适宜，不存在不适宜用地。

（2）适宜区总体上适宜建设各种结构类型的建筑物和构筑物。但是，根据工程地质钻孔数据和地质灾害隐患点分布数据显示，局部场地仍然存在地质条件不稳定因素。

（3）较适宜区主要分布在液化土或软土层发育地区，对液化、震陷和地面沉降敏感的结构形式的建（构）物应采取有效的工程措施消除其不利影响，除Ⅵ度外，应进行液化判别；存在液化土层的地基，应根据建筑的抗震设防类别、地基液化的等级，结合具体情况采取相应的措施。

（4）有条件适宜区主要受地形影响，为崩塌滑坡或潜在崩塌滑坡不利地段，在崩塌滑坡体附近及其影响区应限制用于建设用地。如确需作为建设用地，必须消除地质灾害隐患，以保证建筑安全。

4.6　城市建设用地抗震规划要求

在《东莞市城市总体规划（2016—2030 年）》中对城市建设用地进行了综合评价和规划。总体规划应根据城市用地抗震防灾类型和抗震适宜性的划分，编制用地布局规划，由于东莞市城市总体规划和绝大部分专项规划未编制完成，在此对规划中的城市用地抗震规划内容提出建议，以便在编制规划时参考利用，不断完善城市布局和改善城市结构。

4.6.1　重要公共服务设施用地

城市的发展用地、城市重要的基础设施、重要指挥部门应避开对抗震不利的地段。根据用地现状和总体规划布局，市级和单元级大部分用地及市属重要公共服务设施用地主要分布在抗震适宜用地地段，符合抗震要求。只有少数重要公共设施位于抗震较适宜用地区。

重要公共服务设施用地中的教育科研、医疗卫生机构现状和规划用地，除部分中小学和个别小型医疗机构位于抗震较适宜用地区外，绝大多数分布在抗震适宜区地段，符合抗震要求。

万江规划建设用地，南城、东城、莞城局部规划建设用地为抗震较适宜地段，规划为重要公共服务设施用地必须采取有效的抗震措施。

4.6.2　工业用地

中心城区规划了 5 大都市产业片区及松山湖南部科技走廊，主要分布在主城区外围。规划已考虑了工业的性质，进行了合理布局。万江西部地区都市产业集聚区用地布局在抗震较适宜用地区域，对于重要设施应考虑场地灾害影响，对不均匀沉降敏感的结构形式应在工程的选址阶段进行专项论证，采取更有针对性的抗震措施，有危害的工厂应远离人群密集区，远离生命线工程。

4.6.3　仓储用地

中心城区规划的仓储用地分别布局在环城路沿线，地处中心城区边缘地段。由于离城区较近，存放易燃、易爆等危险品应严格管理。地震时一旦发生火灾、爆炸，则危害巨大。

4.6.4　生活居住用地

中心城区规划的 4 个综合服务发展单元、7 个居住生活发展单元用地和松山湖开发区居住用地，主要分布在抗震适宜区和较适宜区，约占 99.8% 以上。分布在抗震较适宜区的居住用地，对液化、震陷和地面沉降敏感的建筑类型应在工程选址阶段进行专项论证，采取更有针对性的抗震措施。规划区内有少数居住用地靠近丘陵边坡等潜在滑坡崩塌危险地带，处于有条件适宜区，需加强地质灾害治理。

4.6.5　绿化用地

城市总体规划构筑的生态框架基本符合城市用地抗震适宜性分区要求。但是，在旧城区的城市用地缺少可供避灾的绿地空间。建议结合旧城改造，规划一批以绿化为主的绿地、广场及街心花园，构成一个避灾的绿地空间系统。在东莞市总体规划中为完善公共绿地布局，以各类公园、游园、街头绿化、绿化广场为主，形成布局合理的公共绿地体系，但松山湖、同沙水库区、水濂山水库、西平水库、松木山水库及辖区内的孤峰低丘地带由于地貌因素和用地限制，不宜作为避难疏散场地，需在城区内部增加开敞的避难疏散场地，具体规划措施在有关避震疏散规划章节中详细表述。

4.6.6　生命线工程用地

由于生命线工程的长输线路可能跨越不同的场地。规划区在东江南支流、东莞运河和万江河两岸附近局部存在砂土液化、软土震陷及局部不均匀沉降，在规划区内的孤峰低丘地带存在崩塌和滑坡等地质灾害隐患点。规划在抗震不利地段的生命线工程站点和长输线路，在规划中应提出有效的抗震措施。

第5章 城区建筑抗震防灾规划

5.1 建筑抗震性能评价

5.1.1 建筑物抗震调查概况

基础资料的收集工作是后期基础性研究的基础，同时也是编制规划的依据。本次规划数据资料主要由 6 部分组成：①第六次全国人口普查建筑物长表资料；②2006 年完成的东莞市市区震害预测与防御对策系统建设项目全部资料；③2014 年完成的松山湖抗震性能普查鉴定项目所有相关资料；④校安工程资料；⑤现场踏勘及资料采集；⑥各部门填报资料。现场踏勘主要是针对规划区内的自建房进行，详细调查了规划区内的 11 个社区 57 栋居民自建房，总建筑面积约 13000m²。

在以上资料的基础上，共分析了一般建筑物资料 2873 栋，总建筑面积约 1428×10⁴m²；分析重要建筑物 43 栋，总建筑面积约 170×10⁴m²。

5.1.2 建筑物抗震性能评价方法

5.1.2.1 结构破坏状态的划分

房屋的破坏通常是由构件及其连接的破坏引起的，其震害程度取决于各组成构件的破坏情况，根据构件的破坏等级可评定出房屋的震害等级。通常房屋的震害等级分为 5 级：毁坏、严重破坏、中等破坏、轻微破坏和基本完好。关于结构构件破坏状态和建筑结构整体破坏状态通常按照表 5.1 和表 5.2 所列的标准划分。

表 5.1　构件破坏等级

破坏等级	构件名称			
	钢筋混凝土构件	砖墙	砖柱	屋面系统
I	大部分梁、柱混凝土酥碎，钢筋严重弯曲，产生较大变位或已折断，已无修复可能，失去了设计时的预定功能	出现多道裂缝，墙体近于酥散状态或已倒塌	受压区砖块酥碎脱落，砖柱断裂或倒塌	屋面板滑动或坠落，支撑系统弯曲失稳，屋架坠落或倾斜

续表

破坏等级	构件名称			
	钢筋混凝土构件	砖墙	砖柱	屋面系统
Ⅱ	大部分梁、柱内层有明显裂缝，破坏处表层脱落，钢筋外露并有弯曲，难以修复	出现多道显著裂缝，墙体严重倾斜，局部倒塌	受压区砖块酥碎，砖柱多道裂缝或已断裂	屋面板错动，屋架倾斜，支撑系统有明显变形
Ⅲ	破坏处表层有明显裂缝，钢筋外露，局部钢筋有弯曲，可以修复	墙体有明显裂缝，局部倾斜	砖柱有可见裂缝	屋面板有可见裂缝或松动
Ⅳ	部分梁、柱有可见裂缝，局部钢筋外露，对承载能力和使用无明显影响	墙体有可见裂缝	砖柱有可见裂缝	屋面板有可见裂缝或松动
Ⅴ	个别梁、柱表层有可见裂缝，可继续正常使用	局部墙体有可见裂缝	个别砖柱有可见裂缝	个别屋面板有可见裂缝或松动

表 5.2　结构震害等级和相应的震害指数

震害等级	宏观现象	定义的震害指数（D）	指数的上下限
毁坏	大部分构件为表 1 中的 Ⅰ 级破坏和 Ⅱ 级破坏，结构已濒于倒毁或已倒毁，已无修复可能，失去了结构设计时预定的功能	1.0	0.85<D
严重破坏	大部分构件为 Ⅱ 级破坏，个别构件有 Ⅰ 级破坏现象，难以修复	0.7	0.55<D≤0.85
中等破坏	部分构件为 Ⅲ 级破坏，个别构件有 Ⅱ 级破坏现象，经修复仍可恢复原设计的功能	0.4	0.30<D≤0.55
轻微破坏	部分构件为 Ⅳ 级破坏，个别构件有 Ⅲ 级破坏现象	0.2	0.10<D≤0.30
基本完好	各类构件无损坏，或个别构件有 Ⅳ 级损坏现象	0.0	D≤0.10

5.1.2.2　建筑物抗震性能评价方法

1）砖结构房屋

在地震作用下，砖结构的房屋由墙体承担地震荷载。历次地震震害和试验均表明墙体的破坏主要是由剪力引起的。因此，墙体的抗剪强度是砖结构房屋抗震能力的主要标志。在砖结构房屋的震害预测中，主要依据是《建筑抗震设计规范》（GB 50011—2010）和《建筑抗震鉴定标准》（GB 50023—2009）中有关条款的规定，并采用楼层单位面积的折算平均抗剪强度作为砖结构房屋的抗震能力指标：

$$A_{vi} = S_m k_i p_i \frac{\sum F_j}{2S_i} \qquad (5-1)$$

式中,

A_{vi}——第 i 楼层单位面积的折算平均抗剪强度;

F_j——第 i 楼层第 j 片墙的断面积;

S_i——第 i 楼层平面面积;

k_i——楼层单位面积平均抗剪强度折算系数;

p_i——楼层墙体抗剪强度;

S_m——结构各层类型系数。

对于多层砖结构房屋,$S_m = 1.0$;

对于底层框架砖房,上部各层 $S_m = 1.0$,底层 $S_m = 1.176$;

对于底层内框架砖房,各层均取 $S_m = 1.0$;

对于多层内框架砖房,有

$$S_m = \frac{1}{\left[1 - \sum_{i=1}^{T} \psi_c(\xi_1 + \xi_2\lambda)/(n_b n_c)\right]p_m} \qquad (5-2)$$

式中,

ψ_c——柱类型系数,钢筋混凝土柱 $\psi_c = 0.012$,外墙组合砖柱 $\psi_c = 0.0075$,无筋组合砖柱 $\psi_c = 0.005$;

ξ_1,ξ_2——分别为计算系数,按表 5.3 取值;

λ——抗震横墙间距与房屋总宽度的比值,当小于 0.75 时,取 0.75;

T——第 m 层内框架的柱总数;

n_b——抗震横墙间的开间数;

n_c——内框架的跨数;

p_m——第 m 层的位置调整系数,按表 5.4 取值。

表 5.3　计算系数

房屋总层数	2	3	4	5
ξ_1	2.0	3.0	5.0	7.5
ξ_2	7.5	7.0	6.5	6.0

表 5.4 位置调整系数

总层数	2		3			4			5			
计算层	1	2	1	2	3	1~2	3	4	1~2	3	4	5
p_m	1.0	1.1	1.0	1.05	1.2	1.0	1.1	1.3	1.0	1.05	1.15	1.4

在评定砖结构房屋的抗震能力时，综合考虑房屋的构造措施及结构特点，对计算楼层的平均抗剪强度进行修正。影响砖结构房屋抗震能力的其他诸因素中，主要有各楼层横墙间距、楼盖和屋盖的类型、平面与立面的变化、施工质量、有无抗震设防或抗震加固及房屋结构现状等，这些因素将对房屋结构的整体性及地震荷载的传递与分配产生影响。在得出砖结构房屋楼层单位面积的折算平均抗剪强度的计算结果后，进一步确定上述诸因素对房屋抗震能力的影响，给出砖结构房屋震害预测综合评定结果。

2）单层空旷结构

单层空旷结构指单层工业厂房和单层空旷房屋，从结构上来说，可分为单层钢筋混凝土柱结构的房屋和单层砖柱结构的房屋两种类型，其抗力的计算分别如下所述。

（1）单层钢筋混凝土柱房屋。

在地震作用下，单层钢筋混凝土柱房屋主要由钢筋混凝土排架来抵抗地震荷载，其抗震能力与排架柱有直接的关系，抗力计算见式（5-3）。

$$R = \frac{\sum_{i=1}^{n} W_i H_i}{bh^2} \qquad (5-3)$$

式中，

W_i——第 i 个屋面加在柱上的重量；

H_i——第 i 个屋架的下弦至柱计算断面的距离；

n——柱所支撑的屋面个数；

b——柱断面宽度；

h——柱断面高度。

（2）单层砖柱房屋。

在地震作用下，单层砖柱房屋主要由砖柱和砖墙承担地震荷载，其抗震能力与砖柱及砖墙有关，抗力计算见式（5-4）。

$$R = \frac{H^{1.5309}(L/90)^{0.5347}}{d^{1.2825}(7k)^{1.6412}} \qquad (5-4)$$

式中，

H——地面至屋架下弦间的高度；

L——房屋的计算长度；

d——砖柱截面高度；

k——砖墙体强度。

在评定单层结构的抗震能力时，还需考虑屋面板类型、屋架支撑系统的布置、施工质量、抗震设计标准及房屋结构现状等因素对房屋整体抗震能力的影响，对计算的结构抗力值进行修正，根据修正后的抗力值确定单层结构房屋震害预测结果。

3）多层钢筋混凝土框架房屋

多层钢筋混凝土框架房屋的主要承载构件是框架结构。在地震作用下，框架结构的破坏程度是评定多层钢筋混凝土框架房屋震害的主要指标。在多层钢筋混凝土框架房屋的震害预测中，根据《建筑抗震设计规范》（GB 50011—2010）和《建筑抗震鉴定标准》（GB 50023—2009）等国家规范、标准中的有关规定，采用有限单元法计算楼层弹性反应的最大地震剪力，按房屋实际的几何尺寸、材料特性、框架梁柱的受力状态和配筋情况计算各层的楼层屈服剪力，取楼层屈服剪力与楼层弹性反应的最大地震剪力之比为楼层剪力屈服系数 q_i，即

$$q_i = Q_{Zi}/Q_{mi} \qquad (5-5)$$

式中，

q_i——楼层剪力屈服系数；

Q_{Zi}——楼层屈服剪力；

Q_{mi}——楼层弹性反应的最大地震剪力；

i——楼层序号。

①对于剪力墙结构：$Q_{Zi} = 0.2F_c A_{wi}$。

②对于框架剪力墙结构：$Q_{Zi} = 0.25F_c A_{wi}$。

其中，F_c——混凝土抗压强度；

A_{wi}——第层平行于地震力方向的剪力墙总断面积。

③对于有砖填充墙的框架结构：

其中，a——框架对填充墙抗剪强度的影响系数，墙与框架无特殊连接者取 $a=1.1$；

R_z——墙体抗剪强度，按砖结构规定计算；

A_W——跨框架内填充墙的断面积；

n——有填充墙的跨数；

b——墙对框架柱抗剪强度的影响系数，一般取 $b=1.3$；

Q_{cy}——有填充墙跨的柱子的抗剪强度；

Q_{coy}——无填充墙跨柱子的抗剪强度。

楼层的地震剪力计算如下：

$$Q_{zi} = \sum_1^n aR_z A_W + b\sum_1^{n+1} Q_{cy} + \sum Q_{coy} \qquad (5-6)$$

根据目前的设计经验，民用钢筋混凝土结构重量（含结构自重和50%的活荷载）采用 $1t/m^2$ 计算。第 i 层楼的地震剪力

$$Q_{mi} = \sum_{i=1}^{n} \frac{A_i H_i}{\sum_{j=1}^{n} A_j H_j} Q_0 \qquad (5-7)$$

其中，A_i——第 i 层建筑面积；

　　　H_i——第 i 层层高；

　　　Q_0——第一层的地震剪力。

$$Q_0 = 0.85 \left(\frac{T_g}{T}\right)^{0.9} \alpha_{max} \sum_{1}^{n} A_i \qquad (5-8)$$

其中，T_g——场地的卓越周期，见表 5-5；

　　　T——结构的自振周期，$T=0.062+0.012H$；

　　　H——房屋总高度；

　　　α_{max}——地震影响系数，见表 5-6。

表 5.5　场地卓越周期

近、远震	场地类别			
	I	II	III	IV
近震	0.20	0.30	0.40	0.65
远震	0.25	0.40	0.55	0.85

表 5.6　地震影响系数最大值

烈度	VI	VII	VIII	IX
α_{max}	0.12	0.23	0.45	0.90

如果各楼层的建筑面积相等或接近相等，则可如下式计算：

$$Q_{mi} = 0.85 \sum_{j=1}^{n} \frac{2j}{n+1} \left(\frac{T_g}{T}\right)^{0.9} \alpha_{max} A \qquad (5-9)$$

其中，A——楼层的建筑面积（各层相同）；

　　　n——楼的总层数。

楼层的剪力屈服系数：$q_i = Q_{zi}/Q_{mi}$。

楼层的最大延伸率平均值：

$$\mu_i = \frac{1 + \sum C_K}{\sqrt{q_i}} \exp[2.6(1 - q_i)] \qquad (5-10)$$

其中，C_K——修正系数，见表 5.7。楼层最大延伸率平均值与破坏状态对照见表 5.8。

表 5.7　修正系数取值

条件	修正系数	
	满足	不满足
①现浇钢筋混凝土构件沿高度断面无突变	0	0.20
②平面对称	0	0.20
③施工质量好	0	0.20
④符合规范 GBJ 11—89 要求	−0.25	0
⑤符合规范 TJ 11—78 要求，但不符合规范 GBJ 11—89 要求	−0.20	0

表 5.8　最大延伸率平均值与破坏状态对照

破坏状态	基本完好	轻微破坏	中等破坏	严重破坏	毁坏
μ_i	$\mu_i \leq 1$	$1 < \mu_i \leq 3$	$3 < \mu_i \leq 6$	$6 < \mu_i \leq 10$	$\mu_i > 10$

　　根据结构弹性地震反应分析的结果，可以确定楼层剪力屈服系数 q_i 与楼层最大延伸率的平均值 μ_i 之间的关系，由楼层最大延伸率的平均值可评定该建筑物的震害程度。

　　在评定多层钢筋混凝土框架房屋的抗震能力时，应综合考虑房屋的构造措施及结构特点等因素对房屋整体抗震能力的影响。这些因素主要有结构的整体体型、平面规则程度、立面刚度变化程度、施工质量、抗震设计标准及房屋结构现状等，它们对房屋结构的整体性和地震荷载的分配均会造成一定程度的影响。因此，应依据这些因素对房屋抗震能力的影响，对计算的楼层最大延伸率平均值进行修正，根据修正后的结果，确定多层钢筋混凝土框架房屋震害预测综合评定结果。

　　4）高层建筑

　　单体复杂高层建筑体系的震害预测应首先对结构在各不同强度地震作用下的反应，特别是弹塑性反应进行分析，而后者一直是结构抗震领域有待解决的关键问题。即使我国抗震规范制定了大震不倒的设防目标，并且给出了大震作用下的位移限值，但因分析问题没有解决，所以在实际设计中还未贯彻执行。

　　结构弹性地震反应分析发展已较为成熟，三维空间有限元分析已得到了广泛应用。结构弹塑性地震反应分析可以分为等效静力反应分析和动力时程反应分析。

等效静力弹塑性地震反应分析一般指近年为满足性态抗震设计而发展的 pushover 分析方法。这一分析方法较适用于中低层剪切型结构，并不适用于高层结构，关于这一点，目前已得到广泛认同。

在实际结构地震反应分析研究中，二维弹塑性地震时程反应分析得到广泛应用。这一分析方法较适合均匀对称结构，而许多复杂的高层结构并不满足这一条件，对这类结构进行二维弹塑性地震时程反应分析时，仅模型简化就可能导致较大误差。

三维结构弹塑性地震反应分析一直是结构抗震分析中有待解决的难题。主要困难是结构构件在三维受力状态下的滞变性态非常复杂，目前还难以总结出可以实际应用的滞变规律。为此，这方面的研究进展受到极大阻碍。虽说国内外某些程序具有三维弹塑性地震反应分析功能，但使用者难以合理给出构件三维受力状态下的本构关系，所以目前即使在研究中也很少应用。

很多研究者提出对诸如高层建筑等长周期结构，可以应用地震等位移原则，即弹性地震位移反应与弹塑性地震位移反应近似相等，从而可以根据弹性地震位移反应估计结构的非弹性地震位移反应。这是一个较好地解决高层结构三维弹塑性地震位移反应估计的途径。这一方法，特别是如何在实际结构地震反应估计中应用，目前系统研究不多。

中国地震局工程力学研究所选择了若干高层结构，进行了大量不同地震波、不同地震强度的弹性及弹塑性地震时程反应分析，对高层结构的地震等位移原则进行了研究，总结了弹性和弹塑性地震位移反应结果的近似关系，并提出了根据弹性地震层间位移角反应估计弹塑性层间位移角反应的修正公式：

$$\alpha_s = 0.42\alpha_e^2 + 0.59\alpha_e + 0.115 \qquad (5-11)$$

式中，α_s——弹塑性最大层间位移角；α_e——弹性最大层间位移角。

因此，高层建筑震害预测首先采用三维空间有限元分析方法，对结构进行弹性地震反应分析，然后根据分析结果和上述最大层间位移角反应公式估计结构的实际地震位移反应，并据此进行结构的震害预测。

5.1.3　城市重要建筑抗震性能评价

在进行城市重要建筑抗震性能评价时，将现行国家标准《建筑工程抗震设防分类标准》（GB 50223—2008）中的甲、乙类建筑，城市的市一级政府机关所在办公楼，其他对城市抗震防灾特别重要的建筑等列入重要建筑范畴内，并按照上一节所述方法进行建筑抗震性能评价。本规划根据实地调查情况结合 2006 年东莞市区建筑物震害预测有关资料。本规划调查重点建筑共计 43 栋，总建筑面积约 170 万平方米（图 5.1）。这些建筑包括市一级政府机关、生命线工程主要建筑、学校教学楼、医院门诊大楼、大型商业广场和酒店等。震害预测结果表明（表 5.9），在地震烈度为Ⅶ度时有 27 栋为基本完好、13 栋为轻微破坏、3 栋为中等破坏。在抽样高层建筑中，主要存在的问题是，为了空间布置的灵活性和增加使用功能，在东莞市市中心城区及松山湖开发区内的高层框架和框架—剪力墙结构中框架柱为异型柱的占了很大数量，且多数异型柱布置不规则，传力路径不连续。另外一些高层框架—剪力墙结构和剪力墙结构中剪力墙为短肢墙。目前异型柱和短肢剪力墙的抗震性能正处于研究阶段,还未纳入《建筑抗震设计规范》(GB 50011—2010)中。从计算结果来看,这些结构类型的抗震性能相对纯框架—剪力墙结构和剪力墙结构要差,特别是在大于建筑所在区域抗震设防烈度的大震情况下,其破坏比率较高。

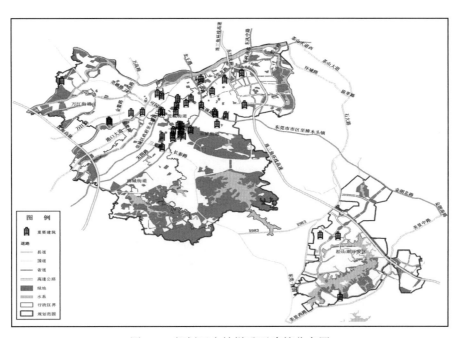

图 5.1 规划区内抽样重要建筑分布图

表 5.9 重要建筑物震害预测结果

序号	名称	结构类型	建造年份(年)	建筑面积(m²)	层数	预测结果			
						VI度	VII度	VIII度	IX度
1	市行政办事中心主楼	框架—剪力墙	2002	89099	20	好	好	好	轻
2	市行政办事中心西楼	框架—剪力墙	2002	29050	8	好	好	轻	中
3	市行政办事中心东楼	框架	2002	17008	8	好	好	轻	中
4	市会议大厦	框架	2002	79326	6	好	好	轻	中
5	台商大厦	框架—核心筒	2012	282000	72	好	好	轻	中
6	信息大厦	框架—核心筒	2009	83600	26	好	好	轻	中
7	海德广场	框架—核心筒	2013	210000	39	好	轻	中	中
8	市图书馆	框架	2002	44654	5	好	好	轻	中
9	玉兰大剧院	框架—剪力墙	2003	40257	8	好	好	轻	中
10	东莞展览馆	框架—剪力墙	2002	26064	3	好	好	轻	中

续表

序号	名称	结构类型	建造年份（年）	建筑面积（m²）	层数	预测结果			
						Ⅵ度	Ⅶ度	Ⅷ度	Ⅸ度
11	市科技馆	框架	2002	101016	7	好	轻	中	严
12	东莞广播电视中心	框剪	2012	74120	20	好	好	轻	严
13	东莞会展国际大酒店	框架—剪力墙	2003	96410	27	好	好	轻	严
14	市公安局办事中心	框架—剪力墙	1998	54352	16	好	轻	中	严
15	市人民医院门急诊医技住院部	框架，框剪	2009	26163	10	好	好	轻	中
16	市人民医院医教办公楼	框架	2009	6462	3	好	好	轻	中
17	武警东莞支队办公楼	框架	1992	4651	7	好	好	轻	严
18	市住建局大楼	框架	1996	7500	7	好	好	轻	中
19	万江街道办事处办公楼	框架	1991	5358	4	好	好	轻	严
20	万江应急庇护中心	框架	1990	6655	6	好	好	轻	严
21	市汽车客运总站客运大楼	框架	2003	18216	2	好	好	轻	中
22	东莞移动通信服务楼	框架—剪力墙	2002	21000	20	好	好	轻	中
23	东莞电信南城分公司	框架	1995	7466	9	好	中	严	毁
24	市科学馆	框架	1989	7600	9	好	轻	严	毁
25	东莞影剧院	框架	1992	12420	6	好	轻	中	严
26	中国银行东莞分行	框架—剪力墙	1995	23665	17	好	轻	中	严
27	尼罗河国际大酒店	剪力墙	2003	44998	15	好	好	中	中
28	世博广场	框架—剪力墙	2003	37565	16	好	轻	中	严
29	地王广场2区	框架—剪力墙	2002	47000	25	好	好	轻	中
30	东莞都会广场A区	框架—剪力墙	2001	32005	32	好	好	轻	中
31	南城职业中学食堂、宿舍楼	框架	1998	9463	8	好	轻	中	严
32	东城高级中学学生宿舍楼	框架	2001	9677	7	好	轻	中	毁
33	东城初级中学学生宿舍楼	框架	2002	10277	7	轻	中	严	毁
34	东城初级中学食堂	框架	2002	10276	5	好	轻	中	严
35	可园中学南行政楼	框架	2004	17000	10	好	轻	中	毁
36	可园中学教学楼	框架	2004	19536	6	好	好	中	毁
37	东莞理工学院（莞城校区）礼堂	框架	1989	4704	1	好	轻	中	中
38	东城中心幼儿园教学楼	框架	1998	1268	5	好	好	中	严
39	松山湖实验小学教学楼前座	框架	2010	4176.2	4	好	好	轻	中

续表

序号	名称	结构类型	建造年份（年）	建筑面积（m²）	层数	预测结果			
						VI度	VII度	VIII度	IX度
40	松山湖实验小学教学楼后座	框架	2010	5161	4	好	好	轻	严
41	广东医学院东莞校区主教学楼（大教室楼）	框架	2007	22310	5	好	轻	严	毁
42	广东医学院东莞校区主教学楼（中教室楼）	框架	2007	5635	5	好	中	严	毁
43	广东医学院东莞校区研究生公寓1栋	框架	2007	7879	7	好	好	轻	中

5.1.4　中小学校建筑抗震性能评价

东莞市中心城区及松山湖开发区内共有全日制普通小学 53 所（图 5.2），在校学生 85450 人；普通初中 27 所（含九年一贯制学校 18 所），在校学生 70809 人；全日制普通高

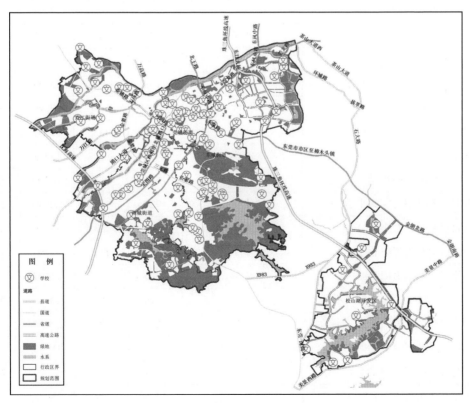

图 5.2　规划区内学校分布图

中 16 所（含 2 所完全中学，6 所十二年一贯制学校），在校学生 56618 人；中职学校 7 所，在校学生 17228 人；特殊学校 1 所，在校学生 332 人。中心城区内中小学校现状见表 5.10，中小学校部分单体建筑的具体情况见表 5.11。

　　从 2009 年开始，用 3 年时间对规划区内的各级各类中小学校舍进行抗震鉴定、加固、迁移避险，消除安全隐患，提升了校舍的抗震能力。

表 5.10　中小学校现状

序号	学校名称	类别	学生人数 （人）	教师人数 （人）	占地面积 （m²）	建筑面积 （m²）
1	东莞松山湖实验小学	小学	1043	70	26666	31047
2	东莞师范学校附属小学	小学	1198	63	32000	24053
3	东莞市东华小学	小学	8936	381	132808	151553
4	东莞市光明小学	小学	5147	279	57750	28826
5	东莞市东城街道中心小学	小学	1928	91	46667	28514
6	东莞市东城街道东城小学	小学	1130	58	16044	15480
7	东莞市东城街道花园小学	小学	1124	57	14798	15671
8	东莞市东城街道第一小学	小学	1121	57	78691	20574
9	东莞市东城街道第二小学	小学	670	40	46667	23340
10	东莞市东城街道第三小学	小学	1686	84	46610	33890
11	东莞市东城街道第五小学	小学	1138	62	15477	21552
12	东莞市东城街道第六小学	小学	969	47	13240	34902
13	东莞市东城街道第八小学	小学	2321	111	52067	20210
14	东莞市东城为民小学	小学	2078	72	13332	7595
15	东莞市东城利民小学	小学	1576	89	14700	6967
16	东莞市东城朝天实验小学	小学	1924	102	26540	19249
17	东莞市东城科发小学	小学	1618	71	15300	5441
18	东莞市南城街道中心小学	小学	2359	116	35765	23379
19	东莞市南城街道阳光第一小学	小学	2000	104	11697	14282
20	东莞市南城街道阳光第二小学	小学	1996	101	43447	41363
21	东莞市南城街道阳光第三小学	小学	1291	70	22050	15510
22	东莞市南城街道阳光第四小学	小学	920	48	18343	10998
23	东莞市南城街道阳光第五小学	小学	1604	80	66000	45744
24	东莞市南城街道阳光第六小学	小学	1736	89	28638	27904

续表

序号	学校名称	类别	学生人数（人）	教师人数（人）	占地面积（m²）	建筑面积（m²）
25	东莞市南城街道阳光第七小学	小学	830	53	10090	8303
26	东莞松山湖中心小学	小学	1833	113	33333	34244
27	东莞市南城五洲小学	小学	1135	45	5000	2116
28	东莞市南城星辉小学	小学	919	29	10018	3300
29	东莞市万江中心小学	小学	1999	103	13054	12400
30	东莞市万江实验小学	小学	1836	93	45188	20216
31	东莞市万江第一小学	小学	1691	85	38680	18200
32	东莞市万江街道拔蛟窝小学	小学	807	46	27876	7763
33	东莞市万江街道石美小学	小学	729	42	15780	14142
34	东莞市万江谷涌小学	小学	417	27	23485	10303
35	东莞市万江小享小学	小学	368	25	10551	4300
36	东莞市万江街道滘联小学	小学	145	17	13986	4963
37	东莞市万江街道新村小学	小学	635	40	19000	8068
38	东莞市万江长江小学	小学	1090	51	11870	5415
39	东莞市万江美江小学	小学	1420	43	9232	4257
40	东莞市万江东鹏小学	小学	1270	47	5500	5500
41	东莞市万江艺林小学	小学	2043	98	20000	4850
42	东莞市万江育华小学	小学	1811	62	9580	7293
43	东莞市万江智新小学	小学	2355	77	20000	5700
44	东莞市万江琼林小学	小学	1597	56	10950	9079
45	东莞市莞城中心小学	小学	2123	126	14166	13555
46	东莞市莞城建设小学	小学	2433	136	23679	21762
47	东莞市莞城实验小学	小学	2150	138	20910	17282
48	东莞市莞城步步高小学	小学	1527	98	13113	5200
49	东莞市莞城阮涌小学	小学	941	57	4675	5014
50	东莞市莞城运河小学	小学	1014	69	5000	5140
51	东莞市莞城中心小学分校	小学	880	66	11620	7320
52	东莞市莞城业余体育学校	小学	71	8		
53	东莞市莞城英文实验学校	小学	1868	128	56416	33794
54	东莞市南城尚城学校	九年一贯制学校	1484	88	35000	22000

序号	学校名称	类别	学生人数（人）	教师人数（人）	占地面积（m²）	建筑面积（m²）
55	东莞市松山湖南方外国语学校	九年一贯制学校	2057	125	32374	29077
56	东莞市东莞中学初中部	初级中学	2956	220	99900	74005
57	东莞市可园中学	初级中学	2805	211	68768	75851
58	东莞市少年儿童业余体育学校	九年一贯制学校	381	14		
59	东莞市东华初级中学	初级中学	7894	415	137436	179396
60	东莞市东城第一中学	初级中学	1927	174	71002	33609
61	东莞市东城初级中学	初级中学	2697	211	88219	75491
62	东莞市东城岭南学校	九年一贯制学校	2549	125	20000	15009
63	东莞市东城朝晖学校	九年一贯制学校	5011	175	67230	15675
64	东莞市东城东珠学校	九年一贯制学校	3543	115	40300	12929
65	东莞市东城春晖学校	九年一贯制学校	2511	94	28000	10792
66	东莞市东城益民学校	九年一贯制学校	2756	94	35000	7439
67	东莞市东城佳华学校	九年一贯制学校	3605	134	18000	19435
68	东莞市东城旗峰学校	九年一贯制学校	3127	124	23000	8445
69	东莞市宏远外国语学校	九年一贯制学校	3188	206	28601	15313
70	东莞市南城星河学校	九年一贯制学校	2899	118	30012	10699
71	东莞市南城东晖学校	九年一贯制学校	3093	99	22600	14835
72	东莞市南城御花苑外国语学校	九年一贯制学校	1589	102	24787	18100
73	东莞市万江街道第二中学	初级中学	1539	160	46978	34344
74	东莞市万江第三中学	初级中学	1456	132	44427	23812
75	东莞市黄冈理想学校	九年一贯制学校	3604	187	43056	29954
76	东莞市万江华江初级中学	初级中学	890	59	10523	5763
77	东莞市万江明星学校	九年一贯制学校	2272	94	24679	4789
78	东莞市万江长鸿学校	九年一贯制学校	1903	84	20000	5250
79	东莞市南城阳光实验中学	初级中学	1373	107	80000.4	
80	东莞市光大新亚外国语小学	九年一贯制学校	1700	155	44638	22320
81	东莞文盛国际学校	十二年一贯制学校	0	35	30000	12000
82	东莞科爱赛国际学校	十二年一贯制学校	238	61		4338
83	东莞市东莞中学	高级中学	2708	245	66670	57298
84	东莞市第一中学	高级中学	3069	263	116667	102729

续表

序号	学校名称	类别	学生人数（人）	教师人数（人）	占地面积（m²）	建筑面积（m²）
85	东莞实验中学	高级中学	3335	267	99404	63947
86	东莞高级中学	高级中学	3304	291	130364	119891
87	东莞市东莞中学松山湖学校	完全中学	3861	290	328100	140040
88	东莞市东华高级中学	高级中学	5028	330	140028	154623
89	东莞市光明中学	完全中学	10182	635	260132	185677
90	东莞市第二高级中学	高级中学	1998	157		
91	东莞市万江中学	高级中学	3043	226	33330	21919
92	东莞市南城中学	完全中学	2841	224	75411	62971
93	东莞市南开实验学校	十二年一贯制学校	5759	361	130000	150256
94	东莞市翰林实验学校	十二年一贯制学校	7231	348	199800	69172
95	东莞市松山湖莞美学校	十二年一贯制学校	1703	178	80000.4	80000
96	东莞市粤华学校	十二年一贯制学校	2318	179	133334	100000
97	东莞市经济贸易学校	调整后中等职业学校	4379	361	105987	104250
98	东莞体育运动学校	调整后中等职业学校	166	44	75272	36765
99	东莞理工学校	调整后中等职业学校	4378	239	76553	77552
100	东莞市商业学校	调整后中等职业学校	4455	264	121333.9	90000
101	东莞市五星职业技术学校	调整后中等职业学校	2552	78	33000	52000
102	东莞市南博职业技术学校	调整后中等职业学校	1220	91	58521	80974
103	东莞市篮球学校	调整后中等职业学校	78	24	20000.1	
104	东莞启智学校	特殊教育学校	332	75	16511	12634

表 5.11　中小学校单体建筑（部分）信息

序号	建筑名称	用途	结构类型	建造年份（年）	建筑面积（m²）	层数	设防烈度（度）
1	东城街道科发小学教学楼 D	教学楼	框架	1992	1335	2	Ⅵ
2	东城街道花园小学综合楼	综合楼	框架	2002	7610	6	Ⅵ
3	东城街道益民学校小学部教学楼	教学楼	框架	2003	3998	4	Ⅵ
4	东城街道中心小学教学楼	教学楼	框架	1999	8656	5	Ⅵ
5	东城街道为民小学教学楼	教学楼	框架	1994	5200	4	Ⅵ
6	东莞高级中学艺术楼	教学楼	框架	2004	4176	3	Ⅵ

序号	建筑名称	用途	结构类型	建造年份（年）	建筑面积（m²）	层数	设防烈度（度）
7	东莞高级中学女宿舍 1	学生宿舍	框架	2004	3157	6	Ⅵ
8	东莞实验中学教学 3 号楼	教学楼	框架	2001	3752	6	Ⅵ
9	东莞实验中学学生食堂	食堂	框架	1993	5733	3	Ⅴ
10	东莞市第一中学电教楼·图书馆	综合楼	框架	2003	11855	6	Ⅵ
11	东莞市第一中学教学楼 A 栋	教学楼	框架	2003	7250	6	Ⅵ
12	东莞市第一中学食堂	食堂	框架	2003	7953	3	Ⅵ
13	东莞市东城朝晖学校小学部教学楼	教学楼	框架	2003	9355	4	Ⅵ
14	东莞市东城朝天实验小学综合楼	综合楼	框架	2001	19249	5	Ⅵ
15	东莞市东城初级中学学生宿舍 A	学生宿舍	框架	2002	11753	7	Ⅵ
16	东莞市东城初级中学食堂	食堂	框架	2002	6528	5	Ⅵ
17	东莞市东城初级中学教学楼 A	教学楼	框架	2002	3354	5	Ⅵ
18	东莞市东城春晖学校教学楼	教学楼	框架	2005	9260	5	Ⅵ
19	东莞市东城第一中学 5 号教学楼	教学楼	框架	2008	4060	6	Ⅵ
20	东莞市东城第一中学综合楼	综合楼	框架	1991	5481	4	Ⅵ
21	东莞市东城第一中学学生食堂	食堂	框架	1999	3200	3	Ⅵ
22	东莞市东城第一中学学生宿舍 1 栋	学生宿舍	砖混	1990	1977	4	Ⅵ
23	东莞市东城东珠学校教学楼	教学楼	框架	2004	12929	4	Ⅵ
24	东莞市东城高级中学教学办公楼	综合楼	框架	1995	13010	5	Ⅵ
25	东莞市东城高级中学男生宿舍楼	学生宿舍	框架	1996	12284	7	Ⅵ
26	东莞市东城佳华学校教学楼	教学楼	框架	2004	5000	6	Ⅵ
27	东莞市东城佳华学校宿舍楼	学生宿舍	钢结构	2004	2435	5	Ⅵ
28	东莞市东城利民小学周屋小学教学楼	教学楼	框架	1996	4613	3	Ⅵ
29	东莞市东城岭南学校男生宿舍 1	学生宿舍	砖混	1978	2580	4	Ⅵ
30	东莞市东城岭南学校艺术楼	教学楼	框架	1990	2800	4	Ⅵ
31	东莞市东城岭南学校综合楼	综合楼	框架	1992	724	2	Ⅵ
32	东莞市东城旗峰学校教学楼	教学楼	框架	2002	3992	6	Ⅵ
33	东莞市东城街道第八小学综合楼	综合楼	框架	1999	13000	4	Ⅵ
34	东莞市东城街道第二小学体育馆综合楼	综合楼	框架	1999	2340	3	Ⅵ
35	东莞市东城街道第六小学教学楼	教学楼	框架	1998	18330	5	Ⅵ
36	东莞市东城街道第三小学综合楼	综合楼	框架	1999	29890	4	Ⅵ

序号	建筑名称	用途	结构类型	建造年份（年）	建筑面积（m²）	层数	设防烈度（度）
37	东莞市东城街道第五小学教学综合楼	综合楼	框架	2001	14020	5	Ⅵ
38	东莞市东城街道第一小学教学楼 A	教学楼	框架	1999	8274	3	Ⅵ
39	东莞市东城街道东城小学综合楼	综合楼	框架	2001	4357	3	Ⅵ
40	东莞市东华初级中学实验楼（科技楼）	教学楼	框架	2003	7940	5	Ⅵ
41	东莞市东华初级中学食堂	食堂	框架	2002	5505	4	Ⅵ
42	东莞市东华初级中学女生宿舍	学生宿舍	框架	2003	10125	6	Ⅵ
43	东莞市东华高级中学教学楼	教学楼	框架	2000	12851	6	Ⅶ
44	东莞市东华高级中学食堂（高三校区）	食堂	框架	2003	6461	4	Ⅵ
45	东莞市东华高级中学女生宿舍（高三校区）	学生宿舍	框架	2003	6432	6	Ⅵ
46	东莞市东华小学一区学生宿舍 A	学生宿舍	框架	2001	3883	6	Ⅵ
47	东莞市东华小学一区三区教学楼	教学楼	框架	2001	45750	6	Ⅵ
48	东莞市东华小学三区食堂	食堂	框架	2001	7655	3	Ⅵ
49	东莞市东华小学二区教学楼（三期）	教学楼	框架	2003	16560	6	Ⅵ
50	东莞市东华小学二区食堂（三期）	食堂	框架	2003	5506	4	Ⅵ
51	东莞市东华小学一区学生宿舍 C	学生宿舍	框架	2001	5900	3	Ⅵ
52	东莞市东华小学科技楼	综合楼	框架	2003	9028	2	Ⅵ
53	东莞市光大新亚外国语学校教学楼	教学楼	框架	2005	14062	5	Ⅵ
54	东莞市光明小学教学楼	教学楼	框架	2007	20964	5	Ⅵ
55	东莞市光明中学综合办公楼	综合楼	框架	2002	25925	6	Ⅵ
56	东莞市光明中学教学楼	教学楼	框架	2002	12182	5	Ⅵ
57	东莞市光明中学二期办公楼	综合楼	框架	2004	6928	6	Ⅵ
58	东莞市光明中学学生宿舍 G 栋	学生宿舍	其他	2007	13447	7	Ⅵ
59	东莞市宏远外国语学校小学部教学楼	教学楼	框架	2002	5249	5	Ⅵ
60	东莞市南城东晖学校实验教学楼	教学楼	框架	1988	3369	5	Ⅵ
61	东莞市南城东晖学校饭堂	食堂	框架	1988	495	1	Ⅵ
62	东莞市南城街道阳光第二小学教学楼	教学楼	框架	2004	23000	6	Ⅵ
63	东莞市南城街道阳光第二小学生活楼	学生宿舍	框架	2004	7655	7	Ⅵ
64	东莞市南城街道阳光第六小学教学办公楼	综合楼	框架	2004	26701	5	Ⅵ
65	东莞市南城街道阳光第七小学教学办公楼	教学楼	框架	2000	4000	3	Ⅵ
66	东莞市南城街道阳光第三小学教学办公楼	教学楼	框架	2001	11817	5	Ⅵ

序号	建筑名称	用途	结构类型	建造年份（年）	建筑面积（m²）	层数	设防烈度（度）
67	东莞市南城街道阳光第四小学教学楼	教学楼	框架	2005	3868	5	Ⅵ
68	东莞市南城街道阳光第五小学综合楼	综合楼	框架	2004	37024	4	Ⅶ
69	东莞市南城街道阳光第一小学金盛教学楼	教学楼	框架	2001	3925	5	Ⅵ
70	东莞市南城街道中心小学综合教学楼	综合楼	框架	2004	10760	5	Ⅶ
71	东莞市南城尚城学校第一教学楼	教学楼	框架	2007	3068	5	Ⅶ
72	东莞市南城尚城学校宿舍楼	学生宿舍	框架	2007	4900	6	Ⅶ
73	东莞市南城五洲小学教学办公楼	教学楼	框架	1982	2116	4	Ⅶ
74	东莞市南城星河学校食堂	食堂	框架	2005	203	1	Ⅶ
75	东莞市南城街道星河学校教学楼	教学楼	框架	2003	5853	4	Ⅶ
76	东莞市南城御花苑外国语学校学生宿舍	学生宿舍	框架	2005	6698	5	Ⅵ
77	东莞市南城职业中学学生宿舍（女）	学生宿舍	框架	1998	5280	8	Ⅵ
78	东莞市南城中学 5 号教学楼	教学楼	框架	2005	9782	5	Ⅵ
79	东莞市南城中学学生宿舍楼	学生宿舍	框架	2008	26232	6	Ⅵ
80	东莞市南开实验学校小学教学楼	教学楼	框架	2005	16918	5	Ⅵ
81	东莞启智学校综合办公楼	综合楼	框架	1999	2816	5	Ⅵ
82	东莞市东莞中学教学大楼	教学楼	框架	1982	6140	4	Ⅵ
83	东莞市东莞中学教学楼高三楼	教学楼	框架	2009	6480	5	Ⅷ
84	东莞市东莞中学学生宿舍 D 栋	学生宿舍	框架	2010	6901	6	Ⅶ
85	东莞市东莞中学初中部 A	教学楼	框架	1999	17000	6	Ⅵ
86	东莞莞城步步高小学新教学楼	教学楼	框架	2001	5200	5	Ⅵ
87	东莞莞城建设小学 B 区教学楼	教学楼	框架	2007	5000	3	Ⅵ
88	东莞市莞城阮涌小学教学主楼	教学楼	框架	2001	3380	5	Ⅵ
89	东莞市莞城实验小学教学楼	教学楼	框架	1998	5692	7	Ⅵ
90	东莞市莞城新沙小学综合楼	综合楼	框架	1997	1071	5	Ⅵ
91	东莞莞城英文实验学校宿舍楼 1	学生宿舍	框架	2003	3074	6	Ⅵ
92	东莞莞城英文实验学校教学楼	教学楼	框架	2003	4788	6	Ⅵ
93	东莞市莞城运河小学教学楼	教学楼	框架	1990	5141	5	Ⅴ
94	东莞市莞城中心小学三号教学楼	教学楼	框架	1987	1499	4	Ⅴ
95	东莞市可园中学教学楼三	教学楼	框架	2004	6480	6	Ⅵ
96	东莞市可园中学学生宿舍一	学生宿舍	框架	2004	6715	7	Ⅵ

序号	建筑名称	用途	结构类型	建造年份（年）	建筑面积（m²）	层数	设防烈度（度）
97	东莞翰林学校 A 教学楼	教学楼	框架	2003	7237	3	Ⅵ
98	东莞翰林学校 D 栋宿舍楼	学生宿舍	框架	2003	8632	6	Ⅶ
99	东莞市万江第三中学饭堂	食堂	框架	1994	1412	1	Ⅶ
100	东莞市万江第三中学教学办公楼	综合楼	框架	1994	11645	5	Ⅶ
101	东莞市万江第一小学教学楼（艺术楼、多功能）	综合楼	框架	2003	14000	5	Ⅵ
102	东莞市万江谷涌小学教学楼	教学楼	框架	1995	10303	3	Ⅶ
103	东莞市万江街道华江初级中学新教学	教学楼	框架	2002	1826	3	Ⅵ
104	东莞市万江美江小学教学楼	教学楼	框架	2002	2840	4	Ⅶ. Ⅴ
105	东莞市万江琼林小学教学楼	教学楼	框架	1995	4618	3	Ⅵ
106	东莞市万江琼林小学教学楼（新）	教学楼	框架	2007	3453	5	Ⅵ
107	东莞市万江街道拔蛟窝小学教学楼	教学楼	框架	1994	5360	3	Ⅵ
108	东莞市万江街道第二中学食堂、礼堂	食堂	框架	1995	3864	3	Ⅵ
109	东莞市万江街道第二中学学生宿舍	学生宿舍	框架	1995	14643	7	Ⅶ
110	东莞市万江街道东鹏小学教学楼	教学楼	钢结构	2003	5500	4	Ⅵ
111	东莞市万江街道黄冈理想学校小学部教学楼	教学楼	框架	2006	9914	5	Ⅵ
112	东莞市万江街道滘联小学功能楼	综合楼	框架	2004	2500	4	Ⅵ
113	东莞市万江街道滘联小学教学楼 A	教学楼	砖混	1985	614	3	Ⅵ
114	东莞市万江街道石美小学教学楼 C 座	教学楼	框架	1995	1417	3	Ⅵ
115	东莞市万江街道新村小学综合楼	综合楼	框架	2004	3063	5	Ⅶ, Ⅴ
116	东莞市万江街道艺林小学教学楼	教学楼	框架	2002	4850	4	Ⅵ
117	东莞市万江街道育华小学教学楼 A	教学楼	框架	1993	4517	4	Ⅵ
118	东莞市万江实验小学食堂	食堂	框架	2003	2831	3	Ⅵ
119	东莞市万江实验小学教学楼 A	教学楼	框架	2003	3549	5	Ⅵ
120	东莞市万江实验小学电教楼	综合楼	框架	2003	2090	4	Ⅵ
121	东莞市万江小享小学教学楼	教学楼	框架	2004	2180	5	Ⅵ
122	东莞市万江长鸿学校教学楼 C	教学楼	砖混	1997	1380	6	Ⅶ
123	东莞市万江长江小学教学楼	教学楼	框架	2002	2579	3	Ⅵ
124	东莞市万江街道智新小学教学楼（新）	教学楼	框架	2005	3060	4	Ⅵ
125	东莞市万江中心小学功能楼	综合楼	框架	2003	5000	5	Ⅵ
126	东莞市万江中学教学楼 A（初中楼）	教学楼	框架	1989	2490	5	Ⅵ

续表

序号	建筑名称	用途	结构类型	建造年份（年）	建筑面积（m²）	层数	设防烈度（度）
127	东莞市万江中学综合楼	综合楼	框架	2002	3019	7	Ⅵ
128	东莞市万江中学教学楼 1	教学楼	框架	2010	6289	5	Ⅷ
129	东莞市万江中学学生宿舍楼	学生宿舍	框架	1992	9053	7	Ⅵ
130	东莞市东莞中学松山湖学校至善楼	学生宿舍	框架	2003	3820	6	Ⅵ
131	东莞市东莞中学松山湖学校南区教学楼	教学楼	框架	2003	21300	5	Ⅵ
132	东莞市松山湖南方外国语学校综合楼	综合楼	框架	2006	7890	5	Ⅵ
133	东莞市松山湖南方外国语学校学生宿舍楼	学生宿舍	框架	2006	7524	5	Ⅵ
134	东莞市松山湖实验小学学生宿舍	学生宿舍	框架	2010	3144	6	Ⅶ
135	东莞松山湖中心小学办公综合楼	综合楼	框架	2008	6176	4	Ⅵ
136	东莞科爱赛国际级学校小学部	综合楼	框架	1992	2971	2	Ⅵ
137	东莞科爱赛国际级学校高中部	综合楼	框架	1992	1367	2	Ⅵ
138	东莞理工学校第 2 栋宿舍	学生宿舍	框架	1993	2500	5	Ⅵ
139	东莞理工学校学生饭堂	食堂	框架	1994	1300	3	Ⅶ
140	东莞理工学校东教区女生宿舍楼	学生宿舍	框架	2001	2290	4	Ⅶ
141	东莞理工学校培训楼	综合楼	框架	1993	2969	5	Ⅵ
142	东莞理工学校科技楼	综合楼	框架	1999	5120	7	Ⅵ
143	东莞理工学校图书楼	综合楼	框架	2003	6298	9	Ⅵ
144	东莞师范学校附属小学敏行楼	教学楼	框架	2010	2626	5	Ⅶ
145	东莞市东城职业技术学校综合楼	综合楼	框架	1998	6290	6	Ⅵ
146	东莞市东城职业技术学校学生宿舍（食堂）	学生宿舍	框架	1998	11462	7	Ⅶ
147	东莞市经济贸易学校 6 号楼 A 区	学生宿舍	框架	1997	2590	6	Ⅶ
148	东莞市经济贸易学校科学楼	教学楼	框架	1993	4005	5	Ⅵ
149	东莞市南城职业中学教学楼	教学楼	框架	1997	14374	5	Ⅵ
150	东莞市南城职业中学学生宿舍（男）	学生宿舍	框架	1998	5244	8	Ⅵ
151	东莞市粤华中学中学楼	教学楼	框架	2010	9046	6	Ⅶ
152	东莞市粤华中学学生宿舍 A	学生宿舍	框架	2011	17329	6	Ⅶ
153	东莞体育运动学校教学楼 A	教学楼	框架	2006	6571	6	Ⅵ
154	东莞体育运动学校综合馆	综合楼	框架	2006	8011	2	Ⅵ

注：以上资料源自全国中小学校舍信息管理系统查询结果（截至 2015 年）。

　　通过对规划区内中小学校所属 543 栋单体建筑进行抗震设防情况统计分析（图 5.3），规划区内中小学校单体建筑中按Ⅵ度设防的占 76.55%，按Ⅶ度设防的占 18.81%，按Ⅷ度设防的占 1.29%，未设防的占总量 3.35%。教室、学生宿舍、食堂等大部分校舍建筑都采用了抗震性能较好的框架结构，未设防的建筑多为储存室、杂物间等辅助性配套建筑。经过 2009—2012 年中小学校舍安全工程的建设，规划区内的学校建筑抗震性能普遍有了较大的改善，这对于保障广大师生在地震作用下的生命财产安全具有重要意义。根据抽样学校单体建筑震害预测的结果，在地震烈度为Ⅶ度的地震作用下，大都表现为基本完好或轻微破坏，小部分建筑会出现中等破坏。从抗震设计原则来看，两排框架柱组成的单跨结构形式横向不符合多道抗震防线原则，一旦一侧柱遭受地震破坏，容易引起结构坍塌。汶川地震已证实了这一震害现象的后果非常严重，特别是中小学校。建议在今后建造框架结构房屋时尽量避免采用这种单跨的结构形式，对于已有的建筑应逐步开展抗震鉴定和加固，通过增设抗震墙、增设多余约束、采用耗能减震技术等方法来提高结构的抗震能力，消除抗震安全隐患。其次部分学生和教工宿舍采用了抗震性能较差的砖混结构，经过采取有效的抗震加固措施后，提高了其抗震能力，预期在地震烈度为Ⅶ度的地震作用下，会表现为基本完好或轻微破坏。对于抗震性能不明确的学校建筑，有关部门应引起充分重视，按照《建筑抗震鉴定标准》（GB 50023—2009）相关要求，组织开展此类结构的抗震鉴定工作，并结合《建筑抗震加固建设标准》（建标 158—2011）进行加固。

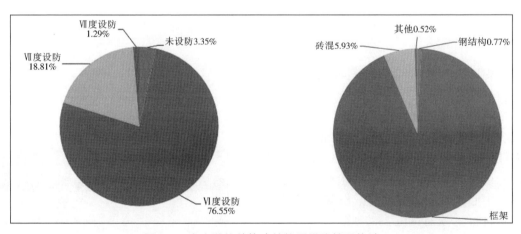

图 5.3　中小学校单体建筑抗震设防情况统计

5.1.5　医院建筑抗震性能评价

　　东莞市中心城区及松山湖开发区内现有卫生医疗机构 23 家（不含门诊及社区服务站），包括公办医院 8 家，民办医院 12 家，其他部门办 3 家；其中人民医院、中医院、妇幼保健医院、康华医院、东华医院为三级医院（图 5.4）。基本形成了以公立医疗机构为主导，民营机构积极参与，多层次、多形式的医疗卫生格局。规划区内现有医院总床位数 7383 张，按照总人口平均为 6.02 床/千人。

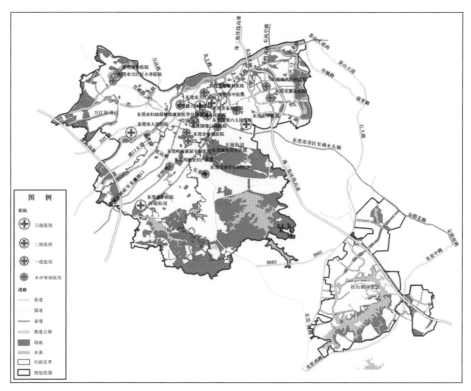

图 5.4 规划区内医院分布示意图

在规划区内现有主要医院建筑概况。

（1）东莞市人民医院。

东莞市人民医院共设有三个院区（万江院区、普济院区、红楼院区），新址位于东莞市万江街道新谷涌万道路南 3 号，主要建筑有门急诊医技住院部、健康体检中心、老干部诊疗中心、行政办公楼等。医院总建筑面积 429800m²，实有床位 2382 张。

三级医院。建筑状况良好。

（2）东莞市中医院。

东莞市中医院位于东莞市东城街道松山湖大道，总占地面积约 13m²，总建筑面积 174548m²，实有床位为 959 床。医院主要建筑有门诊医技综合楼、医技行政楼、住院综合楼、后勤楼等。

三级医院。建筑现状良好。

（3）东莞市妇女儿童医院。

东莞市妇女儿童医院位于东城街道主山社区振兴路，医院占地面积 100 亩（1 亩 = 666.67m^2，下同），建筑面积 62511m^2，实有床位 590 张。医院主要建筑有门诊大楼、住院大楼、学术科技大楼、医务行政管理大楼、员工住宿大楼等。

三级医院。建筑状况良好。

（4）东莞康华医院。

东莞康华医院位于南城街道东莞大道，占地 563 亩，建筑面积 398300m^2，实有床位 850 张。医院主体部分分为门诊部、医技楼以及住院部。

三级医院。建筑状况良好。

（5）东莞东华医院。

东莞东华医院位于东城街道东城东路，占地面积 150 亩，建筑面积约 289906m^2，实有床位 1104。

三级医院。建筑状况良好。

在规划区内医疗结构现状见表 5.12。

表 5.12 规划区内医疗结构现状

序号	机构名称	卫生机构类别	所有制	医院等级	卫生技术人员（人）	实有床位（张）	房屋建筑面积（m²）	建筑物抗震设防烈度
1	东莞市东城医院	综合医院	公办	一级	394	110	21523	
2	东莞市妇幼保健院	妇幼保健院	公办	三级	823	590	62511	Ⅶ度
3	东莞市莞城医院	综合医院	公办	二级	417	308	29220	Ⅵ度
4	东莞市慢性病防治院	慢性病防治院	公办	未评等级	175	120	26395	
5	东莞市南城医院	综合医院	公办	一级	381	138	9789	
6	东莞市人民医院	综合医院	公办	三级	3429	2382	429800	Ⅶ度
7	东莞市万江医院	综合医院	公办	一级	294	186	42850	Ⅶ度
8	东莞市中医院	中医院	公办	三级	1080	959	174548	Ⅶ度
9	东莞国境口岸医院	综合医院	其他部门办	未评等级	58		4126	
10	东莞市济生妇科医院	妇科医院	其他部门办	未评等级	25	50	11800	
11	东莞市康复医院	康复医院	其他部门办	未评等级	43	36	21000	
12	东莞缔美美容医院	美容医院	民办	未评等级	18	20		
13	东莞东方泌尿专科医院	泌尿专科医院	民办	未评等级	43	20		
14	东莞东华医院	综合医院	民办	三级	1366	1104	289906	
15	东莞莞城美立方美容医院	美容医院	民办	未评等级	27	19		
16	东莞光明眼科医院	眼科医院	民办	未评等级	80	60		
17	东莞健力口腔医院	口腔医院	民办	未评等级	42			
18	东莞康华医院	综合医院	民办	三级	1335	850	398300	Ⅶ度
19	东莞康怡医院	综合医院	民办	未评等级	238	258	11200	
20	东莞岭南泌尿专科医院	泌尿专科医院	民办	未评等级	28	18	2950	
21	东莞玛丽亚妇产医院	妇科医院	民办	未评等级	165	65		
22	东莞市万江街道小享医院	综合医院	民办	未评等级	64	50		
23	东莞现代妇科医院	妇科医院	民办	未评等级	74	40		

注：资料源自东莞市卫生和计划生育局 2014 年 8 月提供资料。

根据《建筑抗震设计规范》（GB 50011—2010）、《关于东莞市建设工程抗震设计有关问题的通知》（东建〔2004〕32 号）及《关于我市学校、医院等人员密集场所建设工程抗震设防要求有关问题的通知》（东震〔2009〕11 号）的有关规定，医院建筑的抗震设防标准进行了适当提高。规划区内的市人民医院、市中医院、妇幼保健医院、康华医院、万江医院等的医院建筑多为Ⅶ度设防，这有助于提高医院建筑在地震作用下的安全性。从医院建筑震害预测结果看出，医院主要建筑在地震烈度为Ⅶ度的地震作用下，表现为基本完好；在地震烈度为Ⅷ度的地震作用下，有的建筑会发生中等破坏。

5.1.6　一般建筑抗震性能评价

根据第六次全国人口普查数据可以得出，东莞市中心城区及松山湖开发区共有 457131 户，户籍人口数为 313094 人，总人口数 1226637 人，现有房屋总建筑面积约 3300 万平方米。本规划在建筑抗震性能评价分析中，抽样调查一般建筑物 2873 栋，总建筑面积约 1428 万平方米；分析重要建筑物 43 栋，总建筑面积约 170 万平方米。本规划对一般建筑的抗震性能调查在此基础上，重点对居民自建房进行了调查，在 11 个社区（村）中详细调查居民自建房 57 栋，其中砖混结构 42 栋，框架结构 9 栋，砖木结构 6 栋，总建筑面积约 13000m²。按照 6.1.2 节所述方法经过分析计算，得到各类结构建筑物的震害矩阵，见表 5.13～表 5.16 和图 5.5～图 5.8，矩阵中横线上为建筑物的栋数百分比，横向下为相应的建筑面积百分比。

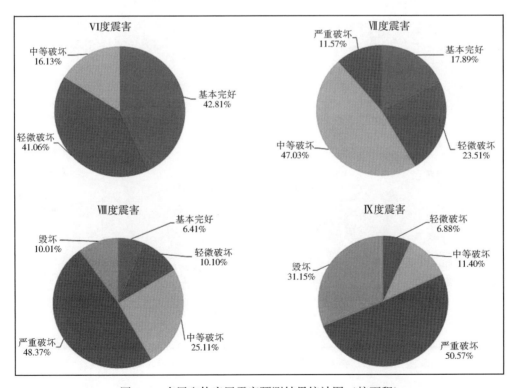

图 5.5　多层砌体房屋震害预测结果统计图（按面积）

表 5.13　规划区多层砌体房屋震害矩阵（%）

破坏等级	地震烈度			
	VI度	VII度	VIII度	IX度
基本完好	68.86 / 42.81	34.61 / 17.89	14.08 / 6.20	0
轻微破坏	26.13 / 41.06	33.98 / 23.51	20.32 / 10.10	12.16 / 6.88
中等破坏	5.01 / 16.13	27.66 / 47.03	34.10 / 25.11	22.41 / 11.40
严重破坏	0	3.75 / 11.57	28.83 / 48.37	51.26 / 50.57
毁坏	0	0	2.77 / 10.01	13.17 / 31.15

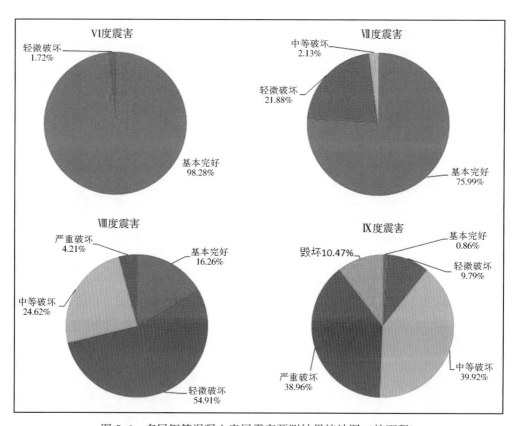

图 5.6　多层钢筋混凝土房屋震害预测结果统计图（按面积）

表 5.14　规划区多层钢筋混凝土框架房屋震害矩阵（%）

破坏等级	地震烈度			
	VI度	VII度	VIII度	IX度
基本完好	98.37 / 98.28	83.58 / 75.99	25.93 / 16.26	0.02 / 0.86
轻微破坏	1.63 / 1.72	14.69 / 21.88	53.04 / 54.91	10.09 / 9.79
中等破坏	0	1.73 / 2.13	18.70 / 24.62	52.81 / 39.92
严重破坏	0	0	2.33 / 4.21	31.39 / 38.96
毁坏	0	0	0	5.51 / 10.47

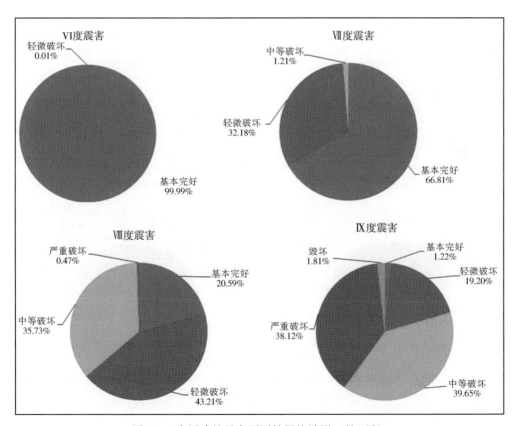

图 5.7　高层建筑震害预测结果统计图（按面积）

表 5.15　规划区高层建筑震害矩阵（%）

破坏等级	地震烈度			
	VI度	VII度	VIII度	IX度
基本完好	$\dfrac{99.66}{99.99}$	$\dfrac{66.82}{66.81}$	$\dfrac{24.39}{20.59}$	$\dfrac{2.23}{1.22}$
轻微破坏	$\dfrac{0.34}{0.01}$	$\dfrac{32.15}{32.18}$	$\dfrac{38.18}{43.21}$	$\dfrac{22.92}{19.20}$
中等破坏	0	$\dfrac{1.03}{1.21}$	$\dfrac{36.24}{35.73}$	$\dfrac{36.92}{39.65}$
严重破坏	0	0	$\dfrac{1.19}{0.47}$	$\dfrac{35.61}{38.12}$
毁坏	0	0	0	$\dfrac{2.32}{1.81}$

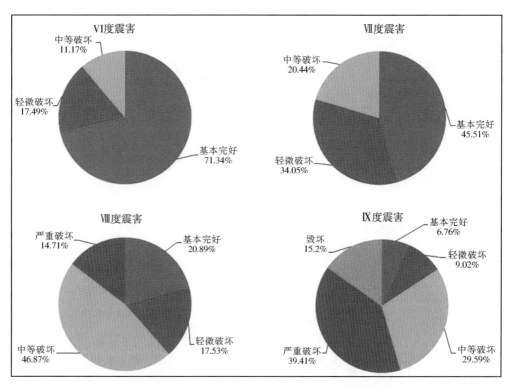

图 5.8　单层民宅震害预测结果统计图（按面积）

表 5.16　规划区单层民宅震害矩阵（%）

破坏等级	地震烈度			
	VI度	VII度	VIII度	IX度
基本完好	75.00 / 71.34	50.25 / 45.51	26.00 / 20.89	6.50 / 6.76
轻微破坏	19.25 / 17.49	31.75 / 34.05	19.25 / 17.53	12.75 / 9.02
中等破坏	5.75 / 11.17	18.00 / 20.44	43.25 / 46.87	31.50 / 29.59
严重破坏	0	0	11.50 / 14.71	37.25 / 39.41
毁坏	0	0	0	12.00 / 15.22

从本次东莞市市区建筑物现场调查和震害预测结果看，主要存在以下问题。

（1）从震害预测结果来看，多层砌体房屋的破坏率较高，抗震性能差，究其原因是：①东莞市中心城区内的多层砌体房屋包含有解放前和 20 世纪 60—70 年代建造的砖瓦结构房屋，这些房屋质量很差且已经老旧；②20 世纪 80—90 年代建造的砖混结构房屋，大部分是当地居民未经正规设计自行建造的，未考虑抗震设防；③多层砌体房屋的抽样样本中有一些房屋的内外墙厚只有 120mm 或 180mm。以上这些都是造成多层砌体房屋破坏率较高的原因。

（2）从抽样样本得到的多层砌体房屋的震害矩阵可以看出，部分面积破坏比和栋数破坏比相差较大。其原因是不同样本房屋建筑面积相差悬殊，有不少二三层房屋占地面积很小，建筑面积只有 40~50m² 左右，它们的墙体面积又多，预测结果好；而五六层房屋的建筑面积有的达到 2000m² 左右，其中个别房屋的内外墙体均为 180mm 厚，因此，个别五六层房屋预测结果就差。这就造成了面积破坏比和栋数破坏比相差较大。

（3）高层建筑的破坏率较其他一些城市高。这主要是因为东莞市的抗震设防烈度低，大部分高层建筑是按 VI 度抗震设防进行设计的。因此，规划区内高层建筑的破坏率较抗震设防烈度为 VII 度或 VIII 度地区的自然就高。除此之外，还与东莞市高层建筑的分类和特点有关：①此次震害预测高层建筑定义为 10 层及 10 层以上的钢筋混凝土结构，因此，在高层建筑的抽样样本中就含有 10 层以上的纯框架房屋；②一些高层框架—剪力墙结构和剪力墙结构中剪力墙为短肢墙，一些高层框架和框架—剪力墙结构中框架柱为异性柱，这些结构形式都是对抗震不利的。

在居民自建房的各类结构建筑物中，框架结构房屋的抗震性能较好，其次是砖混结构房屋，砖木结构的抗震性能相对最差。从建筑物震害预测结果看，主要存在以下问题。

（1）砖木结构房屋的破坏率较高，抗震能力差，此类房屋在城中村还有一定的保留量，其抗震性能较差的主要原因有：

①在抽样的砖木结构中，基本都是 20 世纪 50 年代以前建造的，未考虑抗震设防。由于

建造年代比较久远，部分砖木结构已有明显受损情况。

②此类结构房屋的墙体的修建材料多由青砖与石灰砂浆砌筑，墙体抗剪能力较差。

（2）砖混结构房屋的破坏率相对也比较高，抗震能力较差，这类房屋在一些村镇及城乡结合部地区还大量存在，其抗震能力较差的主要原因是：

①在抽样的砖混结构中，基本都是村民自行建造，并未进行正规的抗震设计。

②这类房屋在建造中构造措施布置不完善。统计抽样结果可以得出：36.11%的房屋设置有圈梁，25.00%的房屋设置有构造柱，同时设置有圈梁与构造柱的仅为22.22%。

③房屋首层为了功能上的方便和灵活，墙体开洞通常较大，上部隔间较多，但在设计和施工时大多没有采取合理的抗震措施，导致底层的抗剪能力明显弱于上部楼层，在遭遇地震时容易造成底层受损甚至坍塌。

④有不少的自建房在建造过程中平立面布局不规整、施工顺序不正确、随意开洞、墙体砌筑质量未达标等现象普遍存在，极大程度上降低了结构的抗震性能。

（3）框架结构房屋中，主要存在三个方面的问题。第一，框架结构房屋首层多作为商铺使用，填充墙少，较为空旷；上部楼层则隔断成多个出租间。一些房屋为了增加上部的空间，从第二层起向外挑1~2m，再砌筑外墙。这导致了结构"头重脚轻、上刚下柔"的现象，致使其刚度分布不均匀，在遭遇地震烈度Ⅷ度以上地震时容易造成底框倾斜甚至坍塌。第二，部分房屋设计成由两排框架柱组成的单跨结构形式，计算分析表明这种结构形式的横向抗震能力差，在地震作用下易产生破坏，震害比由多排柱组成多跨的结构形式相对要重。从抗震设计原则来看，这种结构形式横向冗余度低，不符合多道抗震防线原则，一旦一侧柱遭受地震破坏，容易引起结构坍塌。汶川地震已证实了这一震害现象的后果非常严重，特别是中小学。建议今后在建造框架结构房屋时尽量避免采用这种单跨的结构形式。第三，《建筑抗震设计规范》（GB 50011—2010）要求，当不考虑砌体填充墙的抗侧力作用时，填充墙宜与框架柱柔性连接，但墙顶应与框架紧密结合，还要求应沿框架柱高每隔500mm配置拉筋，并对拉筋尺寸及伸入墙内长度做了具体规定。在此次抽样调查的自建房框架结构中，填充墙均未与构造柱进行有效的拉结。历次震害特别是汶川地震震害表明，填充墙是框架结构的抗震薄弱环节，地震中首先开裂，进一步与框架脱开，甚至塌落。上面提到的填充墙形式和一些与周围框架构件连接不好的填充墙的抗震性能可否保证地震安全，有关部门应引起充分重视，加强研究，使其不致成为抗震防灾的一大隐患。

（4）本规划区内的社区（村）中还存在一定数量的土坯房屋，此类房屋的抗震性能非常差，存在较大的抗震防灾隐患。

根据2010年第六次人口普查基础数据以及房屋震害易损性矩阵，对各社区（村）抗震性能较差建筑分布情况进行了分析计算，同时也对比了2010年与2015年规划区遥感图内建筑变化情况，结合本次规划对建筑的实地踏勘调查情况，对分析结果进行了修正。综合以上三个方面的因素绘制了规划区内建筑工程抗震性能分布图（图5.9）。图例中所示"强"是指该区域内抗震性能较差的建筑占总建筑面积的比例不超过10%（A≤10%），依次"较强"为10%<A≤15%，"一般"为15%<A≤25%，"较薄弱"为25%<A≤35%，"薄弱"为A>35%。从图5.9可以看出，规划区内不同区域抗震性能有所差异，相比而言松山湖开发区抗震性能比较强，这主要是因为松山湖开发区属于新规划区域，老旧建筑极少。在各社区内抗震性能相对比较薄弱的建筑分布有一定的聚集性，多分布在旧城区域或拆迁改造边沿区域，且多为 20 世纪 90 年代以前修建。在部分抗震性能较差分布区，临街作为商用建筑抗震性能相对较好，但是在社区内部仍有连片存在抗震性能较差的城中村。部分建筑抗震性能较薄弱分布区与次生灾害高风险区重叠，这部分区域在改造中应重点关注。

图 5.9 建筑工程抗震能力分区图

5.1.7 文物建筑抗震性能评价

根据《国务院关于开展第三次全国文物普查的通知》（国发〔2007〕9 号）要求，东莞市组织开展了文物普查，筛选出广龙铁路石龙南桥等不可移动文物点 459 处（详见《东莞市第三次全国文物普查不可移动文物名录》），将其确定为东莞市不可移动文物。本规划区内不可移动文物点 67 处（表 5.17），其中 2 处为国家级文物保护单位，5 处为省级文物保护单位，15 处为市级文化保护单位，45 处尚未核定保护级别。规划内文物建筑分布情况如图 5.10 所示。

表 5.17　不可移动文物名录

序号	名称	年代	保护级别	地址	备注
1	蚝岗遗址	新石器时代	省级	南城街道胜和社区蚝岗大园坊	2008 年公布为广东省文物保护单位
2	猪牯岭遗址	东周–汉	尚未核定	东城街道柏洲边社区柏洲边村村西	
3	谢澄源墓	明崇祯十六年（1643）	尚未核定	松山湖高新技术产业开发区松木山水库东南面山坡上	
4	状元笔墓葬	明	尚未核定	松山湖高新技术产业开发区状元笔公园西南角	
5	尹前峰墓	清康熙八年（1669）	尚未核定	松山湖高新技术产业开发区状元笔公园内	
6	熊飞墓	南宋德祐二年（1276）	市级	东城街道峡口社区铜岭山腰	1989 年公布为东莞市文物保护单位
7	苏文墓	明万历五年（1577）	尚未核定	南城街道蛤地社区水濂水库南岸	
8	宋皇姑赵氏墓	宋淳祐六年（1246）	市级	东城街道石井社区狮子岭	1989 年公布为东莞市文物保护单位
9	卫佐邦墓	清光绪三年（1877）	省级	东城街道同沙社区南部旧飞鹅岭山腰	2008 年公布为广东省文物保护单位
10	李觉斯墓	明	尚未核定	南城街道蛤地社区青笋村南面山北坡山腰	
11	张弘毅墓	明	尚未核定	南城街道蛤地社区飞蛾岭	
12	却金亭碑	明嘉靖二十一年（1542）	全国重点	莞城街道北隅社区光明路与教场街交界处	2006 年公布为全国重点文物保护单位
13	平津桥	明	尚未核定	南城街道宏远社区文化广场	
14	蚝岗苏氏宗祠	明–清	省级	南城街道胜和社区蚝岗村大围	2008 年公布为广东省文物保护单位
15	白马李氏大宗祠	清雍正年间	市级	南城街道白马社区铺前村七巷 16 号旁	2012 年公布为东莞市文物保护单位

序号	名称	年代	保护级别	地址	备注
16	小享林氏宗祠	清	尚未核定	万江街道小享社区林厦坊祠堂路 1 号	
17	耕乐祖祠	明	市级	万江街道谷涌社区沿河路 30 号旁	2014 年公布为东莞市文物保护单位
18	耕读祖祠	明	市级	万江谷涌社区沿河路 30 号旁	2014 年公布为东莞市文物保护单位
19	度香亭	清	市级	南城街道胜和社区恬甲一村	2004 年公布为东莞市文物保护单位
20	金刚经云石塔	清光绪二年（1876）	市级	莞城街道东正社区万寿路中心小学内	1982 年公布为东莞市文物保护单位
21	大雁塘宋氏宗祠	清光绪二十八年（1902）	市级	南城街道水濂社区大雁塘村四巷 5 号左侧	2012 年公布为东莞市文物保护单位
22	下桥钱氏宗祠	明-清	尚未核定	东城街道下桥社区德邻里 26 号	
23	榴花塔	明	市级	东城街道峡口社区铜铃山巅	1982 年公布为东莞市文物保护单位
24	鳌峙塘徐氏宗祠	明万历二十九年（1601）	尚未核定	东城街道鳌峙塘社区东江岸边	
25	余屋牌坊	明万历四十一年（1613）	市级	东城街道余屋社区	1989 年公布为东莞市文物保护单位
26	余屋余氏宗祠	明成化七年（1471）	市级	东城街道余屋社区园头巷 38 号	2014 年公布为东莞市文物保护单位
27	周屋周氏宗祠	明-清	市级	东城街道周屋社区周屋三村	2014 年公布为东莞市文物保护单位
28	西乐袁公祠	清	尚未核定	东城街道桑园社区桑圃中路	
29	温塘文阁	清	市级	东城街道温塘社区文塔公园内	2014 年公布为东莞市文物保护单位
30	阆川公祠	明	尚未核定	东城街道温塘社区茶中村南边路	

续表

序号	名称	年代	保护级别	地址	备注
31	桦轩公祠	明	尚未核定	东城街道温塘社区茶中村南边路	
32	乌石岗黎氏宗祠	明洪武十年（1377）	市级	东城街道主山社区乌石岗工业区	2014 年公布为东莞市文物保护单位
33	主山黄氏宗祠	明	市级	东城街道主山社区主山村	2014 年公布为东莞市文物保护单位
34	黄旗胜迹	清	市级	东城街道黄旗林场社区黄旗山	1993 年公布为东莞市文物保护单位
35	梅轩公祠	明	尚未核定	东城街道温塘社区麻石街8 号右侧	
36	下坝詹氏宗祠	清同治五年（1866）	尚未核定	万江街道坝头社区下坝坊29 号旁	
37	迎恩门城楼	明	市级	莞城街道市桥社区西正路莞城桥东侧	1982 年公布为东莞县文物保护单位
38	大汾何氏大宗祠	明-清	市级	万江街道大汾社区向南坊	2012 年公布为东莞市文物保护单位
39	金鳌洲塔	明天启四年（1624）	省级	万江街道金泰社区万江桥畔	1989 年公布为广东省文物保护单位
40	种德桥	明嘉靖年间	市级	万江街道大汾社区种德桥坊一巷 3 号东	1993 年公布为东莞市文物保护单位
41	青云桥	明	市级	万江街道大汾社区下坐坊	1993 年公布为东莞市文物保护单位
42	连步桥	明	市级	万江街道大汾社区连步桥坊	1993 年公布为东莞市文物保护单位
43	袁屋边陈氏宗祠	清光绪年间	市级	南城街道袁屋边社区平乐坊阜东路 76 号旁	2012 年公布为东莞市文物保护单位
44	雅园张氏宗祠	清	市级	南城街道雅园社区雅园村前 13 号	2014 年公布为东莞市文物保护单位
45	谷涌庚氏宗祠	明-清	市级	万江街道谷涌社区沿河路30 号旁	2014 年公布为东莞市文物保护单位

续表

序号	名称	年代	保护级别	地址	备注
46	元信陈公祠	清	市级	万江街道拔蛟窝社区祠前路	2012 年公布为东莞市文物保护单位
47	拔蛟窝陈氏大宗祠	明-清	市级	万江街道拔蛟窝社区祠前路一巷	2012 年公布为东莞市文物保护单位
48	张伯桢宅	清-中华民国	市级	南城街道胜和社区恬甲一村	2004 年公布为东莞市文物保护单位
49	蚬涌刘氏宗祠	清	尚未核定	万江街道蚬涌社区蚬涌三队教美十一巷 1 号东侧	
50	上甲谢氏宗祠	清光绪二十年（1894）	市级	万江街道上甲社区宝树路十九巷 2 号旁	2014 年公布为东莞市文物保护单位
51	水蛇涌参军府	清乾隆六年（1741）	尚未核定	万江街道水蛇涌社区振兴北路旁	
52	东湖寺	清康熙六年（1667）	尚未核定	莞城街道北隅社区之新沙坊七巷 16 号	
53	东莞可园	清道光三十年（1850）	全国重点	莞城街道博厦社区可园路 32 号	2001 年公布为全国重点文物保护单位
54	罗沙翟氏宗祠	明	市级	莞城街道罗沙社区罗村路 28 号	2012 年公布为东莞市文物保护单位
55	雪松李公祠	1917 年	市级	南城街道石鼓社区十三坊一街 2 号	2014 年公布为东莞市文物保护单位
56	棣甫张公祠	1932 年	市级	南城街道胜和社区恬甲一村	2004 年公布为东莞市文物保护单位
57	徐景唐故居	1937 年	尚未核定	东城街道鳌峙塘社区	
58	修鳌峙塘围堤记碑	1948 年	市级	东城街道鳌峙塘社区鳌峙塘村东路口	2014 年公布为东莞市文物保护单位
59	绍贤家塾	1937 年	市级	东城街道温塘社区茶下村中和圩	2014 年公布为东莞市文物保护单位
60	李扬敬故居	中华民国	尚未核定	莞城街道东正社区万寿路 76 号旧市政府大院	
61	张廷辅墓	1933 年	市级	南城街道篁村社区英联村	2004 年公布为东莞市文物保护单位

续表

序号	名称	年代	保护级别	地址	备注
62	明伦堂财产信条碑亭	1937 年	市级	莞城街道东正社区人民公园	2012 年公布为东莞市文物保护单位
63	东莞县博物馆旧址	1929 年	市级	莞城街道东正社区人民公园	1989 年公布为东莞市文物保护单位
64	讴歌亭	1921 年	市级	莞城街道东正社区新芬路人民公园盂山	2012 年公布为东莞市文物保护单位
65	容庚故居	清	省级	莞城街道北隅社区旨亭街 8 巷 2、4、6 号	2008 年公布为广东省文物保护单位
66	东正报功祠	1946 年	尚未核定	莞城街道东正社区东莞中学北区	
67	绿瓦楼	1929 年	尚未核定	莞城街道东正社区东莞中学北区	

注：资料源自《东莞市第三次全国文物普查不可移动文物名录》。

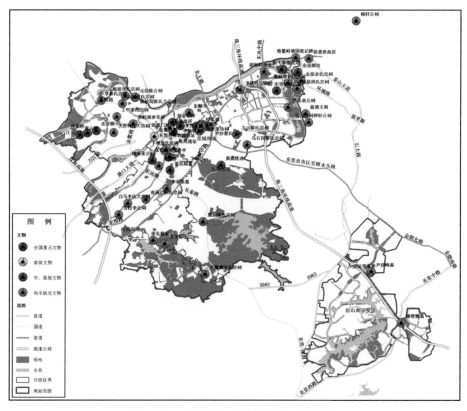

图 5.10　规划区内文物建筑分布示意图

在规划区内抽样调查不可移动文物建筑概况。

（1）却金亭碑。

却金亭碑位于莞城街道北隅社区光明路与教场街交界处，立于明朝嘉靖二十一年（1542），底座为红砂岩，青石为碑，高1.84m，宽1.02m。

全国重点文物保护单位。

文物现状良好。

却金亭碑

（2）东莞可园。

可园位于东莞市区西博厦村，始建于清道光三十年（1850），建筑占地面积三亩三（2004m²）。全园共有一楼、六阁、五亭、六台、五池、三桥、十九厅、十五房，左回右折，互相沟通，通过130余道式样不同的大小门及游廊、走道联成一体，设计精巧，布局新奇。

全国重点文物保护单位。

文物现状良好。

东莞可园

（3）蚝岗苏氏宗祠。

苏氏宗祠位于东莞市南城街道胜和蚝岗大围。该祠始建于明代嘉靖二十年（1541）具有岭南地方特色的汉族祠堂建筑，为宗祠与家塾合一的建筑。明崇祯十三年（1640）和清光绪三年（1877）分别进行过重修，现基本保存有明代的建筑形制、梁架结构、材料和工艺手法。

蚝岗苏氏宗祠

（4）容庚故居。

容庚故居位于莞城街道旨亭街8巷2、4、6号，为三进"三间两廊"式东莞清代民居。院内布置有两个天井相间，清砖墙，红砂岩门槛，砖木结构。总面积202.95m²。

2008年列为广东省文物保护单位。

文物现状良好。

容庚故居

（5）金鳌洲塔。

金鳌洲塔位于东莞市万江金鳌洲村。塔处江心陆洲，三面环水。塔高 50m，红石基础，，平面为八角形，外观九级，腔梯阁式青砖塔。塔始建于明万历二十五年（1597），天启四年（1624）落成。

广东省文物保护单位。

文物现状良好。

（6）余屋进士牌坊。

余屋进士牌坊位于东城街道余屋社区园头巷 38 号，万历皇帝于万历四十一年（1613）为余屋人余士奇赐建。牌坊经历了三次重修，至今仍屹立在寒溪河畔。原始牌坊为木瓦结构，修缮后替换为水泥柱，仍旧保持原始的建筑风格。

金鳌洲塔

广东省文物保护单位。

文物现状良好。

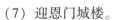
余屋进士牌坊

（7）迎恩门城楼。

迎恩门城楼位于莞城街道市桥社区西正路莞城桥东侧，修建于唐至德年间（757），砖砌，屡有重修。明洪武十七年（1384），改为石砌，今之城门，即为遗迹。

东莞市文物保护单位。

文物现状良好。

迎恩门城楼

（8）连步桥。

连步桥修建于明嘉靖年间，红砂岩砌筑单孔拱桥，长 15.7m，宽 3.6m，高 8.4m，孔高 4.5m，孔跨 5.5m。

东莞市文物保护单位。

文物现状良好。

连步桥

（9）大汾何氏宗祠。

大汾何氏宗祠位于万江街道大汾社区万江桥畔，该宗祠又称萃涣堂，始建于明朝嘉靖六年（1527），清代重修，三间三进式布局，面宽 13.14m，进深 42.78m，砖木结构。

东莞市文物保护单位。

文物现状良好。

（10）度香亭。

度香亭位于南城街道胜和社区恬甲一村，盖亭始建于清朝同治年间，亭子为四角亭，基础及底座由红砂岩砌筑而成，四根石柱支撑上部木瓦顶盖。

东莞市文物保护单位。

文物现状良好。

大汾何氏宗祠

度香亭

规划区内的文物建筑多为砖木结构，年代久远，部分文物建筑采取了一定的抗震措施，抗震性能得到了提升，但也有部分文物建筑未能采取有效的抗震措施，抗震能力较差，以度香亭为例，计算分析得出该结构在地震烈度为Ⅵ度的地震作用下，即发生轻微破坏，在地震烈度为Ⅶ度的地震作用下，发生中等破坏，急需采取抗震加固措施进行保护。同时还应加强建筑内文物的抗震保护。

5.1.8　抗震能力薄弱地区评价

快速城市化造成的城乡结合部或者称为城市化前沿地区成为拆迁加固改造的重点区域，在空间分异层面显示出明显的梯度演化特征，这个区域内房屋结构复杂，人员密集，大多未经正规设计，抗震性能较差。部分房屋年代久远，已经严重损坏或危险，却仍有人居住，抗震安全隐患极大。

通过实地踏勘，建筑物抗震能力薄弱地区主要有 56 处，总占地面积约 7.54km²，此地区应列为优先加固或改造城区。

根据现场踏勘调查，各城区抗震能力薄弱地区大致分布情况：

万江街道：唐城一路、赵屋村南路、胜利中路、河堤北路、金曲璐、永泰街六巷、金鳌路、河北路一巷、西堤路、村头园村街、庆丰里、龙屋基街、上贝坊—下贝坊等路段。

南城街道：新基南路—杨柳路、西平村、绿色路、兴丰街—亨通路、宏远沿河路—篁村工业街、银丰路、豪岗村大围一巷、塘贝街、乐园路、簪花路、石基路—红山路等路段。

莞城街道：北正路、运河西三路、圳头新邨街、横中路—澳南三马路、兴华路、村政路、罗村路—万园路、上水巷、兴隆街、奥南路、大西路—中山路—阮涌路、新苑路—戴屋庄—金牛横路、学院路等路段。

东城街道：市地中心路—梨川路、运河路、桥山路、新兴街、槌子街、朱园路、莞樟路下三杞村段、下元街、环城南路墩水岭段、光明三路、莞长路新锡边村段、涡岭草岭路、萌基湖二路、长泰路、新源路洋田坭段等路段。

针对目前中心城区内房屋质量和抗震性能良莠不齐的现状，应综合房屋现场抽样调查结果和震害预测所确定的抗震能力薄弱及较薄弱范围，根据"三旧"改造控制单元和抗震不利地段分布，以街道、社区或村为参考划定房屋改造规划控制单元，分期分区制定房屋抗震加固改造规划，并有效推进该项工作，彻底消除城市地震安全隐患。

5.2　建筑抗震规划要求

根据《建筑工程抗震设防分类标准》（GB 50223—2008）规定，建筑工程分为以下 4 个抗震设防类别。

（1）特殊设防类，指使用上有特殊设施，涉及国家公共安全的重大建筑工程和地震时可能发生严重次生灾害等特别重大灾害后果，需要进行特殊设防的建筑。简称甲类。

（2）重点设防类，指地震时使用功能不能中断或需尽快恢复的生命线相关建筑，以及地震时可能导致大量人员伤亡等重大灾害后果，需要提高设防标准的建筑。简称乙类。

（3）标准设防类，指大量的除 1、2、4 款以外按标准要求进行设防的建筑。简称丙类。

（4）适度设防类，指使用上人员稀少且震损不致产生次生灾害，允许在一定条件下适度降低要求的建筑。简称丁类。

各抗震设防类别建筑的抗震设防标准，应符合下列要求。

（1）标准设防类，应按本地区抗震设防烈度确定其抗震措施和地震作用，达到在遭遇高于当地抗震设防烈度的预估罕遇地震影响时不致倒塌或发生危及生命安全的严重破坏的抗震设防目标。

（2）重点设防类，应按高于本地区抗震设防烈度一度的要求加强其抗震措施；地基基础的抗震措施，应符合有关规定。同时，应按本地区抗震设防烈度确定其地震作用。

（3）特殊设防类，应按高于本地区抗震设防烈度提高一度的要求加强其抗震措施。同时，应按批准的地震安全性评价的结果且高于本地区抗震设防烈度的要求确定其地震作用。

（4）适度设防类，允许比本地区抗震设防烈度的要求适当降低其抗震措施，但抗震设防烈度为Ⅵ度时不应降低。一般情况下，仍应按本地区抗震设防烈度确定其地震作用。

5.2.1　现有城市重要建筑抗震改造规划

在进行城市重要建筑抗震性能评价时，将现行国家标准《建筑工程抗震设防分类标准》（GB 50223—2008）中的甲、乙类建筑，市一级政府指挥机关、抗震救灾指挥部门所在办公楼，其他对城市抗震防灾特别重要的建筑列入重要建筑范畴内。抽样了35家单位的43栋重要建筑进行震害预测，在地震烈度为Ⅶ度时，大部分建筑都基本完好，抗震能力较强。近期应按照《建筑抗震设防分类标准》（GB 50223—2008）对列入甲、乙类建筑及其他对城市抗震防灾特别重要的建筑进行抗震性能评价，确定其抗震能力，对不满足抗震设防要求的，应着手制订建筑抗震鉴定加固和改造计划。

5.2.2　现有中小学校建筑抗震改造规划

《中华人民共和国防震减灾法》第三十五条已明确，对学校、医院等人员密集场所的建设工程，应当按照高于当地房屋建筑的抗震设防要求进行设计和施工，采取有效措施，增强抗震设防能力。同时第三十六条又进一步明确，有关建设工程的强制性标准应当与抗震设防要求相衔接。《建筑工程抗震设防分类标准》（GB 50223—2008）6.0.8条规定，教育建筑中，幼儿园、小学、中学的教学用房以及学生宿舍和食堂，抗震设防类别应不低于重点设防类。所谓重点设防类即为乙类。根据《建筑工程抗震设防分类标准》（GB 50223—2008）3.0.3第2条的要求：①应按高于本地区抗震设防烈度一度的要求加强其抗震措施；②应按本地区抗震设防烈度确定其地震作用；③地基基础的抗震措施应符合有关规定。

从5.1.4节中小学校建筑抗震性能评价结果可以看出，中小学校单体建筑中按Ⅵ度设防的占76.55%，按Ⅶ度设防的占18.81%，按Ⅷ度设防的占1.29%，未设防的占总量3.35%，教室、学生宿舍、食堂等大部分校舍建筑都采用了抗震性能较好的框架结构，未设防的建筑多为储藏室、杂物间等辅助性配套建筑。经过2009—2012年中小学校校舍安全工程的学校建筑基本都达到了《建筑工程抗震设防分类标准》（GB 50223—2008）6.0.8条规定的抗震设防要求。在地震烈度为Ⅶ度的地震作用下，绝大部分抽样学校单体建筑由于采用了抗震性能较好的框架结构，基本都表现为基本完好或轻微破坏，但也有小部分砖混结构建筑出现中等破坏，抗震性能相对较差。其次，部分学校建筑设计成由两排框架柱组成的单跨结构形式，计算分析表明这种结构形式的横向抗震能力差，在地震作用下易产生破坏，震害比由多排柱组成多跨的结构形式相对要重。从抗震设计原则来看，这种结构形式横向不符合多道抗震防线原则，一旦一侧柱遭受地震破坏，容易引起结构坍塌。本规划针对上述评价结果及建议，提出以下抗震措施。

（1）抗震性能不明确的学校建筑，应按照《建筑抗震鉴定标准》（GB 50023—2009）相关要求尽快开展建筑物的抗震鉴定和加固工作，对于 20 世纪 90 年代以前的砖混结构，建议拆除后重建。

（2）对于采用单跨框架结构的学校建筑，也应尽快开展抗震鉴定和加固工作，通过增设抗震墙、增设多道约束、采用耗能减震技术等方法来提高结构的抗震能力，消除抗震安全隐患。

（3）制定校舍抗震能力常规检查制度，降低校舍抗震安全风险。

5.2.3　现有医院建筑抗震改造规划

根据《建筑工程抗震设防分类标准》（GB 50223—2008），三级医院中承担特别重要医疗任务的门诊、医技、住院用房，抗震设防类别应划为特殊设防类。二三级医院的门诊、医技、住院用房，具有外科手术室或急诊科的乡镇卫生院的医疗用房，县级及以上急救中心的指挥、通信、运输系统的重要建筑，县级及以上的独立采供血机构的建筑，抗震设防类别应划为重点设防类。工矿企业的医疗建筑，可比照城市医疗建筑示例确定其抗震设防类别。

规划区内现有医院 23 家（不含门诊及社区服务站），其中综合医院 10 家、中医院 1 家，其他专科医院 12 家；其中人民医院、中医院、妇幼保健医院、东华医院、康华医院为三级医院。根据《建筑工程抗震设防分类标准》（GB 50223—2008）、《关于东莞市建设工程抗震设计有关问题的通知》（东建〔2004〕32 号）及《关于我市学校、医院等人员密集场所建设工程抗震设防要求有关问题的通知》（东震〔2009〕11 号）的有关规定，现有 23 家医院的门诊楼、医技楼、住院楼应按高于本地区抗震设防烈度一度的要求加强其抗震措施。从表5.12 可以看出，市人民医院、市中医院、妇幼保健医院、康华医院、东华医院、万江医院等基本都按照Ⅶ度设防。从表 5.9 中给出的医院建筑震害预测结果看出，医院主要建筑在地震烈度为Ⅶ度的地震作用下，表现为基本完好；在地震烈度为Ⅷ度的地震作用下，有的建筑会发生中等破坏。本规划针对上述评价结果及建议，提出以下抗震措施。

（1）对于抗震性能不明确的医院建筑，应按照《建筑抗震鉴定标准》（GB 50023—2009）相关要求尽快开展建筑物的抗震鉴定，对于 20 世纪 90 年代以前的砖混结构建筑，建议拆除，其他未达到设防要求的建筑应进行加固、重建，加固的建筑应按现行相关标准采取抗震措施。

（2）结合编制的《东莞市城市总体规划（2016—2030 年）》，着手制订中心城区内现有医院建筑的抗震鉴定和加固计划，逐步提高中心城区内医院建筑的抗震设防标准，按高于本地区抗震设防烈度一度的要求加强门诊楼、医技楼、住院楼等建筑的抗震措施。

（3）近期应对现有 23 家医院门诊楼、医技楼、住院楼等建筑中的配电设备、自备发电机组及其附属设备与固定医疗设备进行抗震锚固措施的全面检查，凡是没有与楼板或地板采取锚固措施的，应采取锚固措施。

5.2.4　现有建筑物抗震能力薄弱地区规划要求

抗震能力薄弱地区的特点是人口密度较大，危险房屋较多且杂乱无序分布于各处，基础设施陈旧落后，预防地震次生灾害能力差，地震造成的直接灾害和次生灾害一般较其他区域严重，震后抢险救灾也较为困难。针对城市抗震防灾的薄弱环节、薄弱地区和薄弱工程类型可根据其灾害后果，按照"一次规划、分期实施、突出重点、先急后缓、实事求是、自下而上"的原则，提出城区抗震建设和改造要求。

综合房屋现场抽样调查和震害预测所确定的危险房屋信息、"三旧"改造控制单元和抗震适宜性分区，以街道、社区或村为参考划定抗震能力薄弱地区规划控制单元（图 5.11）。单元是以道路、山体、水系等自然要素及街道、社区或村等行政边界要素划定的相对成片区域，以所在位置命名规划控制单元，共划定 56 个规划控制单元，其中东城街道 18 个，莞城街道 13 个，南城街道 12 个，万江街道 13 个。

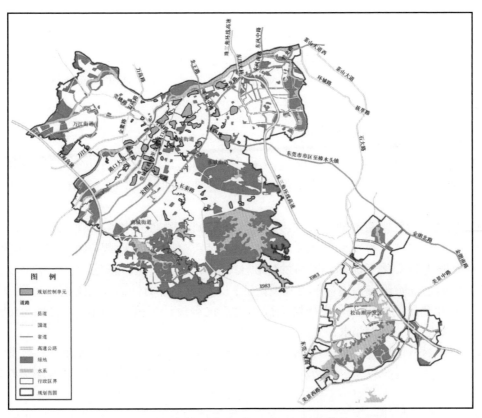

图 5.11　抗震能力薄弱地区房屋改造规划控制单元分布

在规划期内，抗震能力薄弱地区房屋抗震加固改造工作宜分阶段进行，依据为：
（1）按照结合《东莞市总体规划（2016—2030 年）》中心城区"一主三副、十字展开"的空间结构布局以及中心城区重点更新方向,更新过程中应统筹考虑逐步提高规划区内建筑物的抗震能力。行政中兴西片区、南城国际商务西片区、主山—石井片区抗震能力薄弱区域在城市更新中宜第一阶段改造,万江中部片区、天宝工业园片区、博夏西片区宜第二阶段改造(参照总规说法),黄旗山片区、龙湾片区宜第三阶段改造。根据抽样调查的情况推算,需要改造的建筑面积大约占总建筑面积的 8.49%,约 280.2 万 m²。

(2)中心城区及松山湖开发区各区房屋根据震害预测结果,在设防烈度地震作用下会发生中等破坏(含)以上破坏应第一阶段改造,其余可第二阶段改造。文物建筑依据其危险性鉴定结果安排其改造阶段。

(3)根据中心城区各区危险房屋使用情况,有人居住危险房屋应第一阶段改造,空置危险房屋可第二阶段改造。

各街道(园区)应结合所划定的规划控制单元和本辖区的总体发展要求,编制抗震能力薄弱地区房屋专项抗震加固改造规划,明确房屋改造控制单元的导控原则,评价控制单元内的开发建设条件和相关规定,制定详细的阶段性实施原则,分别计划用 10 年、20 年、30 年时间完成 1970 年以前、1971—1990 年建设的老旧建筑物、1991—2000 年建设的重要建筑的加固或改造工作(至规划期末,完成 1990 年以前建设的老旧建筑物的加固、改造工作)。优先安排对学校、医院等公共建筑,生命线工程建筑的抗震加固改造工作,对存在突出隐患危险房屋应优先提出治理措施。对确定需要调整规划指标的控制单元,科学论证其调整的理由和依据,并给出导向性规定;对尚未覆盖的控制单元,论证并确定规划控制指标的原则导向。

5.2.5　新建建筑抗震规划要求

(1)新建工程的选址须符合城市总体规划的要求,尽量选择对建筑抗震有利的场地,并根据工程需要和有关勘察设计规范的要求进行详细的勘察、试验,确定场地土质情况和性质。

(2)规划区万江街道大部分范围、南城以及莞城西侧东莞水道流域、同沙水库北侧环城南路与长泰路一带、同沙水库西南方向莞城路一带、东城街道西侧寒溪河与黄沙河流域等范围存在软弱土和液化土地基,容易发生软土震陷和砂土液化,新建及改建重点设防类建筑,在工程的选址阶段应当进行抗震专项论证,采取更有针对性的抗震措施。

(3)新建建筑的抗震设计应严格执行《建筑抗震设计规范》(GB 50011—2010)的规定和有关技术标准、规程要求。

(4)规划区内万江街道的大汾村、新村、新谷涌村、简沙洲村、新和村、流涌村;南城街道的白马村、石鼓村、袁屋边村的一般建筑应符合Ⅶ度设防要求,其余区域应符合Ⅵ度设防要求。

新建、改建、扩建的重大建设工程和可能发生严重次生灾害的建设工程必须按照《中华人民共和国防震减灾法》和《广东省防震减灾条例》相关要求进行地震安全性评价,并按照经审定的地震安全性评价报告所确定的抗震设防要求,进行抗震设防。

规划区内莞城、万江、南城三个街道范围内的学校、医院等人员密集场所建设工程的"抗震措施"按抗震设防烈度Ⅷ度确定,"地震作用"按地震动峰值加速度(设计基本地震加速度值）0.15g 确定；东城和松山湖开发区范围内的学校、医院等人员密集场所建设工程的"抗震措施"按抗震设防烈度Ⅶ度确定，"地震作用"按地震动峰值加速度（设计基本地震加速度值）0.10g 确定。一般建设工程中的学校包括幼儿园、小学、中学等，学校建筑包括教学用房、学生宿舍、食堂等校内建筑；医院建筑包括门诊、医技、住院等医院用房。

（5）重要建筑物及生命线工程，应按照《建筑物抗震设防分类标准》（GB 50223—2008）要求，采取相应提高抗震能力的措施。

（6）作为防灾据点的建筑物应按高于本地区抗震防烈度一度的要求加强其抗震措施，保障在罕遇地震下其主体结构和附属结构不发生中等及以上破坏，并满足抗震性能要求。新建的居住小区、新建厂区中的生活区、大型公共场所或相当规模的其他建筑应满足本规划的抗震防灾要求。新建的大型公共建筑、学校类建筑应考虑城市总体避震疏散场所的安排要求，确定作为防灾据点时，应按照防灾据点的抗震防灾要求进行建设。

（7）120m 以上的超高层建（构）筑物或者结构特殊、对经济社会有重要影响的建设工程或者设施，应当按照国家有关规定设置强震动监测设施，建筑设计时应预留监测仪器和线路的位置。

（8）应严格执行国家的基本建设程序，强化施工许可和竣工验收备案制度，确保工程质量。

5.3　建筑物抗震加固和改造策略

（1）已有建筑抗震加固与改造应按照双优先的原则，即"先加固重点后加固一般工程、先解决后果严重的工程、后处理后果较轻的工程"分期分批进行抗震鉴定，对不符合抗震要求的，应有计划分段、分期进行加固。

（2）在抗震能力薄弱地区房屋改造规划中，应将《中华人民共和国防震减灾法》第二十九条规定的建筑列为优先加固对象，对重要建筑、大型公共建筑、学校类建筑、生命线工程系统的建筑应列出明确计划，优先安排加固。

（3）文物建筑的抗震保护。按照《建筑抗震鉴定标准》（GB 50023—2009）和《古建筑木结构维护与加固技术规范》（GB 50165—92）开展对国家及省级文物建筑的抗震检查和鉴定，并根据鉴定结果制订计划，对重要的国家级和省级保护古建筑，逐个制定保护方案，同时还应对古建筑内的文物采取必要的抗震措施，保证文物安全。进行抗震保护性加固改造、修复时，国家级历史文物保护建筑，应采用Ⅶ度抗震措施；省市级历史文物保护建筑，应采用Ⅵ度抗震措施，同时应符合国家现行相关规定要求。

（4）对于老城区与村镇地区的老旧危房（考虑到这类房屋住户多为低收入户），政府应结合保障性住房建设统一安排；位于城区中的房屋应结合城区建设改造，其他原则上以自主加固为主，政府给予一定的优惠政策。

（5）根据以上原则和策略制定中远期控制性对策措施和近期实施计划，合理安排资金投入。

第6章 基础设施抗震防灾规划

6.1 交通系统抗震防灾规划

6.1.1 交通系统现状

6.1.1.1 对外交通现状

（1）公路。

目前东莞市已经构成了以高速公路、国省干线为骨架，县乡公路为支脉，辐射全市镇区、衔接市外的四通八达的公路网络。至 2013 年，东莞市内高速公路有 10 条，形成"五纵三横两连"的线网格局，见表 6.1，图 6.1。

东莞市共有不同等级公路客运站 33 个，其中一级站 5 个，二级站 8 个，三级站 17 个，五级站 1 个，简易站 2 个。2014 年全市公路旅客运输量为 5524 万人，占总客运量 99.4%；旅客周转量为 85.26 亿人公里，占总客运周转量 99.7%。

表 6.1 东莞市高速公路现状一览

	序号	编号	简称	途经东莞路段	备注
五纵	1	S3	广深沿江高速	广深沿江高速东莞段（麻涌至长安）	
	2	G4	京港澳高速	广深高速东莞段（麻涌至长安）	
	3	G94	珠三角环线高速	莞深高速（畔光至石碣）	
	4	S27	仁深高速	博深高速（谢岗至凤岗）	
	5	S29	从莞深高速	从莞深高速东莞段（石排至凤岗）	从莞高速公路正施工
三横	6	G9411	莞佛高速	龙岗高速（虎门至莞深立交）	
	7	S20	潮莞高速	虎岗高速（莞深立交至谢岗）	
	8	S22	龙林高速—从莞高速清溪支线	龙林高速、从莞高速清溪支线	从莞高速公路清溪支线正施工

续表

	序号	编号	简称	途经东莞路段	备注
两连	9	S304	虎门港支线	虎门港支线一期 （虎门镇博美村至虎岗高速主线）	虎门港支线 未施工
	10	S31	龙大高速	龙大高速公路大岭山段	

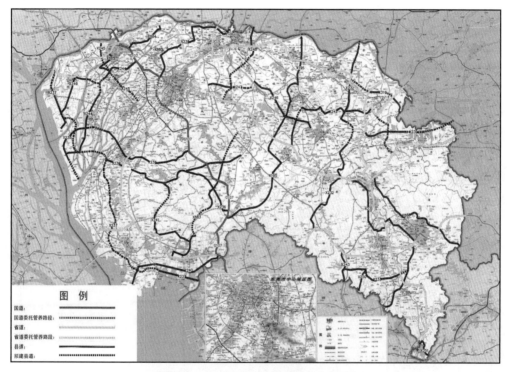

图 6.1　东莞市公路路网概况示意图

（2）铁路及城际轨道。

至 2013 年，东莞市内铁路线路有 4 条，分别为广深港客运专线、广深铁路、京九铁路及新沙南作业区进港铁路。

主要铁路客运枢纽 4 座，分别为东莞站、东莞东站、东莞常平站和东莞南站（虎门白沙站）。一般客运车站 1 座，为樟木头站。现有铁路货运车站 5 座，均集中在东莞东部，分别位于广深铁路和京九铁路上东莞常平站、东莞东站、茶山站、石龙站和樟木头站。

目前东莞市内在建的城际轨道有两条，分别是穗莞深城际及莞惠城际轨道，其中穗莞深城际线共设车站 10 座，莞惠城际线设站 11 座。

（3）航空。

东莞市现无机场，航空服务主要通过城市候机楼方式依靠广州白云机场和深圳宝安机场实现，并通过高快速路网建立与异地机场的快速联系。

（4）港口与航道。

至 2013 年，东莞市已建成麻涌港区、沙田港区、沙角港区、长安港区和内河港区，共拥有码头 99 座，泊位 201 个，其中万吨级及以上泊位 23 个，年设计通过能力 9247.31 万吨。

至 2013 年底，虎门港口货物吞吐总量为 1.12 亿吨，同比增加 21.23%；旅客吞吐量为30.93 万人，同比减少 4.22%，只有沙角港区承担旅客运输，其余港口均为货物和集装箱运输。

东莞市拥有狮子洋深水航道、五大河口区通航海轮航道及网河区内河航道三种类型的航道资源。市内有 98 条航道，可通航里程 646km。现有维护类为一类的主要航道 13 条，合计通航里程 266km，其中四级航道 42km，六级航道 74km，七级航道 124km，八级航道 26km。

（5）口岸。

目前东莞市已建有纳入口岸管理的进出境货运车辆检查场 4 个、东莞铁路（客运）口岸 1 个、虎门港水路货运一类口岸 1 个和虎门港水路客运一类口岸 1 个，基本形成了客、货运兼备，水路、公路、铁路多通道，检查检验和经营服务机构齐全，人员、货物、交通工具进出境比较方便快捷的口岸网络。

6.1.1.2　主要道路交通现状

规划区内的现有城市道路分为快速路、干线性主干路、主干路、次干路、支路 5 级（图 6.2）。

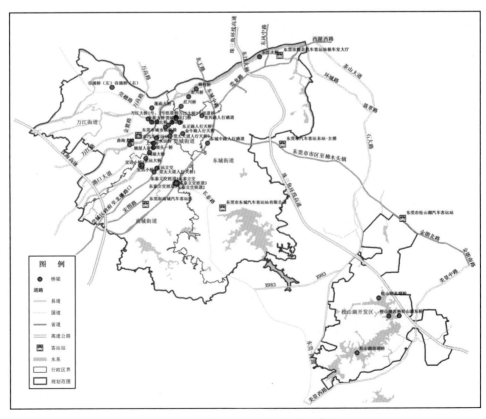

图 6.2　规划区现状交通分布示意图

续表

编号	道路名称	道路起止点
6	莞穗路—可园路—可园南路	环城西路—莞太路
7	主干路三号路	环城西路—莞穗路
8	银龙北路—银龙路	万龙路—滨江西路
9	主干路四号路	梨川大桥—建设路过江通道
10	万江路—创业路过江通道	金鳌路—创业路
11	红川路—罗沙路—金牛路—解放路	东江大道—可园南路
12	红荔路—育兴路—东兴路—东城西路—体育路—建设路	东江大道—运河东三路
13	创业路—八达路—东城路—东升路	东江大道—莞樟路
14	莞太路	金牛路—三元路
15	育华路—华兴路	育兴路—莞龙路
16	学院路	罗沙路—东城中路
17	东纵路	罗沙路—东城中路
18	旗峰路—莞长路	罗沙路—长泰路
19	胜和路—元美路—宏图路	体育路—广深高速
20	黄金路	莞太路—东莞大道
21	白马中心路—车站路—宏二路	沿河路—东莞大道
22	石竹路—规划道路	体育路—环城西路
23	鸿福西路—鸿福大桥—鸿福西路—鸿福路	东江大道—东莞大道
24	西平二路—东六路	宏图路—旧锡边路
25	东骏路	长泰路—环城西路
26	运河东三路—沿河路	建设路—广深高速
27	港口大道	环城西路—鸿福西路
28	坝新路—东江大道—东提路	环城西路—滨江西路
29	银岭路—银岭街—银珠街—桥山路—振兴路	东江大道—东升路
30	主干路二号路	东江大道—东升路
31	狮龙路—狮长路	环城东路—新增加主干路
32	主干路五号路	东江大道—东升路
33	主干路六号路	莞龙路—莞樟路

6.1.1.3　公路客运站场

规划区内公路长途客运站 5 个，其中一级客运场站 1 个，二级客运场站 3 个（表 6.5）。

表 6.5　规划区内公路客运站场现状

序号	单位名称	地址	建造时间	结构类型	面积（m²）	备注
1	东莞市汽车客运总站	东莞市万江街道万江路南9号	2005年1月	框架混凝土	12000	一级客运站
2	东莞市南城汽车客运站	东莞市南城街道宏图路99号	2003年12月	砖混结构	11506	二级客运站
3	东莞市榴花汽车客运站	东莞市东城街道榴花路，莞龙路，石碣大桥出口交会处	2004年12月	钢结构	1960	二级客运站
4	东莞市东城汽车客运站有限公司	东莞市东城街道莞长路牛山村	2003年11月	钢结构	1025	二级客运站
5	东莞市松山湖汽车客运站	东莞市松山湖工业西路8号	2009年4月	框架混凝土	3847	

注：数据来源于东莞市交通局。

6.1.1.4　桥梁

　　根据东莞市交通运输局提供的资料，规划区内桥梁主要集中在东江和河涌上，多为跨河桥梁，城区主要为立交桥和人行天桥，部分桥梁的外观见图6.3至图6.13。

图 6.3　万江大桥

图 6.4　鸿福大桥

图 6.5　曲海大桥

图 6.6　宏远大桥

图 6.7　东江大桥

图 6.8　谷涌桥

图 6.9　蓬庙大桥

图 6.10　松山湖西桥

图 6.11　松山湖东桥

图 6.12　松山湖南湖桥

图 6.13　松山湖北湖桥

6.1.2　交通系统抗震能力分析

6.1.2.1　交通系统抗震能力分析方法

（1）公路路基路面抗震能力分析方法。

地震后公路交通的中止通常是由桥梁的破坏造成的，路基路面本身的震害就显得较轻，修复工作较小。考虑到公路路基路面的破坏等级水平与建筑物、桥梁等工程设施的破坏等级水平相匹配，将其分为三个等级：第一等级为基本完好（含完好）；第二等级为轻微破坏（只需补修）；第三等级为中等破坏（严重破坏的路基路面，需要翻修），即把公路路基路面的最高破坏定为中等破坏。这样就与桥梁的破坏等级水平相匹配，以便对整个公路系统进行抗震能力分析。三个破坏等级的划分标准及平均震害见表 6.6。

表 6.6　公路路基路面破坏等级划分

破坏等级	震害描述	平均震害指数
基本完好	路面完好无损或出现少量裂缝，不影响交通运输	0.10
轻微破坏	路基路面出现不同程度的裂缝、涌包、沉陷、塌滑或喷砂冒水，但一般车辆仍可正常行驶	0.30
中等破坏	路基路面出现比较严重的裂缝、涌包、沉陷、塌滑或喷砂冒水，已经影响车辆的行驶速度，交通运输量明显减少，需要及时抢修	0.50

公路路基路面的震害程度用震害度（以震害指数为变量的模糊集）来表示。根据震害经验，并结合实际设震害度为一条正态分布曲线：

$$\mu_{B_i}(ind) = e^{\frac{-(ind - in\overline{d}_i)^2}{2\sigma_i^2}} \tag{6-1}$$

其中第 i 路段平均震害指数为

$$in\overline{d}_i = \left[\prod_{j=1} X_{ij} \right] \times 0.2 - 0.1 \tag{6-2}$$

如果 $in\overline{d} \geqslant 0.6$，则取 $in\overline{d} = 0.6$，式中 X_{ij} 为第 i 路段第 j 个震害因子的量化值。

由式（6-2）求得的只是路段路基本身的平均震害指数，并没有考虑地震时路旁山体发生滑坡等次生灾害对公路交通的影响。为此求得了各路段的平均震害指数后，应对其进行修正：

$$ind' = ind + \Delta ind \tag{6-3}$$

式中，Δind 表示修正值。当路旁山体只有发生小规模的滑坡趋势时，$\Delta ind = 0.15$；当路旁山体发生中等规模的滑坡趋势时，$\Delta ind = 0.3$；当由较发生大规模的趋势时，$\Delta ind = 0.5$。

式（6-1）中的 σ_j 值根据不同烈度下的实际震害离散程度决定。本文给出了Ⅵ~Ⅹ度下 σ_j 的推荐值见表 6.7。求得了第 i 段路面某一烈度下的 $\overline{ind}_j$ 和 σ_j 值后，就可计算出该路段的震害度曲线 $\mu_{B_i}(ind)$。

表 6.7　各级烈度下离散系数推荐值

烈度	离散系数推荐值（σ）
Ⅵ度	0.20
Ⅶ度	0.25
Ⅷ度	0.30
Ⅸ度	0.35
Ⅹ度	0.40

计算公路路基路面的震害预测过程如下：首先，将收集到的道路进行参数分类，列出每条路段的基本烈度、路基土、场地类别、地基失效程度、路基类型、路基高程、设防烈度；然后，根据经验参数对具体参数进行量化；最后，利用公式计算出平均震害指数，与分类数值相比较，进而得出震害的破坏状态。

（2）桥梁抗震能力分析方法。

根据桥梁震害程度的不同，震害等级划分为以下五类：①基本完好：没有震害；②轻微破坏：非承载构件有轻微破损，但承重构件完好或基本完好；③中等破坏：主要承重结构遭受损伤或局部损坏，但经修复后可正常使用；④严重破坏：主要承重构件破坏或断裂，需大修或改建才能通车；⑤毁坏：如落梁，拱倒塌，墩台折断等，桥梁不能使用。

在桥梁的抗震能力评价中有两种，一是对于普通桥梁的群体震害预测方法，二是对于重点桥梁的单体震害预测方法。

①桥梁群体震害预测方法：

按照交通部公路科学研究所对唐山地震中对公路桥梁进行震害调查时采用的五类震害鉴别标准，每座桥梁对应于基本完好、轻微破坏、中等破坏、严重破坏及毁坏的实际震害程度用数字表示分别为：1.0，2.0，3.0，4.0，5.0。

根据震害经验，桥梁抗震分析及收集到的资料情况，选取如下 9 个震害因素作为影响桥梁震害的主要因素：桥址处的地震烈度、场地类别、地基失效程度（液化、沉陷、滑坡、地裂）、上部结构形式、支座类型、墩台高度、墩台类型与材料、基础类型、跨长及跨数。将实际震害度作为自变量，自变量是与影响因素相关的量，则其震害度的计算公式为

$$A = W_0 \prod \prod W_{jk}^{X_{ij}} \tag{6-4}$$

用公路桥梁震害预测公式进行计算，其预测基本完好、轻微破坏、中等破坏、严重破坏

和毁坏的取值分别为：$A \leqslant 1.23$，$1.23 < A < 2.20$，$2.20 < A < 3.38$，$3.38 < A < 4.40$，$A \geqslant 4.40$。

②重点桥梁的单体震害预测方法：

重点桥梁的震害预测方法采用单体独立建模计算的方式进行。震害预测的方法主要采用以下两种：

a. pushover 法，对大桥进行单体预测。基于非线性静力技术的 pushover 法就是在结构物某处施加某种分布的水平力，并逐渐增加水平力使结构各构件依次进入塑性，此时结构特性发生改变，反过来调整水平力的大小和分布。这样交替进行下去，直至结构发生破坏。这种方法可以给出结构的破损倒塌机制，从而发现结构的抗震薄弱环节。该方法通常是把相邻伸缩缝之间的结构当作是空间的独立框架考虑，并假定上部结构在水平面内是相对刚性的。规划区内的宏远大桥和曲海大桥即采取这种方法进行震害分析。

b. 计算屈服强度系数法，其主要思想是钢筋混凝土桥梁的抗震性能主要取决于桥墩的抗震能力、桥台的结构形式和抗震能力等。在多遇地震中，钢筋砼桥墩基本上处于弹性状态，可以用构件截面承载力验算方法，来判断地震作用对构件最不利截面是否已开裂或进入屈服；在遭遇相当于本地区地震基本烈度的地震作用下，钢筋砼桥墩已进入屈服，此时采用计算层间屈服强度系数和计算结构弹塑性位移以判断结构弹塑性位移反应是否在允许范围内。鸿福大桥和万江大桥即采用这种方法进行分析。

6.1.2.2 交通系统抗震能力分析结果

规划区多数道路为平整的沥青混凝土路面或水泥混凝土路面，尤其是区内的快速路、主干线、次主干线路面等级不仅高而且施工质量较好，路况较好，多数主干道路基路面稳定，使用正常。因此抗震分析对象主要是规划区内的次干道及主要街道。桥梁主要是规范区内的跨河桥梁，城区主要为立交桥和人行天桥。

（1）公路路基路面抗震能力分析结果。

从国外大量的震害资料来看，道路破坏通常取决于地震动强烈程度、场地类别、道路等级和结构形式。历史上大量的震害经验表明，路面的破坏多是由于地基或路基发生变化造成的。在地震作用下，处于弹性工作范围的路基不会产生破坏，但是当遭遇强烈地震时，路基将会进入塑性工作状态，发生不均匀沉陷变形，进而导致路面断裂、隆起、凹陷坍塌等强烈变形。

在"东莞市市区生命线工程震害预测技术报告"的基础上，本规划选取了规划区内的部分主干道进行抗震分析，结果见表 6.8，震害分布见图 6.14。

表 6.8 部分公路路基路面抗震分析计算结果

ID	路名	起止路段	Ⅵ度	Ⅶ度	Ⅷ度
1	万龙路（G107）	万龙路以北段	好	好	好
2	万龙路	教育路以西北段	好	好	好
3	万龙路（G107）	莞穗路—万龙路段	好	好	好
4	莞穗大道	万福路以西段	好	好	好

续表

ID	路名	起止路段	VI度	VII度	VIII度
5	教育路	万福路—万龙路段	好	好	好
6	教育路	万福路—莞穗大道段	好	好	好
7	万福路	教育路—万龙路段	好	好	好
8	万龙路	教育路—万福路段	好	好	好
9	万福路	万龙路—沿江东路段	好	好	好
10	莞穗大道	沿江南路—教育路段	好	好	好
11	沿江东路	万福路—教育路段	好	轻	轻
12	教育路	万龙路—沿江东路段	好	好	好
13	滨江路	万江大道以西段	好	轻	轻
14	坝新路	环城路—胜利路段	好	好	好
15	坝新路	胜利路—官桥窖大道段	好	好	好
16	坝新路	官桥窖大道—环城路段	好	好	好
17	官桥窖大道	坝新路以西段	好	好	好
18	环城西路	坝新路以西段	好	好	好
19	胜利路	坝新路以西段	好	好	好
20	金鳌路（G107）	东江大道—金丰路段	好	好	好
21	环城西路	坝新路—金丰路段	好	好	好
22	金丰路	环城路—环城路段	好	轻	轻
23	金丰路	环城路—鸿福路段	好	轻	轻
24	鸿福路	东江大道—东坝头路段	好	好	好
25	东江大道	鸿福路—环城路段	好	好	好
26	东坝头路	坝头路—鸿福路段	好	轻	轻
27	沿江东路	教育以北段	好	轻	中
28	万江大道	滨江路以西段	好	好	好
29	胜利路	坝新路以东段	好	好	好
30	金鳌路（G107）	莞穗路—沿江路段	好	好	好
31	万福路	莞穗大道—教育路段	好	好	好
32	可园路	东江大道—运河西三路段	好	好	好
33	东江大道	红川路—运河西一路段	好	好	好
34	红川路	东江大道—运河西一路段	好	好	好
35	东江大道	红川路—田心路段	好	好	好

续表

ID	路名	起止路段	Ⅵ度	Ⅶ度	Ⅷ度
36	东江大道	大西路—可园路路段	好	好	好
37	大西路	东江大道—珊瑚大道路段	好	好	好
38	大西路	珊瑚路—洲面坊路路段	好	好	好
39	洲面坊路	光明路—大西路段	好	好	好
40	珊瑚路	平乐坊路—大西路路段	好	好	好
41	珊瑚路	光明路—平乐坊路路段	好	好	好
42	平东坊路	东江大道—珊瑚路路段	好	好	好
43	东江大道	田心路—光明路段	好	好	好
44	东江大道	光明路—平乐坊路段	好	好	好
45	东江大道	大西路—平乐坊路段	好	好	好
46	光明路	东江大道—珊瑚路路段	好	好	好
47	光明路	珊瑚路—洲面坊路路段	好	好	好
48	田心路	东江大道—珊瑚路路段	好	好	好
49	珊瑚路	光明路—田心路段	好	好	好
50	田心路	珊瑚路—洲面坊路段	好	好	好
51	洲面坊路	田心路—光明路段	好	好	好
52	光明路	洲面坊路—运河西二路段	好	好	好
53	振华路	中兴路—运河西二路段	好	好	好
54	运河西二路	红川路—光明路段	好	轻	轻
55	运河西二路	振华路—光明路段	好	轻	轻
56	运河西二路	可园路—振华路段	好	轻	轻
57	运河西一路	红川路—东江大道路段	好	轻	轻
58	运河西三路	可园路—坝头路段	好	轻	轻
59	坝头路	东坝头路—运河西三路段	好	好	好
60	新河北路北侧	花园路—运河东二路段	好	好	好
61	新河北路南侧	运河东二路—新风路段	好	好	好
62	新风路	北正路—环城路段	好	好	好
63	北正路	运河东二路—新风路段	好	好	好
64	北正路	新风路—西正路段	好	好	好
65	向阳路	运河东二路—解放路段	好	好	好
66	向阳路	解放路—凤来路段	好	好	好

续表

ID	路名	起止路段	Ⅵ度	Ⅶ度	Ⅷ度
129	东城中路	莞温路—东纵大道段	好	好	好
130	东城中路	学院路—莞温路段	好	好	好
131	东城大道	禾仓路—东城西路段	好	好	好
132	新兴南路	新兴路—东纵大道路段	好	好	好
133	东城西路	罗沙路—东城西路段	好	好	好
134	东城西路	东城大道—东城南路段	好	好	好
135	东城西路	东城南路—旗峰路段	好	好	好
136	东城大道	东城西路—东城中路段	好	好	好
137	旗峰路	东城西路—东城中路段	好	好	好
138	东城南路	东城西路—东城中路段	好	好	好
139	东城中路	东城大道—东城南路段	好	好	好
140	东城中路	东城南路—旗峰路段	好	好	好
141	东城中路	东城南路—旗峰路段	好	好	好
142	花园路	新河北路北侧—红荔路段	好	好	好
143	运河东一路	红荔路—红川路段	好	轻	轻
144	红荔路	运河东一路—花园路段	好	好	好
145	红荔路	花园路—瑞龙路段	好	好	好
146	瑞龙路	红荔路—堑头路段	好	好	好
147	堑头路	瑞龙路—育兴路段	好	好	好
148	红荔路	瑞龙路—育兴路段	好	好	好
149	运河东二路	新河北路南侧—北正路段	好	轻	轻
150	运河东二路	北正路—西正路段	好	轻	轻
151	西正路	运河东二路—凤来路段	好	好	好
152	运河东二路	向阳路—西正路段	好	轻	轻
153	运河东二路	向阳路—可园南路段	好	轻	轻
154	运河东二路	创业路—可园南路段	好	轻	轻
155	运河东三路	创业路—坝头路段段	好	轻	轻
156	运河东三路	建设路—银丰路段	好	轻	轻
157	东城中路	育华路—学院路段	好	好	好
158	育华路	育兴路—东城中路段	好	好	好
159	育兴路	育华路—堑头路段	好	好	好

ID	路名	起止路段	VI度	VII度	VIII度
160	育兴路	堑头路—学院路段	好	好	好
161	文华路	运河东路—文华路段	好	好	好
162	东城中路	文华路—育华路段	好	好	好
163	东城中路	运河东路—文华路段	好	好	好
164	东江大道	运河西一路—东城中路段	好	轻	轻
165	运河东路	红荔路—东城中路段	好	轻	轻
166	学院路	东城中路—东宝路段	好	好	好
167	学院路	东宝路—环城东路	好	好	好
168	东宝路	学院路—莞温路段	好	好	好
169	莞温路	东城东路—东宝路段	好	好	好
170	莞温路	东宝路—振兴路段	好	好	好
171	东宝路	莞温路—银山大街段	好	好	好
172	银山大街	东城东路—东宝路段	好	好	好
173	金源路	东宝路—振兴路段	好	好	好
174	振兴路	莞温路—环城东路	好	好	好
175	莞温路	振兴路—塘头边支路段	好	好	好
176	莞温路	塘头边支路—环城东路	好	好	好
177	塘头边支路	塘头边支路—环城路段	好	好	好
178	振兴路	莞温路—金源路段	好	好	好
179	振兴路	金源路—学前路段	好	好	好
180	学前路	振兴路—塘头边支路段	好	好	好
181	学前路	塘头边支路以东段	好	好	好
182	振兴路	学前路—新村前街路段	好	好	好
183	新村前街	振兴路—朗基湖路段	好	好	好
184	庆峰路	朗基湖路—环城东路	好	好	好
185	振华路	新村前街—莞樟大道段	好	好	好
186	学前新街	庆丰路以北段	好	好	好
187	朗基湖路	莞樟大道—庆峰路段	好	好	好
188	东纵大道	东城东路—东宝路段	好	好	好
189	东纵大道	东城中路—振华路段	好	好	好
190	东纵大道	振华路—朗基湖路段	好	好	好

ID	路名	起止路段	Ⅵ度	Ⅶ度	Ⅷ度
191	东宝路	银山大街—东纵大道段	好	好	好
192	东城东路	东纵大道—东升路段	好	好	好
193	东城大道	东城中路—东城支路段	好	好	好
194	东城支路	东城大道—东城南路段	好	好	好
195	东城大道	东城支路—东城东路段	好	好	好
196	东城东路	东升路段—迎宾路段	好	好	好
197	东城南路	东城中路—东城支路段	好	好	好
198	东城南路	东城支路—东城东路段	好	好	好
199	迎宾路	东城东路—石井大道段	好	好	好
200	迎宾路	石井大道以东段	好	好	好
201	东升路	东城东路—市府宿舍西段	好	好	好
202	市府宿舍西	东升路—市府宿舍南段	好	好	好
203	市府宿舍南	市府宿舍西—石井大道段	好	好	好
204	石井大道	市府宿舍南—迎宾路段	好	好	好
205	石井大道	东升路—市府宿舍南段	好	好	好
206	石井大道	莞樟大道—东升路段	好	好	好
207	东升路	市府宿舍西—石井大道段	好	好	好
208	莞樟大道	石井大道—环城东路	好	好	好
209	东升路	石井大道—环城东路	好	好	好
210	翠峰路	迎宾路—旗峰路段	好	好	好
211	旗峰路	东莞大道—翠峰路段	好	好	好
212	旗峰路	翠峰路—环城路段	好	好	好
213	翠峰路	旗峰路—环城路段	好	好	好
214	新源路	环城路—泰和支路段	好	好	好
215	光大路	新源路—莞长路段	好	好	好
216	鸿福东路	新源路—莞长路段	好	好	好
217	八一路	莞长路—环城路段	好	好	好
218	莞长路	环城路—光大路段	好	好	好
219	莞长路	光大路—环城路段	好	好	好
220	新源路	泰和支路—环城路段	好	好	好
221	泰和支路	泰和路—新源路段	好	好	好

ID	路名	起止路段	Ⅵ度	Ⅶ度	Ⅷ度
222	长泰路（G107）	新源路—莞长路段	好	好	好
223	鸿福东路	泰和路—新源路段	好	好	好
224	鸿福东路	东莞大道—泰和路段	好	好	好
225	泰和路	怡丰路—环城路段	好	好	好
226	泰和路	怡丰路—环城路段	好	好	好
227	怡丰路	东莞大道—泰和路段	好	好	好
228	长泰路（G107）	宏伟路—东三路段	好	好	好
229	长泰路（G107）	泰和路段—新源路段	好	好	好
230	莞长路（G107）	环城路—环城路段	好	好	好
231	环城南路	环城路—环城路段	好	好	好
232	环城东路	东升路—八一路段	好	好	好
233	环城东路	莞樟大道—东升路段	好	好	好
234	环城东路	庆峰路—莞樟大道段	好	好	好
235	环城东路	莞温路—庆峰路段	好	好	好
236	环城东路	振兴路段—莞温路段	好	好	好
237	环城东路	莞龙路—振兴路段	好	好	好
238	沿江路	东城中路以西路段	好	好	好
239	莞龙路	环城东路以西北路段	好	好	好
240	银丰路	运河东三路—莞太大道段	好	好	好
241	莞太大道	建设路—银丰路段	好	好	好
242	莞太大道	银丰路—鸿福路段	好	好	好
243	鸿福路	运河东三路—莞太大道段	好	好	好
244	宏远路（G107）	运河东三路—莞太大道段	好	好	好
245	三元路（G107）	莞太大道—南城科技路段	好	好	好
246	莞太大道	鸿福路—宏远路段	好	好	好
247	莞太大道	三元路—新基大道段	好	好	好
248	莞太大道	育才路—新基大道段	好	好	好
249	莞太大道	环城路—育才路段	好	好	好
250	环城西路	运河东三路—莞太大道段	好	好	好
251	新基大道	莞太大道以西路段	好	好	好
252	育才路	莞太大道以西路段	好	好	好

续表

ID	路名	起止路段	Ⅵ度	Ⅶ度	Ⅷ度
253	体育路	胜和路—政通路段	好	好	好
254	体育横路	体育路—红山路段	好	好	好
255	园岭路	体育横路—体育路段	好	好	好
256	体育横路	红山路—园岭路段	好	好	好
257	胜和路	体育路—鸿福路段	好	好	好
258	鸿福路	莞太大道—胜和路段	好	好	好
259	鸿福路	胜和路—政通路段	好	好	好
260	会展北路	簪花岭路—鸿福路段	好	好	好
261	会展北路	会展北路—体育路段	好	好	好
262	簪花岭路	会展北路—东莞大道路段	好	好	好
263	鸿福路	会展北路—东莞大道路段	好	好	好
264	东莞大道	簪花岭路—鸿福路段	好	好	好
265	东莞大道	旗峰路—簪花岭路段	好	好	好
266	元美路	元美路—元美中路段	好	好	好
267	元美路	元美中路—三元路段	好	好	好
268	元美中路	元美路—石竹路段	好	好	好
269	鸿福路	政通路—会展北路段	好	好	好
270	石竹路	阳光路—元美中路段	好	好	好
271	石竹路	朝阳路—阳光路段	好	好	好
272	石竹路	朝阳路—鸿福路段	好	好	好
273	朝阳路	石竹路—黑光路段	好	好	好
274	朝阳路	黑光路—元美东路段	好	好	好
275	黑光路	朝阳路—阳光路段	好	好	好
276	阳光路	石竹路—黑光路段	好	好	好
277	阳光路	黑光路—元美东路段	好	好	好
278	元美东路	鸿福路—朝阳路段	好	好	好
279	元美东路	朝阳路—阳光路段	好	好	好
280	元美东路	阳光路—元美中路段	好	好	好
281	元美中路	石竹路—元美东路段	好	好	好
282	阳光路	元美东路—东莞大道	好	好	好
283	元美中路	元美东路—东莞大道段	好	好	好

续表

ID	路名	起止路段	VI度	VII度	VIII度
284	三元路（G107）	元美路—石竹路段	好	好	好
285	石竹路	稻花路—元美中路段	好	好	好
286	三元路（G107）	石竹路—东莞大道段	好	好	好
287	石竹路	稻花路—元美东路段	好	好	好
288	石竹路	元美东路—环城路段	好	好	好
289	元美东路	稻花路—石竹路段	好	好	好
290	元美东路	元美中路—稻花路段	好	好	好
291	稻花路	石竹路—元美东路段	好	好	好
292	稻花路	元美东路—东莞大道段	好	好	好
293	东莞大道	鸿福路—阳光路段	好	好	好
294	东莞大道	阳光路—怡丰路段	好	好	好
295	东莞大道	怡丰路—元美中路段	好	好	好
296	东莞大道	元美中路—稻花路段	好	好	好
297	东莞大道	稻花路—环城路段	好	好	好
298	南城科技路	环城路—新基一路段	好	好	好
299	南城科技路	新基一路—广彩路段	好	好	好
300	南城科技路	广彩路—环城路段	好	好	好
301	科技路	莞太大道—南城科技路段	好	好	好
302	广彩路	新基二路—南城科技路段	好	好	好
303	广彩路	新基三路以西段	好	好	好
304	新基二路	新基三路以西段	好	好	好
305	新基二路	新基三路—新基一路段	好	好	好
306	新基一路	新基二路—南城科技路段	好	好	好
307	新基三路	新基一路—广彩路段	好	好	好
308	新基三路	新基二路以东段	好	好	好
309	科技路	南城科技路—东莞大道段	好	好	好
310	长泰路（G107）	东莞大道—宏伟路段	好	好	好
311	东莞大道	东六路—迎宾路段	好	好	好
312	东莞大道	迎宾路—环城路段	好	好	好
313	东六路	东莞大道—宏伟路段	好	好	好
314	宏伟路	东五路—东六路段	好	好	好

续表

ID	路名	起止路段	Ⅵ度	Ⅶ度	Ⅷ度
315	迎宾路	东莞大道—宏伟路段	好	好	好
316	宏伟路	东六路—迎宾路段	好	好	好
317	环莞快速路	东莞大道—迎宾路段	好	好	好
318	迎宾路	宏伟路—环城路段	好	好	好
319	环莞快速路	迎宾路—莞长路段	好	好	好
320	东莞大道	东五路—东六路段	好	好	好
321	政通路	体育路—鸿福路段	好	好	好
322	东六路	宏伟路以东段	好	好	好
323	东莞大道	环城路—东五路段	好	好	好
324	东五路	东莞大道—宏伟路段	好	好	好
325	宏伟路	环城路—东五路段	好	好	好
326	东五路	宏伟路—东三路段	好	好	好
327	环城西路	金牛路—运河东三路段	好	好	好
328	东三路	环城路—东五路段	好	好	好
329	东五路	东三路以东段	好	好	好
330	莞穗大道	教育路—万福路段	好	好	好
331	万寿路	县正路—环城路段	好	好	好
332	东正荔	县政路—环城路段	好	好	好
333	县正路	万寿路—东正路段	好	好	好
334	振华路	洲面坊路—和平路段	好	好	好
335	中兴路	可园路—大西路段	好	好	好
336	和平路	大西路以东段	好	好	好
337	运河东三路	环城路—环城路段	好	轻	轻
338	东江大道	可园路—坝头路段	好	好	好
339	东江大道	鸿福路—坝头路段	好	好	好
340	坝头路	东江大道—东坝头路段	好	好	好
341	沿江西路	万福路—莞穗大道段	好	轻	中
342	沿江西路	莞穗大道—金泰大桥	好	轻	中
343	沿江西路	滨江路—沿江南路段	好	轻	中
344	沿江西路	江滨大桥以西段	好	轻	中
345	滨江路	坝头中桥—环城路段	好	好	好

ID	路名	起止路段	Ⅵ度	Ⅶ度	Ⅷ度
346	滨江路	金泰大桥—坝头中桥段	好	轻	轻
347	滨江路	万江大道—金鳌大桥段	好	轻	轻
348	运河东一路	红川路—新河北路北侧段	好	轻	轻
349	运河西一路	红荔路—东江大道路段	好	轻	轻
350	运河东三路	坝头一桥—建设路段	好	轻	轻
351	东莞大道	长泰立交段	好	好	好
352	环城路（G107）	石竹路—东莞大道段	好	好	好
353	金鳌路（G107）	坝新路以西段	好	轻	轻
354	运河东一路	新河北路北侧—新河北路男侧段	好	好	好

注：表中"好"表示基本完好，"轻"表示轻微破坏，"中"表示中等破坏。

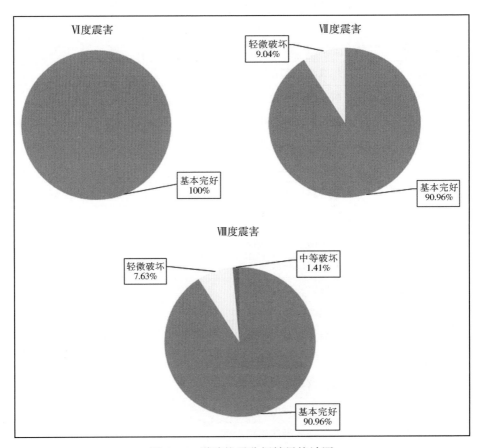

图 6.14　道路抗震分析结果统计图

（2）桥梁震害预测结果。

在"东莞市市区生命线工程震害预测技术报告"的基础上，选取了规划区内的部分桥梁进行抗震分析，预测结果见表 6.9，图 6.15。

表 6.9 桥梁震害预测结果

序号	桥名	桥型	桥长（m）	Ⅵ度	Ⅶ度	Ⅷ度
1	宏远小桥 1	钢筋混凝土简支箱梁	28.25	轻微破坏	轻微破坏	中等破坏
2	宏远小桥 2	钢筋混凝土简支箱梁	28.25	轻微破坏	轻微破坏	中等破坏
3	赖屋人行桥	钢筋混凝土肋拱桥	57.3	基本完好	基本完好	轻微破坏
4	上坝桥	钢筋混凝土连续刚构桥	50.8	基本完好	基本完好	轻微破坏
5	坝头一桥	钢筋混凝土 T 梁桥	48	基本完好	轻微破坏	轻微破坏
6	水运桥	钢筋混凝土肋拱桥	53.2	基本完好	基本完好	轻微破坏
7	博厦桥右桥	钢筋混凝土刚架拱简支梁板桥	47	轻微破坏	中等破坏	中等破坏
8	邮政桥	钢筋混凝土肋拱桥	45	基本完好	基本完好	轻微破坏
9	莞城桥	钢筋混凝土肋拱桥	40	基本完好	基本完好	轻微破坏
10	北门桥	钢筋混凝土 T 梁桥	48	基本完好	轻微破坏	轻微破坏
11	红川桥	钢筋混凝土桁架拱桥	50	基本完好	基本完好	轻微破坏
12	犁川桥	钢筋混凝土预应力斜腿刚架桥	50	基本完好	基本完好	轻微破坏
13	樟村桥	钢筋混凝土 T 梁桥	80	基本完好	轻微破坏	轻微破坏

续表

序号	桥名	桥型	桥长（m）	Ⅵ度	Ⅶ度	Ⅷ度
14	谷涌桥（左）	拱桥	92	轻微破坏	中等破坏	中等破坏
15	谷涌桥（右）	空心板梁	91.3	基本完好	轻微破坏	轻微破坏
16	万江大桥1号、2号匝道桥	预应力混凝土连续箱梁结构	1#166 2#150	基本完好	轻微破坏	中等破坏
17	万江大桥3号匝道桥	预应力混凝土T形简支梁结构	94	基本完好	轻微破坏	中等破坏
18	曲海大桥	T形刚构	781	基本完好	基本完好	基本完好
19	宏远大桥	预应力混凝土连续箱梁结构	331	基本完好	基本完好	基本完好
20	万江大桥	三孔撑架式连续梁	134	轻微破坏	中等破坏	中等破坏
21	蓬庙大桥	预应力混凝土T形简支梁结构	94	基本完好	基本完好	轻微破坏
22	东江大桥	钢性悬索加劲连续钢桁梁	432	基本完好	基本完好	基本完好
23	鸿福大桥	刚架系杆拱体系	569.4	基本完好	基本完好	轻微破坏
24	江滨大桥	钢筋混凝土T梁桥	300	基本完好	轻微破坏	轻微破坏
25	金泰大桥	钢筋混凝土拱桥	168.3	轻微破坏	中等破坏	中等破坏
26	宏远立交	钢筋混凝土简支箱梁		基本完好	轻微破坏	轻微破坏
27	三元立交匝道1			基本完好	基本完好	轻微破坏
28	三元立交匝道2			基本完好	基本完好	轻微破坏
29	三元立交匝道3			基本完好	基本完好	轻微破坏
30	三元立交匝道4			基本完好	基本完好	轻微破坏
31	三元立交			基本完好	轻微破坏	轻微破坏

续表

序号	桥名	桥型	桥长（m）	VI度	VII度	VIII度
32	松山湖西桥	预应力混凝土连续梁桥	260	基本完好	基本完好	轻微破坏
33	松山湖东桥	预应力混凝土连续梁桥	200	基本完好	基本完好	轻微破坏
34	松山湖南湖桥	预应力混凝土连续梁桥	471	基本完好	基本完好	轻微破坏
35	松山湖北湖桥	预应力混凝土连续梁桥	168.6	基本完好	基本完好	轻微破坏
36	莞太大道人行天桥 1	钢桥（箱梁）	47.5	轻微破坏	轻微破坏	中等破坏
37	莞太大道人行天桥 2	钢桥（箱梁）	144.5	基本完好	基本完好	轻微破坏
38	莞太大道人行天桥 3	钢桥（箱梁）	78	基本完好	基本完好	轻微破坏
39	金牛路人行天桥	钢筋混凝土 T 梁桥	30	基本完好	基本完好	轻微破坏
40	东正路人行天桥	钢筋混凝土板梁桥	18.5	轻微破坏	轻微破坏	中等破坏
41	东城中路人行通道	钢筋混凝土箱梁	7.7	轻微破坏	轻微破坏	中等破坏
42	育兴路人行通道	钢筋混凝土箱梁	6	轻微破坏	轻微破坏	中等破坏

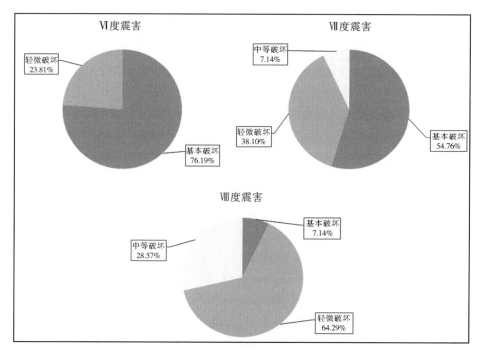

图 6.15　桥梁震害预测结果统计图

6.1.3　交通系统抗震能力评价

（1）主要道路及桥梁。

根据道路路基路面及其网络连通性抗震分析原理，对规划区内主城区的主要道路及桥梁分别进行了抗震能力分析和道路交通网络连通性分析。由于规划区路段较多，主干道及次主干道路面等级较高，而主要对于次主干线道路及主要的街道进行了分析。经分析可知：

①在遭遇地震烈度为Ⅵ度时，主要道路完好无损，路基路面使用正常，处于基本完好状态，但所计算的 42 座桥梁中大约 23.81% 出现轻微破坏，如宏远小桥、万江大桥等，具体破坏情况详见表 6.10。目前规划区范围内的交通系统完全可以抵御Ⅵ度震害，地震发生后不会影响整个道路系统的运作，震后连通率为基本可靠。

②在遭遇地震烈度为Ⅶ度时，规划区内的次干线及主要街道基本完好的道路占90.96%，轻微破坏的道路占 9.04%；规划区内的主要桥梁基本完好的桥梁占 54.76%，轻微破坏的桥梁占 38.10%，中等破坏的桥梁占 7.14%。经网络连通性分析计算，90.24%网段基本可靠，9.76%网段中等可靠，基本满足灾后城市自救和生产恢复的要求（图 6.16 和图 6.17）。

图 6.16　Ⅶ度地震作用下次干道及主要街道的破坏情况分布示意图

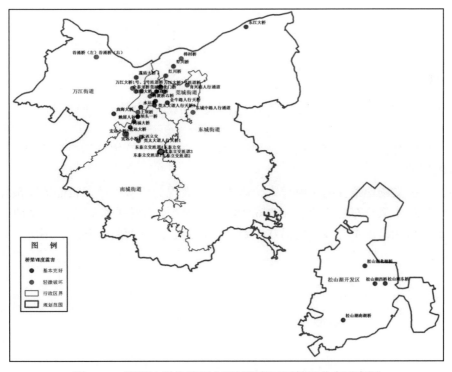

图 6.17　Ⅶ度地震作用下主要桥梁的破坏情况分布示意图

③在遭遇地震烈度为Ⅷ度时，规划区内的次干线及主要街道基本完好的道路占90.96%，轻微破坏的道路占7.63%，受到中等破坏的道路占1.41%；规划区内的主要桥梁基本完好的占7.14%，轻微破坏的占64.29%，中等破坏的占28.57%。受到中等破坏的道路主要集中在沿东江分布的道路，如沿江东路、滨江路等。经网络连通性分析计算，沿东江、运河分布的一些路段表现为中等可靠，个别表现为严重不可靠，其他大部分路段通行可靠性都为基本可靠，整体具备连通可靠性，但应做好沿街建筑的抗震加固工作，以免影响震后抢险、救灾、疏散通道的畅通（图6.18和图6.19）。

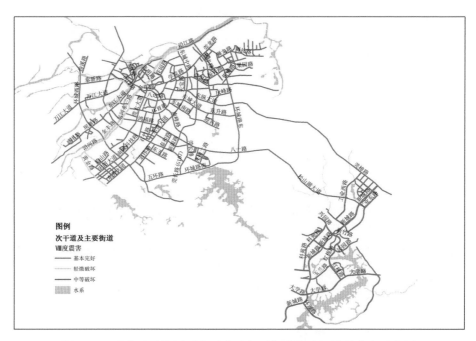

图6.18　Ⅷ度地震作用下次干道及主要街道的破坏情况分布示意图

由以上抗震分析结果可以看出，规划区的道路交通系统总体抗震能力较好，但存在以下的抗震薄弱环节：

①道路震害受场地条件的影响较大，震害主要表现为路基失效。目前道路破坏主要集中在沿东江、运河水系分布的路段，如表6.10所示，应加强对道路的监控及养护。对在Ⅷ度地震作用下就可能出现中等破坏的沿江东路、滨江路、沿江西路等路段，不应作为应急救护通道。

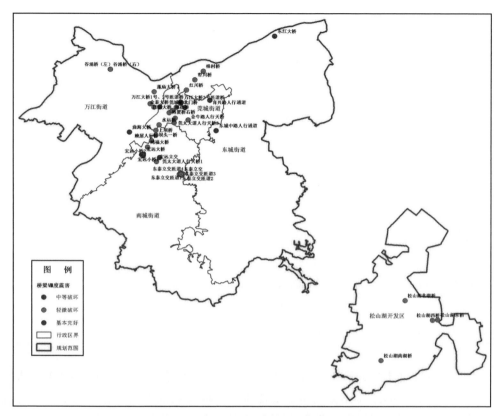

图 6.19　Ⅷ度地震作用下主要桥梁的破坏情况分布示意图

表 6.10　主城区需要加强监管的道路、桥梁

路名	起止路段
博厦桥	运河东二路—运河西二路段
莞城桥	运河东二路—运河西二路段
北门桥	运河东二路—运河西二路段
沿江西路	万福路—莞穗大道段
沿江西路	莞穗大道—金泰大桥
沿江西路	滨江路—沿江南路段
沿江西路	江滨大桥以西段
滨江路	坝头中桥—环城路段
滨江路	金泰大桥—坝头中桥段
滨江路	万江大道—金鳌大桥段
江滨大桥	滨江路—沿江南路
金鳌大桥	滨江路—沿江南路
坝头中桥	滨江路—东江大道段

路名	起止路段
运河东一路	红川路—新河北路北侧段
红川桥	运河东一路—运河东二路段
运河西一路	红荔路—东江大道路段
犁川桥	运河东一路—运河西一路段
运河东三路	坝头一桥—建设路段
坝头一桥	运河东三路—运河西三路段
东莞大道	长泰立交段
环城路（G107）	石竹路—东莞大道段
曲海大桥	环城路
金鳌路（G107）	坝新路以西段
运河东一路	新河北路北侧—新河北路男侧段
松山湖环湖路	环湖路段

②在遭遇规划区基本设防烈度Ⅵ度的情况下有10座桥梁可能受到轻微破坏。其中博厦桥右桥和万江大桥为可园路通往莞穗路的重要桥梁，根据规范要求，应按高于本地区抗震设防烈度一度的要求加强抗震措施，近期应组织开展这2座桥梁的抗震加固工作，其他桥梁虽然只属于一般性桥梁或人行天桥，但其抗震能力不应被忽视，因此建议交通部门对这些桥梁加强日常监管及维护，必要时列入近期加固改造范畴。

③在Ⅷ度地震作用下，有6座跨河桥梁发生中等破坏。这6座桥的建造年代比较久远，但仍在正常使用。考虑到其在主城区仍属于较重要的交通枢纽，在震后的应急救护中也承担着较重要的功能，因此建议列入维修加固范畴。

④规划区内的引桥、匝道桥抗震能力较低，建议在以后规划建设中这两类桥应与其主桥采取同样的设防标准，否则地震时引桥、匝道的破坏同样会引起主桥功能的丧失。

⑤规划区内人行天桥及人行通道的抗震能力较低，而主城区属于人口、建筑特别稠密地区，建议在以后规划建设中将此类桥梁划为重点设防类，从而提高城市的整体抗震防灾水平，以此减少人员伤亡的可能。

（2）主城区应急疏散道路。

在人口密度比较高的中心城区，特别是莞城街道及部分东城街道，其路段街道狭窄，通行高峰时，车流混杂，人来人往，十分拥挤，容易发生阻塞现象。此外这些地区部分路段建筑物十分密集，且抗震能力较差，在遭遇Ⅵ度地震作用时即可能发生中等以上破坏，影响道路的抗震疏散能力，不利于震后人员的疏散避险及震后的应急救援的开展，因此应特别注意加强对这一地区的次干线道路及主要街道的日常管理，保证应急避震通道畅通。同时也建议在三旧改造中，应优先对这些区域进行拆迁改造，在已列入改造计划的地区也应注意，在改造建设中应减少建筑的密集度，保证道路的宽度，增加绿地、公园等紧急避震空间，增强应急避护能力（图 6. 20，表 6. 11）。

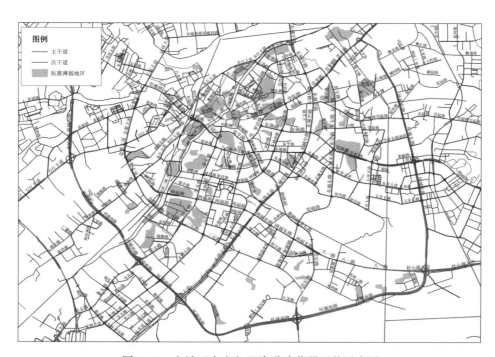

图 6. 20　主城区内应急避险道路薄弱环节示意图

表 6. 11　主城区需要加强监管的道路

序号	建筑高易损区	道路名称
1	梨川路附近的老旧建筑群	市地路、梨川路
2	运河东路附近的老旧建筑群	运河东路、罗塘路、樟村路
3	堑头商业街附近的老旧建筑群	花园路、堑何路、新河北路、东门路、东正路、堑头商业街
4	北正路附近的老旧建筑群	新芬路、西正路、北正路
5	北隅附近的老旧建筑群	大西路、洲西横街、下关路、兴隆街、振华路
6	博厦三甲附近的老旧建筑群	博厦三甲、甘草塘街四巷
7	罗沙村老旧建筑群	澳南三马路、红山路、石基路、可园路、东兴路
8	胜和村老旧建筑群	运河西三路
9	涡岭商业街附近的老旧建筑群	涡岭草岭路、涡岭商业街、东城南路
10	金曲公路附近的老旧建筑群	金曲公路、沿江路、胜利香路、江城路，万龙路靠西路段
11	莞樟路附近的老旧建筑群	莞樟路、振兴路
12	银丰路附近的老旧建筑群	银丰路、江城路、下坝一坊
13	环城南附近的老旧建筑	绿色路、杨柳路、光大路

6.1.4 交通系统抗震防灾要求和措施

（1）《东莞市综合交通运输体系规划（2013—2030年）》充分考虑了交通系统现状，并对交通发展趋势以及交通需求进行分析，规划了对外交通系统和城市干道系统。但该专项规划未对各个道路的抗震级别进行控制，未能体现避震疏散道路的疏散要求。建议在修编时增补。

（2）规划区内道路总体抗震能力较强，但考虑到规划区内局部地区具有地基土液化、软土震陷、地表断层破裂及潜在崩塌、滑坡等不利地形影响，可能在震时对通过该地区的道路交通造成影响，直接降低道路的抗震能力，因此日常应优先做好公路路基的养护与加固工作。新建高速公路、一级公路应充分考虑不利地形的影响，并按照《公路工程抗震规范》（JTG B02—2013）采取相应的抗震措施。

（3）根据《建筑工程抗震设防分类标准》（GB 50223—2008），主干道上的重要桥梁应划为重点设防类，按高于本地区抗震设防烈度一度的要求加强抗震措施，现状公路重要桥梁大多已按Ⅶ度设防，对未能达到规范要求的桥梁，应列入加固改造计划，同时应重视桥梁建筑的日常管理维护工作。此外，由于规划区属于人口特别密集的经济发达地区，建议在以后的规划建设中将重要桥梁的引桥、匝道桥、人行天桥及通道等都应划为重点设防类。

（4）规划区内水运较发达，在应急疏散通道设置中可以充分发挥水运作用，可考虑增加现有及规划港口、码头的应急疏散及救灾通道功能，设置应急码头和辅助应急码头，制定好相关应急预案。

（5）对规划区内莞城街道及东城街道避震疏散通道存在的薄弱环节应引起足够重视，对成片分布的建筑高易损区应优先列入改造计划。

6.2 供水系统抗震防灾规划

6.2.1 供水系统现状

6.2.1.1 水源现状

目前东莞市主要以东江为供水水源，以河道型水源地为主，河道型水源地主要分布在东江干流、东江南支流和东江北干流，另外还有以河网区的中堂水道为水源地；市境内现况湖库型水源地主要是43座水库供水，主要分布在石马河片和中部及沿海片，其中中型水库7座，分别为同沙水库、松木山水库、横岗水库、茅輋水库、契爷石水库、黄牛埔水库和虾公水库；小（一）型水库23座，小（二）型水库13座，分布于石马河片和中部及沿海片各镇区。另外还有以深圳市中型水库罗田水库为水源地。由于水质现状和水库功能转换等原因，湖库型水源地供水功能尚未充分发挥作用。

6.2.1.2 水厂现状

规划区内供水系统供水范围包括莞城、南城、东城、万江及松山湖，主要供水厂为第二水厂（图6.21）、第三水厂（图6.22）、第六水厂（图6.23）、东城水厂（图6.24）、万江水厂（图 6.25）及南城街道蛤地水厂，主要供水水源为东江南支流，其中市级水厂 3 座，镇级水厂 2 座，村级水厂 1 座。南城街道蛤地水厂为村级水厂，由于设计规模较小，工艺设施简单，出厂水质不稳定。现况规划区供水系统区域内水厂总设计规模为 $241×10^4 m^3/d$，2012 年规划区供水系统日均供水量为 $80.39×10^4 m^3/d$，各水厂在本区域内供水情况如表 6.12 所示。东莞市东江水务有限公司于 2009 年组织开展了城区范围内的建（构）筑物结构安全性检查、鉴定工作，并根据鉴定结果开展了相应的加固工作。

图 6.21　第二水厂

图 6.22　第三水厂

图 6.23　第六水厂

图 6.24　东城水厂

图 6.25　万江水厂

表 6.12　规划区内供水系统现况水厂

名称	水厂规模 （×10⁴m³/d）	现况日均供水量 （×10⁴m³/d）	供水范围	水源
东莞市第二水厂	18	14.19	莞城、南城	东江南支流
东莞市第三水厂	110	9.5	莞城、南城	东江南支流
东莞市第六水厂	50	22	东城、松山湖	东江南支流
东城水厂	50	23.25	东城、南城	东江南支流
万江水厂	12	11	万江	东江南支流
蛤地水厂	1	0.45	南城蛤地社区	水濂山水库
合计	241	80.39		

6.2.1.3　供水管网现状

现况主要供水模式为第二、第三、第四、第五、第六水厂配水干管沿途输水至各镇交水点，之后通过各镇现况管网进行配水。目前各镇管网相对独立，只有长安镇与虎门镇间有一根 DN600 联络管，而各市级水厂配水管道系统间已建成了部分联络管道，包括四厂一、二期配水干管间随道路新建的 DN800 联络线及 DN1000 联络线、四厂一、二期配水干管与三厂配水干管间西部干道 DN1600 及 DN2200 联络线、三厂、六厂与五厂配水干管间 DN1200 联络线、六厂与五厂配水干管间 DN600 联络线等。

供水管道管材主要有塑料管、钢管、水泥管、球墨铸铁管、生铁管和镀锌管，接口有焊接、胶圈和承插等形式。管道管径<DN200 时，管材以塑料管和镀锌管为主，钢管和生铁管次之；管道管径在 DN200~DN600 之间，管材以球墨铸铁管为主，钢管和生铁管次之；管道管径>DN600 时，管材以水泥管和钢管为主，球墨铸铁管次之。20 世纪 90 年代以前开发建设的小区大多采用镀锌管，水泥管、生铁管、镀锌管等管材属于国家淘汰行列的管材，需要进行更换。规划区现状供水管网系统建设较为完善，基本呈环状布局。

6.2.2　供水系统抗震能力分析

6.2.2.1　供水系统抗震能力分析方法

（1）水厂建筑物。

水厂建筑物的抗震能力分析方法详见 5.1.2.2 节建筑物抗震性能评价方法。

（2）水厂构筑物。

规划区内各水厂中的水处理池都为钢筋混凝土矩形水池，对它们进行震害预测时，需考虑地震荷载、静力荷载、动水压力、动土压力等的组合作用，对典型池壁受力最不利断面进行内力分析，得到其承受的弯矩，然后计算将产生的裂缝宽度，依据裂缝宽度给出水池的震害结论。

钢筋混凝土水池的震害分为 5 个等级，各震害等级的水池状况描述如下：

①基本完好：无震害，或顶盖与池壁连接处有轻微破损，池壁裂缝宽度小于 0.2mm；

②轻微破坏：顶盖与池壁连接处有明显破损，池壁裂缝宽度介于 0.2~0.5mm 之间，造成轻微渗漏；

③中等破坏：水池池壁裂缝宽度达 0.5~0.8mm，渗水严重，需采取修复措施才能使用；

④严重破坏：水池池壁严重开裂，裂缝宽度达 0.8~1.2mm，水向外喷涌，或立柱折断，致使顶盖局部塌落；

⑤毁坏：池壁决口，倾倒，裂缝宽度大于 1.2mm，大部分顶盖塌落，需重建。

（3）供水管道。

管道的震害状况可划分为三级：

基本完好：管道可能有轻度变形，但无破损，无渗漏，无须修复即可正常运行。

中等破坏：管道将发生较大变形或屈曲，或有轻度破损、有渗漏、须采取修理措施才能正常运行。

破坏：管道破裂、泄漏，必须更换管道。

①对于连续焊接管道，管道破坏状况判断标准为

$$\sigma < [\sigma_r] \quad 基本完好$$

$$[\sigma_r] \leqslant \sigma \leqslant [\sigma_b] \quad 中等破坏$$

$$\sigma > [\sigma_b] \quad 破坏$$

式中，$[\sigma_r] = \alpha_1 [\sigma_1]$；$[\sigma_b] = \alpha_2 [\sigma_2]$；$\sigma$——管道的组合应力；$[\sigma_1]$——钢管的屈服极限应力；$[\sigma_2]$——钢管的强度极限应力；$\alpha_1$、$\alpha_2$——准则调整系数。

②对于埋地接口式管道，管道破坏状况判断准则为

$$\Delta L < [\Delta L] \quad 基本完好$$

$$[\Delta L] < \Delta L < 2 [\Delta L] \quad 中等破坏$$

$$\Delta L > 2 [\Delta L] \quad 破坏$$

式中，ΔL——组合的轴向伸长；$[\Delta L]$——接口基本完好许用伸长。

（4）供水管网连通可靠性分析。

供水网络在已知管网拓扑结构、管段属性、管网各节点期望用水量、水源点出水压力等参数条件下，才能够进行供水网络功能可靠性分析（水力分析），这项分析主要是针对带渗漏管网的分析。本次震害预测在现有数据的基础上，采用 Monte-Carlo 算法分析供水管网的连通可靠性，这种算法的基本思想是利用网络各单元的破坏概率，通过大量随机模拟，近似再现网络各单元的破坏状态。最后，通过计算源点与汇点处于连通状态的频率，并以这一近似频率计算代替精确概率分析。

通过 Monte-Carlo 算法计算出各节点与水源连通的概率后，然后据此评价供水管网节点的可能状态。状态根据 P 值可分为以下五种：

可靠——$P \geqslant 0.9$

轻微不可靠——$0.9 > P \geqslant 0.7$

中等不可靠——$0.7 > P \geqslant 0.5$

严重不可靠——$0.5 > P \geqslant 0.3$

断水——$P < 0.3$

6.2.2.2　供水系统抗震能力分析结果

（1）供水建筑物。

在"东莞市市区生命线工程震害预测技术报告"的基础上，本规划根据房屋抗震分析方法分别对东江水务公司、东莞市第二水厂、第三水厂、第六水厂、东城水厂和万江水厂办公楼进行抗震分析，结果见表6.13。分析结果表明，Ⅵ度地震烈度下，水厂建筑物基本完好，Ⅶ度地震烈度下，也仅部分建筑物发生轻微破坏，水厂建筑物具备了抵御Ⅵ度地震烈度震害的能力。

表 6.13　水厂建筑物抗震分析结果

供水建筑物	建设年份（年）	结构形式	地震烈度		
			Ⅵ度	Ⅶ度	Ⅷ度
东江水务公司	1999	框架	基本完好	轻微破坏	中等破坏
第二水厂办公楼	1988	框架	基本完好	基本完好	轻微破坏
第三水厂办公楼	1994	框架	基本完好	轻微破坏	中等破坏
第六水厂办公楼	2005	框架	基本完好	基本完好	基本完好
东江自来水公司	1998	框架	基本完好	轻微破坏	中等破坏
东城水厂办公楼	1994	框架	基本完好	基本完好	轻微破坏
万江水厂办公楼	2006	框架	基本完好	基本完好	基本完好

（2）水厂构筑物。

在"东莞市市区生命线工程震害预测技术报告"的基础上，本规划根据上述抗震分析方法对规划区内各水厂的絮凝池、沉淀池、清水池、滤池等水厂构筑物进行分析，分析结果见表6.14。分析结果表明，Ⅵ度地震烈度下，水池均基本完好，Ⅶ度地震烈度下，水池也都保持基本完好，Ⅷ度地震烈度下，东城水厂絮凝池发生轻微破坏。水厂构筑物基本具备了抵御Ⅶ度地震烈度震害的能力。

表 6.14　水厂构筑物抗震分析结果

构筑物	地震烈度	Ⅶ度	Ⅷ度
第二水厂沉淀池	池壁裂缝宽度（mm）	1.8E-02	3.6E-02
	震害等级	基本完好	基本完好
第二水厂快滤池	池壁裂缝宽度（mm）	2.4E-02	7.4E-02
	震害等级	基本完好	基本完好
第三水厂清水池	池壁裂缝宽度（mm）	3.82E-02	7.63E-02
	震害等级	基本完好	基本完好

续表

构筑物	地震烈度	Ⅶ度	Ⅷ度
第三水厂絮凝池	池壁裂缝宽度（mm）	5.61E-02	1.12E-01
	震害等级	基本完好	基本完好
第六水厂滤池	池壁裂缝宽度（mm）	3.48E-02	9.17E-02
	震害等级	基本完好	基本完好
东城水厂三期清水池	池壁裂缝宽度（mm）	1.70E-02	8.04E-02
	震害等级	基本完好	基本完好
东城水厂三期沉淀池	池壁裂缝宽度（mm）	1.64E-02	7.45E-02
	震害等级	基本完好	基本完好
东城水厂三期絮凝池	池壁裂缝宽度（mm）	3.52E-02	2.01E-01
	震害等级	基本完好	轻微破坏
万江水厂三期沉淀池	池壁裂缝宽度（mm）	3.5E-02	7.8E-02
	震害等级	基本完好	基本完好
万江水厂三期恒滤池	池壁裂缝宽度（mm）	1.2E-02	2.4E-02
	震害等级	基本完好	基本完好

（3）供水管道。

在"东莞市市区生命线工程震害预测技术报告"的基础上，本规划对规划区内的主干供水管道进行抗震能力分析，结果见表 6.15，震害分布见图 6.26。

表 6.15　供水管道抗震能力分析结果

ID	起点号	终点号	位置	管径（mm）	管材	场地类别	地震烈度		
							Ⅵ度	Ⅶ度	Ⅷ度
1	2	3	育华路至东江大道	300	钢管	Ⅰ	好	好	好
2	3	4	育华路至东城中路	300	钢管	Ⅱ	好	好	好
3	4	5	东城中路路段	2200	钢管	Ⅱ	好	好	好
4	5	6	长泰路段	1600	钢管	Ⅱ	好	好	好
5	5	7	东莞大道长泰路路段	2000	钢管	Ⅱ	好	好	好
6	8	9	环城东路	300	钢管	Ⅱ	好	好	好
7	8	10	环城东路段	600	钢管	Ⅱ	好	好	好
8	8	11	莞龙路段	600	钢管	Ⅱ	好	好	好
9	11	12	银丰路段	1200	钢管	Ⅱ	好	好	好

ID	起点号	终点号	位置	管径（mm）	管材	场地类别	地震烈度		
							Ⅵ度	Ⅶ度	Ⅷ度
10	12	10	塘兴路段	600	钢管	Ⅱ	好	好	好
11	12	13	银丰路段	1200	钢管	Ⅱ	好	好	好
12	13	14	塘兴街路段	1000	钢管	Ⅱ	好	好	好
13	10	14	环城东路段	600	钢管	Ⅱ	好	好	好
14	13	15	大塘头西街路段	400	钢管	Ⅱ	好	好	好
15	13	16	振兴路段	400	钢管	Ⅱ	好	好	好
16	16	17	莞温路段	400	钢管	Ⅱ	好	好	好
17	14	17	环城东路段	600	钢管	Ⅱ	好	好	好
18	15	18	东宝路段	900	钢管	Ⅱ	好	好	好
19	16	19	振兴路段	400	钢管	Ⅱ	好	好	好
20	19	20	学前路新街	400	钢管	Ⅱ	好	好	好
21	17	20	环城东路段	600	钢管	Ⅱ	好	好	好
22	19	21	振兴路段	400	钢管	Ⅱ	好	好	好
23	22	23	东纵路路段	900	钢管	Ⅱ	好	好	好
24	22	24	东城东路路段	600	钢管	Ⅱ	好	好	好
25	22	21	莞樟路路段	900	钢管	Ⅱ	好	好	好
26	20	25	环城东路段	600	钢管	Ⅱ	好	好	好
27	21	26	莞樟路段	900	钢管	Ⅱ	好	好	好
28	26	25	莞樟路段	900	钢管	Ⅱ	好	好	好
29	26	27	石井路段	400	钢管	Ⅱ	好	好	好
30	24	28	东城路段	400	钢管	Ⅱ	好	好	好
31	24	27	东升路段	500	钢管	Ⅱ	好	好	好
32	27	29	东升路段	400	钢管	Ⅱ	好	好	好
33	25	29	环城东路段	1000	钢管	Ⅱ	好	好	好
34	27	30	石井路迎宾路路段	300	钢管	Ⅱ	好	好	好
35	24	30	东城东路路段	800	钢管	Ⅱ	好	好	好
36	30	31	东城南路路段	300	钢管	Ⅱ	好	好	好
37	32	33	旗峰路段	600	钢管	Ⅱ	好	好	好
38	33	34	新源路段	300	钢管	Ⅱ	好	好	好
39	33	35	莞长路段	800	钢管	Ⅱ	好	好	好

ID	起点号	终点号	位置	管径（mm）	管材	场地类别	地震烈度		
							Ⅵ度	Ⅶ度	Ⅷ度
40	34	35	鸿福东路段	500	钢管	Ⅱ	好	好	好
41	34	36	鸿福东路段	600	钢管	Ⅱ	好	好	好
42	35	37	八一路段	500	钢管	Ⅱ	好	好	好
43	37	38	八一路段	500	钢管	Ⅱ	好	好	好
44	38	6	环城南路段	2000	钢管	Ⅱ	好	好	好
45	37	39	新街路段	400	钢管	Ⅱ	好	好	好
46	39	40	光明四路段	500	钢管	Ⅱ	好	好	好
47	35	40	莞长路段	800	钢管	Ⅱ	好	好	好
48	40	41	莞长路段	800	钢管	Ⅱ	好	好	好
49	18	42	莞温路段	400	钢管	Ⅱ	好	好	好
50	15	42	大塘头东街路段	400	钢管	Ⅱ	好	好	好
51	42	43	莞温路段	600	钢管	Ⅱ	好	好	好
52	15	44	东宝路段	900	钢管	Ⅱ	好	好	好
53	11	44	莞龙路段	700	钢管	Ⅱ	好	好	好
54	44	45	莞龙路段	800	钢管	Ⅱ	好	好	好
55	45	3	外环路段	1700	钢管	Ⅱ	好	好	好
56	46	47	红荔路育兴路段	650	钢管	Ⅱ	好	好	好
57	47	48	东兴路段	800	钢管	Ⅱ	好	好	好
58	48	43	温南路段	600	钢管	Ⅱ	好	好	好
59	48	49	东兴路段	800	钢管	Ⅱ	好	好	好
60	49	23	东纵路段	500	钢管	Ⅱ	好	好	好
61	47	50	学院路段	300	钢管	Ⅱ	好	好	好
62	50	51	罗沙路段	400	钢管	Ⅱ	好	好	好
63	51	49	东纵路段	300	钢管	Ⅱ	好	好	好
64	49	52	东城西路段	800	钢管	Ⅱ	好	好	好
65	52	28	东城路段	350	钢管	Ⅱ	好	好	好
66	52	53	东城西路段	800	钢管	Ⅱ	好	好	好
67	46	54	文化路段	300	钢管	Ⅰ	好	好	好
68	46	55	花园路段	650	钢管	Ⅱ	好	好	好
69	55	56	黎屋围运河东一路路段	600	钢管	Ⅱ	好	好	好

续表

ID	起点号	终点号	位置	管径（mm）	管材	场地类别	地震烈度 VI度	VII度	VIII度
70	55	57	花园路段	300	钢管	II	好	好	好
71	50	58	环城路段	400	钢管	II	好	好	好
72	57	58	新河北路涵段	300	钢管	II	好	好	好
73	59	60	北正路段	400	钢管	II	好	好	好
74	59	61	北正路段	400	钢管	II	好	好	好
75	58	62	新风路段	400	钢管	II	好	好	好
76	62	59	新风路段	400	钢管	II	好	好	好
77	62	63	安靖路段	600	钢管	II	好	好	好
78	58	64	新河北路南侧路段	250	钢管	II	好	好	好
79	57	65	新河北路北侧路段	300	钢管	II	好	好	好
80	64	56	运河东一路段	600	钢管	II	好	好	好
81	56	66	红川路段	1200	钢管	II	好	好	好
82	66	67	运河西一路段	200	钢管	II	好	好	中
83	66	65	运河西二路段	900	钢管	II	好	好	好
84	50	68	东正路段	250	钢管	II	好	好	好
85	68	60	市桥路段	400	钢管	II	好	好	好
86	68	69	新芬路段	250	钢管	II	好	好	好
87	60	70	西正路段	250	钢管	II	好	好	好
88	61	70	运河东二路段	400	钢管	II	好	好	好
89	61	63	运河东二路段	400	钢管	II	好	好	好
90	64	63	运河东二路段	600	钢管	II	好	好	好
91	70	71	解放路段	300	钢管	II	好	好	好
92	71	69	向阳路段	300	钢管	II	好	好	好
93	71	72	解放路段	300	钢管	II	好	好	好
94	69	73	南城路段	400	钢管	II	好	好	好
95	51	73	罗沙路段	300	钢管	II	好	好	好
96	73	74	旗峰路段	200	钢管	II	好	好	中
97	74	52	东城路段	500	钢管	II	好	好	好
98	72	75	一环路段	300	钢管	II	好	好	好
99	75	73	一环路段	300	钢管	II	好	好	好

ID	起点号	终点号	位置	管径（mm）	管材	场地类别	地震烈度		
							Ⅵ度	Ⅶ度	Ⅷ度
100	75	76	澳南路段	300	钢管	Ⅱ	好	好	好
101	76	74	八达路段	600	钢管	Ⅱ	好	好	好
102	76	77	八达路段	400	钢管	Ⅱ	好	好	好
103	72	77	解放路段	600	钢管	Ⅱ	好	好	好
104	72	78	可园南路段	600	钢管	Ⅱ	好	好	好
105	77	79	创业路段	400	钢管	Ⅱ	好	好	好
106	77	80	莞太路段	400	钢管	Ⅱ	好	好	好
107	76	81	园岭路段	350	钢管	Ⅱ	好	好	好
108	74	53	旗峰路段	200	钢管	Ⅱ	好	好	中
109	81	82	体育路段	450	钢管	Ⅱ	好	好	好
110	82	53	体育路段	450	钢管	Ⅱ	好	好	好
111	82	83	簪花路段	350	钢管	Ⅱ	好	好	好
112	53	32	旗峰路段	600	钢管	Ⅱ	好	好	好
113	83	32	东莞大道	800	钢管	Ⅱ	好	好	好
114	32	31	东城中路段	400	钢管	Ⅱ	好	好	好
115	31	28	东城中路段	400	钢管	Ⅱ	好	好	好
116	23	28	东城中路段	350	钢管	Ⅱ	好	好	好
117	43	23	东城中路段	350	钢管	Ⅱ	好	好	好
118	65	84	运河西二路段	1200	钢管	Ⅱ	好	好	好
119	85	86	振华路段	250	钢管	Ⅱ	好	好	好
120	84	85	运河西二路段	1200	钢管	Ⅱ	好	好	好
121	87	88	东江大道路段	800	钢管	Ⅱ	好	好	好
122	87	88	光明路段	300	钢管	Ⅱ	好	好	好
123	88	89	东江大道路段	400	钢管	Ⅱ	好	好	好
124	90	87	洲面横街路段	500	钢管	Ⅱ	好	好	好
125	90	86	大西路段	500	钢管	Ⅱ	好	好	好
126	86	91	下关路段	400	钢管	Ⅱ	好	好	好
127	85	92	运河西二路段	1200	钢管	Ⅱ	好	好	好
128	92	91	可圆路段	350	钢管	Ⅱ	好	好	好
129	89	93	东江大道路段	400	钢管	Ⅱ	好	好	好

ID	起点号	终点号	位置	管径（mm）	管材	场地类别	地震烈度		
							Ⅵ度	Ⅶ度	Ⅷ度
130	91	93	可园路段	300	钢管	Ⅱ	好	好	好
131	93	94	东江大道路段	300	钢管	Ⅱ	好	好	好
132	95	94	运河西三路以西段	250	钢管	Ⅱ	好	好	好
133	92	95	运河西三路段	1200	钢管	Ⅱ	好	好	好
134	94	96	工农路	200	钢管	Ⅱ	好	好	中
135	95	96	运河西三路段	1000	钢管	Ⅱ	好	好	好
136	79	78	运河东二路段	600	钢管	Ⅱ	好	好	好
137	70	78	运河东二路段	200	钢管	Ⅱ	好	好	中
138	96	97	工农路段	200	钢管	Ⅱ	好	好	中
139	79	97	运河东三路段	600	钢管	Ⅱ	好	好	好
140	97	98	运河东三路段	1000	钢管	Ⅱ	好	好	好
141	98	99	坝翔路段	400	钢管	Ⅱ	好	好	好
142	98	100	运河东三路段	1000	钢管	Ⅱ	好	好	好
143	80	100	建设路段	250	钢管	Ⅱ	好	好	好
144	101	100	运河东三路	1000	钢管	Ⅱ	好	好	好
145	101	102	银丰路段	500	钢管	Ⅱ	好	好	好
146	80	102	莞太路路段	400	钢管	Ⅱ	好	好	好
147	80	103	体育路段	300	钢管	Ⅱ	好	好	好
148	103	81	体育路段	300	钢管	Ⅱ	好	好	好
149	103	104	胜和路段	400	钢管	Ⅱ	好	好	好
150	81	105	政通路段	600	钢管	Ⅱ	好	好	好
151	105	104	鸿福路段	1000	钢管	Ⅱ	好	好	好
152	104	106	鸿福路段	1000	钢管	Ⅱ	好	好	好
153	102	106	莞太路段	700	钢管	Ⅱ	好	好	好
154	106	107	莞太路段	700	钢管	Ⅱ	好	好	好
155	108	101	运河东三路	400	钢管	Ⅱ	好	好	好
156	104	109	元美路段	400	钢管	Ⅱ	好	好	好
157	105	110	石竹路段	600	钢管	Ⅱ	好	好	好
158	83	36	东莞大道	900	钢管	Ⅱ	好	好	好
159	105	36	鸿福路段	1000	钢管	Ⅱ	好	好	好

ID	起点号	终点号	位置	管径（mm）	管材	场地类别	地震烈度		
							Ⅵ度	Ⅶ度	Ⅷ度
160	36	111	东莞大道	800	钢管	Ⅱ	好	好	好
161	111	110	四环路段	1000	钢管	Ⅱ	好	好	好
162	110	109	四环路段	1000	钢管	Ⅱ	好	好	好
163	109	107	三元路段	1000	钢管	Ⅱ	好	好	好
164	112	113	三元路段	800	钢管	Ⅱ	好	好	好
165	109	113	元美路段	400	钢管	Ⅱ	好	好	好
166	114	115	东莞大道	1000	钢管	Ⅱ	好	好	好
167	115	116	东六路段	500	钢管	Ⅱ	好	好	好
168	114	117	四环路段	1000	钢管	Ⅱ	好	好	好
169	117	116	东三路段	400	钢管	Ⅱ	好	好	好
170	117	118	四环路段	1000	钢管	Ⅱ	好	好	好
171	116	119	东六路段	500	钢管	Ⅱ	好	好	好
172	116	120	东三路段	300	钢管	Ⅱ	好	好	好
173	121	120	绿色路段	300	钢管	Ⅱ	好	好	好
174	115	121	东莞大道	1000	钢管	Ⅱ	好	好	好
175	120	119	新园路段	300	钢管	Ⅱ	好	好	好
176	119	122	雅园东路段	500	钢管	Ⅱ	好	好	好
177	122	123	莞长路段	400	钢管	Ⅱ	好	好	好
178	118	41	长泰路段	1000	钢管	Ⅱ	好	好	好
179	112	124	莞太路段	400	钢管	Ⅱ	好	好	好
180	107	112	莞太路段	700	钢管	Ⅱ	好	好	好
181	113	125	宏图路段	400	钢管	Ⅱ	好	好	好
182	124	125	东莞大道至莞太路段	300	钢管	Ⅱ	好	好	好
183	125	115	东莞大道至莞太路段	500	钢管	Ⅱ	好	好	好
184	124	126	莞太路段	700	钢管	Ⅱ	好	好	好
185	126	127	莞太路段	700	钢管	Ⅱ	好	好	好
186	126	128	新基路段	400	钢管	Ⅱ	好	好	好
187	125	128	宏图路段	400	钢管	Ⅱ	好	好	好
188	128	129	宏图路段	400	钢管	Ⅱ	好	好	好
189	121	130	东莞大道	800	钢管	Ⅱ	好	好	好

ID	起点号	终点号	位置	管径（mm）	管材	场地类别	地震烈度		
							VI度	VII度	VIII度
190	124	108	南城富民商业步行街路段	500	钢管	II	好	好	好
191	127	131	环城南路段	1800	钢管	II	好	好	好
192	132	133	滨江路段	300	钢管	II	好	好	好
193	133	134	滨江路段	300	钢管	II	好	好	好
194	134	135	万江路段	400	钢管	II	好	好	好
195	132	135	金鳌路宏远路段	600	钢管	II	好	好	好
196	135	136	万高路段	600	钢管	II	好	好	好
197	134	136	滨江路段	300	钢管	II	好	好	好
198	136	137	万高路段	600	钢管	II	好	好	好
199	107	132	金鳌路宏远路段	1000	钢管	II	好	好	好
200	11	138	银岭路段	300	钢管	I	好	好	好
201	34	118	新源路段	600	钢管	II	好	好	好
202	113	114	四环路段	800	钢管	II	好	好	好
203	29	38	环城东路段	600	钢管	II	好	好	好
204	6	123	环城南路段	2000	钢管	II	好	好	好
205	123	7	环城南路段	2000	钢管	II	好	好	好
206	7	130	环城南路段	2000	钢管	II	好	好	好
207	130	129	环城南路段	1800	钢管	II	好	好	好
208	129	127	环城南路段	1800	钢管	II	好	好	好
209	18	22	东宝路段	900	钢管	II	好	好	好
210	16	18	莞温路段	400	钢管	II	好	好	好
211	118	119	雅园东路段	600	钢管	II	好	好	好
212	41	122	莞长路段	600	钢管	II	好	好	好
213	47	45	学院路段	500	钢管	II	好	好	好
214	90	89	大西路段	250	钢管	II	好	好	好
215	84	87	光明路段	500	钢管	II	好	好	好

注：表中"好"表示基本完好，"中"表示中等破坏，"坏"表示破坏。

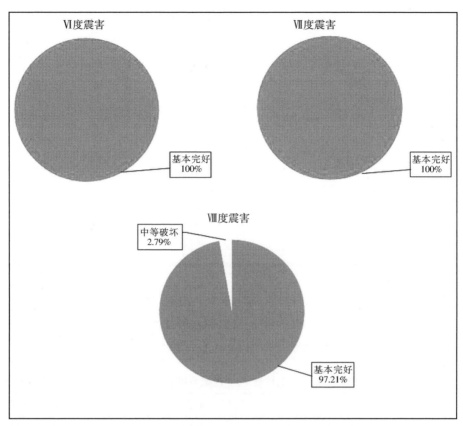

图 6.26　供水管道抗震能力统计图

从抗震分析结果可以看出，钢管表现良好的抗震性能，在Ⅶ度地震作用下基本完好，Ⅷ度地震作用下，也仅 2.79% 的管道发生中等破坏。震后短时间内，采用带渗漏工作方式保证震后城市的供水与救灾功能是必要的，因此对于在地震中轻微破坏乃至中等破坏的管段，一般认为它们仍然可以承担输水与供水的功能。

（4）供水管网连通可靠性分析。

在"东莞市市区生命线工程震害预测技术报告"的基础上，选取了上一节的供水管道节点进行供水管网连通可靠性分析，分析结果见表 6.16，震害分布见图 6.27。

表 6.16　供水管网连通可靠性分析结果

节点编号	地震烈度		
	Ⅵ度	Ⅶ度	Ⅷ度
1	轻微不可靠	轻微不可靠	轻微不可靠
2	可靠	可靠	轻微不可靠

节点编号	地震烈度		
	VI度	VII度	VIII度
3	轻微不可靠	轻微不可靠	轻微不可靠
4	可靠	可靠	轻微不可靠
5	可靠	可靠	轻微不可靠
6	可靠	可靠	轻微不可靠
7	可靠	可靠	轻微不可靠
8	轻微不可靠	轻微不可靠	中等不可靠
9	可靠	可靠	轻微不可靠
10	可靠	可靠	轻微不可靠
11	可靠	可靠	轻微不可靠
12	可靠	可靠	轻微不可靠
13	可靠	可靠	轻微不可靠
14	可靠	可靠	轻微不可靠
15	可靠	可靠	轻微不可靠
16	可靠	轻微不可靠	轻微不可靠
17	可靠	可靠	轻微不可靠
18	可靠	可靠	轻微不可靠
19	可靠	可靠	轻微不可靠
20	可靠	可靠	轻微不可靠
21	可靠	可靠	轻微不可靠
22	可靠	可靠	轻微不可靠
23	可靠	可靠	轻微不可靠
24	可靠	可靠	轻微不可靠
25	可靠	可靠	轻微不可靠
26	可靠	可靠	轻微不可靠
27	可靠	可靠	轻微不可靠
28	可靠	可靠	轻微不可靠
29	可靠	可靠	轻微不可靠
30	可靠	可靠	轻微不可靠
31	可靠	可靠	轻微不可靠
32	可靠	可靠	轻微不可靠

续表

节点编号	地震烈度		
	Ⅵ度	Ⅶ度	Ⅷ度
33	可靠	可靠	轻微不可靠
34	可靠	可靠	轻微不可靠
35	可靠	可靠	轻微不可靠
36	可靠	轻微不可靠	轻微不可靠
37	可靠	可靠	轻微不可靠
38	轻微不可靠	轻微不可靠	轻微不可靠
39	可靠	可靠	轻微不可靠
40	可靠	可靠	轻微不可靠
41	可靠	可靠	轻微不可靠
42	可靠	可靠	轻微不可靠
43	可靠	可靠	轻微不可靠
44	可靠	可靠	轻微不可靠
45	可靠	可靠	轻微不可靠
46	可靠	可靠	轻微不可靠
47	可靠	可靠	轻微不可靠
48	可靠	可靠	轻微不可靠
49	可靠	可靠	轻微不可靠
50	可靠	可靠	轻微不可靠
51	可靠	可靠	轻微不可靠
52	可靠	可靠	轻微不可靠
53	轻微不可靠	轻微不可靠	中等不可靠
54	可靠	可靠	轻微不可靠
55	可靠	可靠	轻微不可靠
56	可靠	可靠	轻微不可靠
57	可靠	可靠	轻微不可靠
58	可靠	可靠	轻微不可靠
59	可靠	可靠	轻微不可靠
60	可靠	可靠	轻微不可靠
61	可靠	可靠	轻微不可靠
62	可靠	可靠	轻微不可靠

续表

节点编号	地震烈度		
	VI度	VII度	VIII度
63	可靠	可靠	轻微不可靠
64	可靠	轻微不可靠	轻微不可靠
65	可靠	可靠	轻微不可靠
66	轻微不可靠	轻微不可靠	轻微不可靠
67	可靠	可靠	轻微不可靠
68	可靠	可靠	轻微不可靠
69	可靠	可靠	轻微不可靠
70	可靠	可靠	轻微不可靠
71	可靠	可靠	轻微不可靠
72	可靠	可靠	轻微不可靠
73	可靠	可靠	轻微不可靠
74	可靠	轻微不可靠	中等不可靠
75	可靠	可靠	轻微不可靠
76	可靠	可靠	轻微不可靠
77	可靠	可靠	轻微不可靠
78	可靠	可靠	轻微不可靠
79	可靠	可靠	轻微不可靠
80	可靠	可靠	轻微不可靠
81	可靠	可靠	轻微不可靠
82	可靠	可靠	轻微不可靠
83	轻微不可靠	轻微不可靠	轻微不可靠
84	轻微不可靠	轻微不可靠	轻微不可靠
85	轻微不可靠	轻微不可靠	中等不可靠
86	轻微不可靠	轻微不可靠	轻微不可靠
87	轻微不可靠	轻微不可靠	轻微不可靠
88	轻微不可靠	轻微不可靠	中等不可靠
89	轻微不可靠	轻微不可靠	中等不可靠
90	轻微不可靠	轻微不可靠	中等不可靠
91	轻微不可靠	轻微不可靠	轻微不可靠
92	轻微不可靠	轻微不可靠	中等不可靠

续表

节点编号	地震烈度		
	Ⅵ度	Ⅶ度	Ⅷ度
93	轻微不可靠	轻微不可靠	轻微不可靠
94	轻微不可靠	轻微不可靠	轻微不可靠
95	轻微不可靠	轻微不可靠	轻微不可靠
96	可靠	轻微不可靠	轻微不可靠
97	轻微不可靠	轻微不可靠	轻微不可靠
98	轻微不可靠	轻微不可靠	中等不可靠
99	可靠	轻微不可靠	轻微不可靠
100	可靠	可靠	轻微不可靠
101	可靠	可靠	轻微不可靠
102	可靠	可靠	轻微不可靠
103	可靠	可靠	轻微不可靠
104	可靠	可靠	轻微不可靠
105	可靠	轻微不可靠	轻微不可靠
106	可靠	可靠	轻微不可靠
107	轻微不可靠	轻微不可靠	轻微不可靠
108	可靠	可靠	轻微不可靠
109	可靠	可靠	轻微不可靠
110	轻微不可靠	轻微不可靠	轻微不可靠
111	可靠	轻微不可靠	轻微不可靠
112	可靠	可靠	轻微不可靠
113	可靠	可靠	轻微不可靠
114	可靠	可靠	轻微不可靠
115	可靠	可靠	轻微不可靠
116	可靠	可靠	轻微不可靠
117	可靠	可靠	轻微不可靠
118	可靠	可靠	轻微不可靠
119	可靠	可靠	轻微不可靠
120	可靠	可靠	轻微不可靠
121	可靠	轻微不可靠	轻微不可靠
122	可靠	可靠	轻微不可靠

节点编号	地震烈度		
	VI度	VII度	VIII度
123	可靠	可靠	轻微不可靠
124	可靠	可靠	轻微不可靠
125	可靠	可靠	轻微不可靠
126	轻微不可靠	轻微不可靠	轻微不可靠
127	可靠	可靠	轻微不可靠
128	轻微不可靠	轻微不可靠	轻微不可靠
129	可靠	可靠	轻微不可靠
130	轻微不可靠	轻微不可靠	轻微不可靠
131	可靠	可靠	轻微不可靠
132	轻微不可靠	轻微不可靠	中等不可靠
133	轻微不可靠	轻微不可靠	轻微不可靠
134	可靠	可靠	轻微不可靠
135	可靠	可靠	轻微不可靠
136	轻微不可靠	轻微不可靠	轻微不可靠
137	轻微不可靠	轻微不可靠	中等不可靠

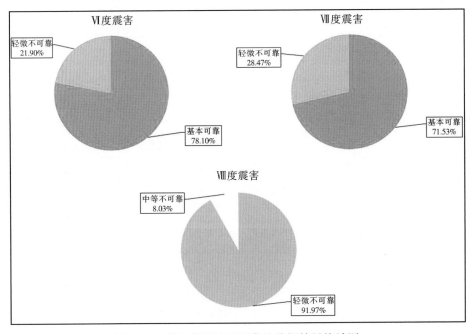

图 6.27　供水管网连通可靠性分析结果统计图

　　分析结果表明，供水管段基本具备抵御Ⅶ度烈度震害的能力，由于建设年代、管径、场地等一系列因素的影响，震害多发生在主城区比较密集的地方。但总体来说规划区供水系统具有较好的抗震可靠性。供水管网基本成环状，整个管网系统具有较高的供水可靠性。

6.2.3　供水系统抗震能力评价

　　从供水系统抗震能力分析结果看，城市西部管网的抗震能力不如东部，随着地震烈度的提高，管网破坏的范围逐渐发展到西南部，再到东部。

　　Ⅵ度地震作用下，水厂建（构）筑物和供水管网均保持基本完好，21.9%的供水管网节点轻微不可靠，供水系统可保持正常供水。

　　Ⅶ度地震作用下，东江水务公司办公楼、第三水厂办公楼和东江自来水公司办公楼发生轻微破坏，其他水厂建（构）筑物和供水管网基本完好，28.47%的供水管网节点轻微不可靠，供水系统无需修复仍可正常运转（图6.28）。

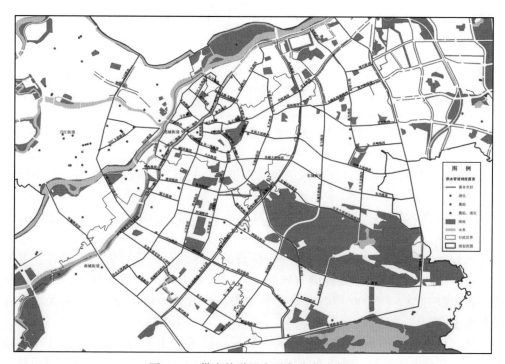

图 6.28　供水管道Ⅶ度震害分布示意图

　　Ⅷ度地震作用下，东江水务、第三水厂、东江自来水办公楼中等破坏，第二水厂和东城水厂办公楼轻微破坏，东城水厂三期絮凝池轻微破坏，其他水厂建（构）筑物基本完好；2.79%的供水管网发生中等破坏，主要集中在运河路、旗峰路和工农路等路段；8.03%供水管网节点中等不可靠（图6.29）。国内外历史地震经验表明，震后短时间内，采用带渗漏工作方式保证震后城市的供水与救灾功能是必要的，因此对于Ⅷ度地震作用下轻微破坏乃至中等破坏的管段，一般认为它们不需修复或经过简单修复后仍可以承担输水与供水的功能。

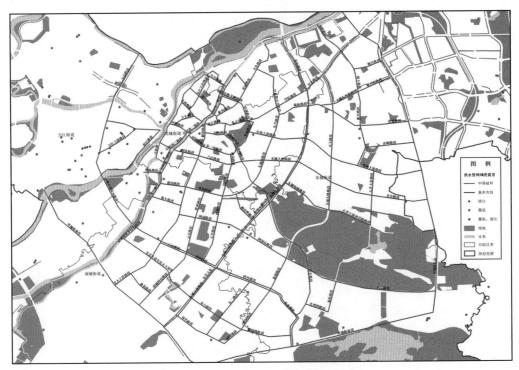

图 6.29　供水管道Ⅷ度震害分布示意图

由以上分析结果可以看出，规划区的供水系统总体抗震能力较好，但存在以下抗震薄弱环节。

（1）虽然钢管具有较好的抗震能力，但其具有易于腐蚀的缺点，日常应建议做好防腐措施。

（2）规划区内20世纪90年代以前开发建设的小区尚存在镀锌管、生铁管、水泥管等已淘汰管材，管道腐蚀严重，抗震能力较差，管材需要更换，一般条件下，DN200及以下首选聚乙烯（PE）管；DN300～DN1200首选球墨铸铁管；≥DN1200首选钢管或预应力钢筒混凝土管（PCCP）。

（3）现况供水管道中钢管的连接方式主要采用焊接，属于刚性接口，抗震能力较差，在地震作用下容易出现渗漏，是供水管网节点不可靠率较高的重要原因，应在城市供水管网检修更新时逐步更换为柔性接口，提高管网的抗震能力。

（4）由供水管网震害分布图可以看出，东江南支流及东莞运河以西部分地段具有地基土液化、软土震陷等不利地形影响，震时可能对通过该区域的供水管网造成影响。

（5）现况水厂之间的联络管道可保障应急时期通过部分水厂之间的调度，提高应急时期水厂供水范围内的供水安全性，但鉴于集中供水区域范围较大，各镇管网相对独立，主力市级水厂事故时难以有效利用各镇街自有水厂向其他区域调水，因此应急供水能力有待提高。

6.2.4　供水系统抗震防灾要求和措施

（1）水厂。

水厂是城市供水系统的关键部位，也是供水网络的源头，一旦水厂遭到严重破坏，会导致整个供水系统瘫痪，所以保证水厂中的重要供水设施的安全是保证整个供水网络安全的第一道防线。

保证城市水厂震后的安全主要是保证城市水厂中重要供水设施，如水池、泵房、加药间、脱水间等建（构）筑物的安全。城市水厂和水厂各相关建（构）筑物属于地震时使用功能不能中断或需尽快恢复的生命线相关建筑，根据《建筑工程抗震设防分类标准》（GB 50223—2008），应按重点设防类建筑加强其抗震措施。对水处理系统的建（构）筑物、配水井、送水泵房、加氯间或氯库和作为运行中枢机构的控制室及水质化验室也应按重点设防类建筑加强其抗震措施。加氯间氯瓶须固定在投加位置上，防止翻滚，同时应配备防毒面具，以防加氯间设备及氯瓶泄氯。为防止设备及管道移位、倾倒、掉落损坏，设备和管道的抗震支吊架应与建筑主体结构牢固相连（例如埋件、膨胀螺栓等），不应设在填充墙上。

应结合《东莞市城市总体规划（2016—2030 年）》，逐步取消第二水厂、蛤地水厂；对第三水厂、万江水厂进行减产、升级改造，第三水厂规模由 110 万立方米/日减至 80 万立方米/日，万江水厂规模由 12 万立方米/日减至 9 万立方米/日；维持第六水厂、东城水厂规模不变，对其升级改造。第三水厂、万江水厂、第六水厂和东城水厂升级改造时建（构）筑物应按重点设防类建筑加强其抗震措施，以保障城市震时供水安全。

（2）供水管网。

根据《建筑工程抗震设防分类标准》（GB50223—2008），20 万人口以上城镇、抗震设防烈度为Ⅶ度及以上的县及县级市的主要取水设施和输水管线、水质净化处理厂的主要水处理建（构）筑物、配水井、送水泵房、中控室、化验室等，应按重点设防类建筑加强其抗震措施。现状供水管网部分管道穿越东江南支流及东莞运河以西部分地段，该段软土层较发育，在地震烈度Ⅶ度的作用下容易发生液化，日常应做好该区域内供水管道的管理和维护工作。新建供水管道选址时应注意考虑地基土液化、软土震陷等不利地形的影响，并按本地区抗震设防烈度提高一度采取抗震措施。

应结合城市供水现状和《东莞市城市总体规划（2016—2030 年）》以及道路交通抗震防灾规划，优化现有供水主干管网布局，使其沿主干路呈环状分布，并增加阀门控制，便于遭受震害后分割、抢修。管道的接口尽量不采用刚性连接，规划将现状刚性接口逐步更换为柔性接口，其中钢管宜采用胶圈密封的承插式柔性连接，铸铁和混凝土管道宜采用柔性的承插式接口和套管接口，使用耐久和弹性稳定的聚合材料做橡胶密封圈，建议设置较长的承口，确保在不破坏接口连接的前提下承受较大的位移。

（3）供水应急能力建设。

基于现况管网布局情况，加强现况管网之间的互联互通，改变部分镇街供水各自为营、缺乏应急供水能力的局面，构建环状管网，保障应急时期供水安全。同时还应逐步建立城市供水安全监测系统，提高供水系统的稳定性和应对突发事件的处置能力。

对于固定应急避护场所和中心应急避护场所应规划建设贮水池作为城市应急供水点，配置用于净化自来水成为直接饮用水的净化设备，应急供水管线沿城市应急疏散道路敷设，尽可能减少地震对管道本身造成的破坏。

城市供水管理部门应制定供水系统的地震应急、抢修预案。应急、抢修预案应包括水源保障措施、净化方式、输送方式、需求量、供水能力等，以保障受灾居民与外援人员能及时获得清洁、卫生的饮用水。

6.3　供电系统抗震防灾规划

6.3.1　供电系统现状

6.3.1.1　供电电源

截至 2015 年 12 月底，东莞市电源装机总容量 4303MW，其中省调机组 3601MW。

6.3.1.2　变电站

根据东莞市供电局提供的变电站资料，截至 2015 年 12 月底，东莞市 110kV 及以上变电站 168 座，其中 500kV 站 5 座，220kV 站 28 座，110kV 站 135 座，挂网运行的主变压器 515 台，变压器总容量 61042MW，其中 500kV 主变 18 台，容量 18500MW，220kV 主变 98 台，容量 21120MW，110kV 主变 399 台，容量 21422MW，高压线路共 547 回，其中 500kV 线路 30 回，线路长度 615.47km，220kV 线路 93 回，线路长度 1245.5km，110kV 公用线路 430 回，线路长度 2255.35km。规划区内现有 220kV 变电站 5 座，110kV 变电站 19 座。各变电站均为室内、室外混合型变电站，各站高压电气设备大部分置于手车式开关柜内或为 GIS 组合电器，大多按照Ⅶ度设防，除 110kV 宏远站和银丰站主控楼基础有不均匀沉降，其他变电站现状均完好。规划区内 110kV 及以上变电站情况见表 6.17。部分变电站主控楼外形见图 6.30 和图 6.31。

表 6.17　规划区 110kV 及以上变电站一览

电压等级	名称	位置	建设时间(年-月-日)	建筑面积(m²)	结构类型	用途	设防烈度
220kV	立新站	东城街道	2000-4-7	450	框架	生产场所	Ⅶ度
	板桥站	东城街道	2005-5-27	7747	框架	生产场所	Ⅶ度
	彭洞站	南城街道	2009-8-26	1500	框架	生产场所	Ⅶ度
	万江站	万江街道	1994-4-29	250	框架	生产场所	Ⅶ度
	黎贝站	松山湖	2007	1223	框架	变电运行	Ⅵ度

续表

电压等级	名称	位置	建设时间 （年-月-日）	建筑面积 （m²）	结构类型	用途	设防烈度
110kV	园岭站	莞城街道	1994 - 9 - 1	400	框架	生产场所	Ⅵ度
	主山站	东城街道	2009 - 10 - 18	2280	框架	生产场所	Ⅶ度
	桑园站	东城街道	2011 - 12 - 6	2589	框架	生产场所	Ⅶ度
	八达站	东城街道	1999 - 6 - 1	400	框架	生产场所	Ⅶ度
	牛山站	东城街道	2006 - 3 - 22	400	框架	生产场所	Ⅶ度
	同沙站	东城街道	2010 - 8 - 2	500	框架	生产场所	Ⅶ度
	峡口站	东城街道	1968 - 12 - 4	500	框架	生产场所	Ⅵ度
	樟村站	东城街道	1996 - 8 - 15	2890	框架	生产场所	Ⅵ度
	宏远站	东城街道	1997 - 5 - 1	500	框架	生产场所	Ⅵ度
	西平站	东城街道	1996 - 11 - 8	500	框架	生产场所	Ⅵ度
	银丰站	东城街道	2005 - 2 - 4	350	框架	生产场所	Ⅶ度
	周溪站	东城街道	2000 - 12 - 28	500	框架	生产场所	Ⅶ度
	白马站	东城街道	2012 - 4 - 28	450	框架	生产场所	Ⅶ度
	石鼓站	南城街道	2012 - 12 - 25	400	框架	生产场所	Ⅶ度
	石美站	万江街道	1987 - 11 - 1	500	框架	生产场所	Ⅶ度
	莲塘站	万江街道	2005 - 4 - 30	300	框架	生产场所	Ⅶ度
	尖岭站	松山湖	2011	330	框架	变电运行	Ⅶ度
	麒麟站	松山湖	2005	352	框架	变电运行	Ⅶ度
	胜华站	松山湖	2011	2393	框架	变电运行	Ⅵ度

220kV立新站　　　　　　　　　　　220kV彭洞站

220kV万江站　　　　　　　　　　　220kV黎贝站

110kV园岭站　　　　　　　　　　　110kV八达站

110kV牛山站　　　　　　　　　　　110kV同沙站

图 6.30　部分变电站建筑外形（一）

110kV宏远站　　　　　　　　　　　110kV西平站

110kV银丰站　　　　　　　　　　　110kV周溪站

110kV白马站　　　　　　　　　　　110kV石鼓站

110kV石美站　　　　　　　　　　　110kV莲塘站

图 6.31　部分变电站建筑外形（二）

截至 2015 年 12 月底，东莞市在运行 110kV 及以上变电站 168 座（其中 500kV5 座，220kV28 座，110kV135 座，无人值班变电站比例 96.36%），主变容量 61042MW，输电线路 4116.32km；逐步形成了以 5 座 500kV 变电站和深圳 500kV 宝安变电站为中心的 6 大供电区域，220kV 电网采用分区供电模式，110kV 电网基本形成"3T"结构放射式供电网络。规划区及附近地区 220kV 及以上电网系统分布情况见图 6.32。

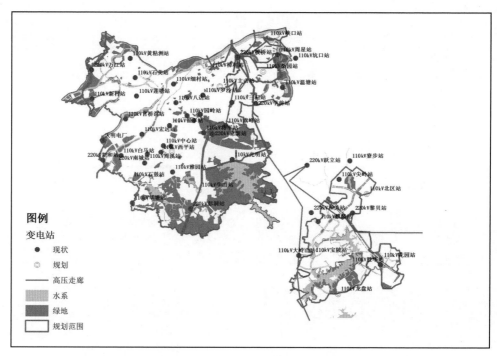

图 6.32　规划区及附近地区 220kV 及以上电网系统分布示意图

东莞市电力供需总体平衡，但局部电网受限问题突出，电网规划建设与实际负荷需求不完全相符，电网建设相对滞后，各街道之间的容载比差异较大，电网资源得不到充分利用。东莞 110kV 电网存在部分 110kV 线路"T"接站点多，负载重，影响供电可靠性。部分 110kV 变电站直接接入电厂母线或 T 接在电厂并网线路上，若电厂设备故障，将造成 110kV 变电站失压；个别运维界面不清晰的电厂线路存在运维盲区，给电网的安全稳定带来隐患。

6.3.1.3　电气设备

规划区内 110kV 及以上各变电站均为室内、室外混合型变电站，各站高压电气设备置于手车式开关柜内或为 GIS 组合电器。

6.3.1.4　供电线路

东莞市现状高压电力通道大部分为高压架空走廊，大多位于生态控制线内。中心城区现状建成区高压架空走廊相对较少，110kV 及以下线路已逐步采用电缆方式敷设；其他镇现状建成区仍较多的架空线路，高压电缆线路较少。随着城市的发展，外电送入东莞线路通道及东莞市内的通道资源日趋缺乏，电力通道建设困难。

6.3.2　供电系统抗震能力分析

6.3.2.1　供电系统抗震能力分析方法

（1）变电站主体建筑。

变电站主体建筑抗震能力分析方法详见 5.1.2.2 节建筑物抗震性能评价方法。

（2）电气设备。

采用一次二阶矩法来计算高压电气设备的抗震可靠度，按照最大强度准则，其可靠概率的表达式为

$$P_S(R > S) = \iint\limits_{R > S} f_{rs}(r, S) \mathrm{d}r\mathrm{d}S \tag{6-5}$$

式中，P_S——设备的可靠概率；R——电气设备的抗力随机变数；S——电气设备的地震效应随机变量。

其中，电气设备的地震效应随机变量 S 采用《电力设施抗震设计规范》（GB 50260—96）中规定的标准设计反应谱作为均值反应谱，用振型分解反应谱方法计算设备的水平地震作用。设作用在设备上的水平地震作用的最大值为

$$F_{ji} = \xi \cdot \gamma_j \cdot X_{ji} \cdot G_j \cdot \alpha_j \qquad (i = 1, 2, \cdots, n; \ j = 1, 2, \cdots, m) \tag{6-6}$$

式中，F_{ji}——j 振型 i 质点的水平地震作用的最大值；ξ——结构阻尼比，按规范采用；γ_j——振型参与系数；X_{ji}——j 振型 i 质点在 X 方向的水平相对位移；G_i——i 质点的重力荷载代表值；α_j——相应于 j 振型自振周期的水平地震影响系数。按规范采用，并在计算时采用具有柔性节点的有限元法。

电气设备的阻尼比实测值一般为 0.01～0.03，而通常的标准反应谱所对应的阻尼比为 0.05，因此，按式（6-6）计算的地震作用，应根据电气设备体系和电气装置的实际阻尼比乘以阻尼修正系数，其值可按规范采用。

采用振型分解反应谱法求出地震反应的最大值后，可按一般结构学的方法计算出高压电气设备各振型最不利截面的最大反应值，根据随机振动分析理论，并假设在峰值反应与均值反应之间存在一定的比例关系，即可利用以下公式计算高压电气设备的最大地震作用效应

$$\mu_S = \left(\sum_{i=1}^{m} \sum_{j=1}^{m} \rho_{ij} \cdot S_{\mu i} \cdot S_{\mu j} \right)^{\frac{1}{2}} \tag{6-7}$$

$$\sigma_S = \left(\sum_{i=1}^{m} \sum_{j=1}^{m} \frac{q^2}{p_i \cdot p_j} \cdot \rho_{ij} \cdot S_{\mu i} \cdot S_{\mu j} \right)^{\frac{1}{2}} \tag{6-8}$$

式中，μ_S 和 σ_S——高压电气设备最大地震反应的均值和方差；m——选定的参与组合的振

型总数；ρ_{ij}——振型间的相关系数；$S_{\mu i}$ 和 $S_{\mu j}$——第 i 振型和第 j 振型的最大地震作用效应的均值；q——地震动随机过程的方差因子；p——表示各振型反应峰值和均方根值之间的比例关系的峰值因子。由于高压电气设备体型简单，各阶自振频率相隔较大，通常认为

$$\rho_{ij} = \begin{cases} 0 & i \neq j \\ 1 & i = j \end{cases} \tag{6-9}$$

这样前面的公式就可简化为

$$\mu_s = \left(\sum_{i=1}^{m} S_{\mu i}^2 \right)^{\frac{1}{2}} \tag{6-10}$$

$$\sigma_S = q \cdot \left(\sum_{i=1}^{m} \frac{S_{\mu i}^2}{p_i^2} \right)^{\frac{1}{2}} \tag{6-11}$$

过程方差因子 q 和振型峰值因子 p_i 可由下式求得

$$q = \frac{\pi}{\sqrt{12\ln\left(\frac{\gamma^2}{\pi} T_d\right)}} \tag{6-12}$$

$$p_i = \sqrt{2\ln\left(\frac{\gamma^2}{\pi} T_d\right)} + \frac{0.5772}{\sqrt{2\ln\left(\frac{\gamma^2}{\pi} T_d\right)}} \tag{6-13}$$

式中，T_d——地震持时，γ^2 谱参数或功率谱惯性矩，对于宽带输入反应有

$$\frac{\gamma^2}{\pi} \approx \frac{\omega_i}{\pi} \tag{6-14}$$

我国高压电气设备所采用的瓷件材料多为高硅瓷瓶和普通瓷瓶，且普通瓷瓶的破坏弯矩和破坏应力较低，地震时容易遭到破坏。在本项目中将瓷质材料视为理想脆弹性材料，按弹性体系计算高压电气设备的抗力随机变量 R。对普通瓷件破坏应力均值 $\mu_{\text{普}} = 14 \sim 19\text{MPa}$，对高硅瓷瓶破坏应力均值取 $\mu_{\text{高}} = 26 \sim 45\text{MPa}$，方差仍按规范采用。

在高压电气设备的地震效应和抗力计算中，我们一般将计算截面放在电气设备的根部和其他危险的截面处。因为理论分析和试验结果表明，悬臂结构的最大应力一般发生在瓷套管的根部，这与实际震害情况也是一致的。对于三角锥结构或空间杆件支架结构，其最大反应

发生在绝缘架或支架的顶部，这是因为在该处结构刚度发生突变，导致应力的明显增大，成为一般在地震时率先发生破坏的部位。

在假定地震效应和抗力相互独立且皆服从正态分布的基础上，式（6-5）可表示为

$$P_S = \phi(\beta) \tag{6-15}$$

式中，$\phi(\cdot)$——标准正态分布函数；β——可靠度指标，可由下式求解

$$\beta = \frac{\mu_R - \mu_S}{\sqrt{\sigma_R^2 + \sigma_S^2}} \tag{6-16}$$

式中，μ_R、σ_R^2——电气设备抗力 R 的均值和方差；μ_S、σ_S^2——电气设备地震效应 S 的均值和方差。

当地震效应和抗力均服从对数正态分布时，可靠度指标可表示为

$$\beta = \frac{\ln\left(\dfrac{\mu_R}{\sqrt{1 + v_R^2}}\right) - \ln\left(\dfrac{\mu_S}{\sqrt{1 + v_S^2}}\right)}{\sqrt{\ln\left[(1 + v_R^2)(1 + v_S^2)\right]}} \tag{6-17}$$

式中，μ_R、v_R^2——电气设备抗力 R 的均值和变异系数；μ_S、v_S^2——电气设备地震效应 S 的均值和变异系数。

在计算出电气设备在这些截面的地震效应、抗力的均值和方差后，即可根据式（6-17）、式（6-15）计算在不同地震烈度下电气设备的可靠度指标和可靠概率。

（3）供电线路。

架空线路的基本结构是基础、铁塔，结构设计按Ⅶ度设防，基础为钢筋混凝土结构，铁塔为角塔或者钢管组合塔，极少量的钢筋混凝土电杆。基础形式，平地一般为钢筋混凝土灌注桩基础或者地基用松桩处理的板块钢筋混凝土基础，山地一般是掏挖式或者板块钢筋混凝土基础。铁塔与铁塔之间采用钢芯铝绞线及钢绞线张力方式连接。抗震性能较好。架空线路一般不会跨越房屋，可跨越道路、铁路、航道等，架空线路还设有保护区，一般是导线边线向外侧延伸所形成的两平行线内的区域，110kV、10m，220kV、15m，500kV、20m，在该区域内一般不允许民居存在。一般 3~5km 设置了耐张段，避免了紧急情况杆塔连片倒塌的情况。

电缆线路的基本结构是砖砌加钢筋混凝土承力梁构成的电缆沟、钢筋混凝土现场浇筑电缆槽及预制钢筋混凝土电缆槽，过河过路线段一般采用顶管或者桥架，结构设计按Ⅶ度设防，电缆本体的延性较差，非常强烈的拉伸或者振动，会造成电缆连接部分松动，影响电缆设备的运行性能。电缆线路一般埋于地面下方，设有保护区，保护区是指地下电缆线路两侧 0.75m 所形成的两条平行线内的区域，允许与其他城市地下管线，比如通信、燃气、供水等

管道交叉或者临近。

输电线路可视为串联子系统，结合国内外历次地震震害经验，当输电线塔不是很高时，在Ⅷ度地震下很少发生破坏，在严重液化地区会发生倾斜，但倾斜时一般不影响输电功能，即使丧失输电功能也较容易修复，故在对液化区或断裂带的线杆子采取加固措施后，Ⅷ度地震下系统可靠性评估时可忽视其失效概率。

（4）供电工程系统功能损失分析。

供电工程系统功能损失的分级准则可以从三个方面评定地震震害对供电系统功能的影响。首先是对变配电功率的影响，由于变电站主控室等土建设施的破坏及电气设备等变配电设施的破坏，将导致变电站变配电能力的降低以至丧失，从而直接影响供电工程功能的正常发挥；其次是对供电服务范围的影响，变配电能力的降低及输电线路的破坏等因素将使供电工程正常供电的服务范围减小，从而影响到社会生产和生活的正常运行；最后是恢复系统正常供电功能所需的时间。一般来说，供电工程系统的震害越重，恢复其正常运行所需的时间就越长，社会生产和生活所受的影响也就越严重，因此，恢复系统正常供电所需的时间不仅反映了抢修工作难易程度，也反映了地震破坏对系统功能损失的影响程度。

从上述三个准则出发，根据国内外一些大地震的震害资料，结合东莞市供电工程的具体状况，将系统功能损失划分为四个等级，见表6.18。

表 6.18　供电工程系统功能损失震害等级

震害等级	系统功能损失程度
Ⅰ级	事故可以及时排除，供电功能基本不受影响，当日即可保持全部供电服务范围正常供电
Ⅱ级	发电或变配电功率损失不超过20%，供电服务范围内不超过10%的地区停止供电2~3天，一周内恢复正常供电
Ⅲ级	发电或变配电功率损失不超过50%，供电服务范围内不超过30%的地区停止供电10天以下，经抢修，在一个月内可恢复正常供电
Ⅳ级	发电或变配电功率损失超过50%，供电服务范围内超过30%的地区停止供电10天以上，即使经多方抢修，也需要数月或更长的时间才能恢复正常供电

6.3.2.2　供电系统抗震能力分析结果

（1）变电站主体建筑。

在"东莞市市区生命线工程震害预测技术报告"的基础上，对规划区内的23座变电站主体建筑和东莞市供电局调度大楼进行了抗震计算，结果见表6.19。图6.33为变电站主体建筑震害预测结果统计情况。

表 6.19　变电站主体建筑抗震分析结果

名称	结构类型	建设时间（年-月-日）	破坏程度		
			Ⅵ度	Ⅶ度	Ⅷ度
立新站	框架	2000 - 4 - 7	基本完好	基本完好	中等破坏
板桥站	框架	2005 - 5 - 27	基本完好	基本完好	轻微破坏
彭洞站	框架	2009 - 8 - 26	基本完好	基本完好	轻微破坏
万江站	框架	1994 - 4 - 29	基本完好	基本完好	基本完好
黎贝站	框架	2007	基本完好	基本完好	轻微破坏
园岭站	框架	1994 - 9 - 1	基本完好	基本完好	轻微破坏
主山站	框架	2009 - 10 - 18	基本完好	基本完好	轻微破坏
桑园站	框架	2011 - 12 - 6	基本完好	基本完好	轻微破坏
八达站	框架	1999 - 6 - 1	基本完好	基本完好	基本完好
牛山站	框架	2006 - 3 - 22	基本完好	基本完好	轻微破坏
同沙站	框架	2010 - 8 - 2	基本完好	基本完好	轻微破坏
峡口站	框架	1968 - 12 - 4	基本完好	轻微破坏	中等破坏
樟村站	框架	1996 - 8 - 15	基本完好	轻微破坏	中等破坏
宏远站	框架	1997 - 5 - 1	轻微破坏	中等破坏	严重破坏
西平站	框架	1996 - 11 - 8	基本完好	基本完好	中等破坏
银丰站	框架	2005 - 2 - 4	基本完好	轻微破坏	中等破坏
周溪站	框架	2000 - 12 - 28	基本完好	基本完好	轻微破坏
白马站	框架	2012 - 4 - 28	基本完好	基本完好	轻微破坏
石鼓站	框架	2012 - 12 - 25	基本完好	基本完好	轻微破坏
石美站	框架	1987 - 11 - 1	基本完好	基本完好	轻微破坏
莲塘站	框架	2005 - 4 - 30	基本完好	基本完好	轻微破坏
尖岭站	框架	2011	基本完好	基本完好	轻微破坏
麒麟站	框架	2005	基本完好	基本完好	轻微破坏
东莞市供电局调度大楼	框剪	2003	基本完好	基本完好	轻微破坏

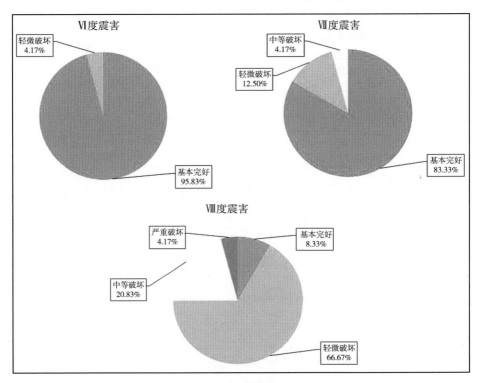

图 6.33　变电站主体建筑震害预测结果统计图

　　根据抗震能力分析结果可以看出，在遭遇地震烈度为Ⅵ度的地震影响时，变电站大多表现为基本完好，仅宏远站发生轻微破坏；在遭遇地震烈度为Ⅶ度的地震影响时，变电站也大多表现为基本完好，仅银丰站发生轻微破坏，宏远站发生中等破坏，需要加强宏远站和银丰站抗震能力以保障供电安全。

　　（2）电气设备。

　　在"东莞市市区生命线工程震害预测技术报告"的基础上，结合东莞市供电局提供的资料，本规划采用一次二阶矩法对部分变电站主要高压电气设备进行了地震反应分析计算，给出了在不同地震烈度下，高压电气设备破坏概率的分析结果（表 6.20）。

表 6.20　部分变电站高压电气设备可靠概率

设备名称	设备型号	可靠概率		
		Ⅵ度	Ⅶ度	Ⅷ度
避雷器	Y10W1-100/260kV	0.9916	0.9839	0.949
	YIW—73/200	0.9908	0.9809	0.9308
	Y10W1-10/248	0.991	0.9835	0.9457
	HY5WZ2-16.5/45	0.9922	0.9861	0.96
	Y5WR-16.7/45	0.9918	0.9849	0.9542
	Y5WR-14.7/45	0.992	0.9855	0.9572
	YIW—73/200	0.99	0.9812	0.9325
	Y10W1-100/248	0.9868	0.9548	0.7281
	Y10W1-200/496	0.99	0.977	0.8926
	Y10W1-220/496	0.9911	0.9915	0.9837
	Y10W1-110	0.9845	0.9407	0.6506
	YIW-73/200	0.9929	0.9884	0.9713
	Y1W-73/200W	0.9921	0.9846	0.9489
	Y10W1-100/248	0.9918	0.9827	0.941
	YH10W-200/496W	0.9832	0.9475	0.6865
	Y10W1-100/260kV	0.9916	0.9839	0.949
	YIW—73/200	0.9908	0.9809	0.9308
	Y10W1-100/248	0.991	0.9835	0.9457
	YH10W-200/496W	0.9922	0.9861	0.96
电力变压器	SFZ8-40000/110	0.9918	0.9847	0.9533
	SZ9-50000/110	0.9914	0.9835	0.9466
	SFZ9—50000/110	0.9924	0.9868	0.9638
	SFSZ9-180000/220	0.9933	0.9897	0.9766
	Sz10-50000/110	0.9932	0.9895	0.9759
	SZ12-5000/110	0.9932	0.9894	0.9756
	SFPSZ9-2400/220	0.9906	0.9806	0.9304

续表

设备名称	设备型号	可靠概率		
		Ⅵ度	Ⅶ度	Ⅷ度
电流互感器	ASS12-05	0.9919	0.9851	0.9553
	LAJ-10	0.9925	0.9873	0.9661
	LAZBJ-10	0.9926	0.9874	0.9663
	LMZBJ-10	0.9924	0.987	0.9646
	LAJ	0.9917	0.9844	0.9516
	LCWB-110	0.9915	0.9836	0.9433
	SAS-245/0G	0.9915	0.9835	0.943
	LCWB-220	0.9905	0.98	0.9266
	LCWB-110	0.99	0.9752	0.9068
	IZZBJ9-1002	0.9912	0.9854	0.9348
	LCWB-110	0.9898	0.9564	0.9048
	LMZH-252	0.9933	0.9843	0.94
	IEC60044-1	0.9928	0.9837	0.9401
电压互感器	VES12-04	0.9922	0.9862	0.9608
	JDZJ-10	0.9921	0.9861	0.9601
	JSZG-10	0.9919	0.9859	0.9605
	JDCF-220W2	0.9906	0.9689	0.9128
	JCC5-220	0.9902	0.9701	0.9115
	JDZXF14-10	0.9918	0.9855	0.9587
	VH123-17	0.9908	0.9689	0.8997
	SVTR-10C（Ⅰ）	0.9909	0.9818	0.9621
断路器	ZS-1	0.9927	0.9878	0.9684
	ZN19-10/1250-31.5	0.9925	0.9873	0.9662
	ZN28A-10QT	0.9925	0.9871	0.9651
	LTB145D1	0.9906	0.9804	0.9293
	LW6A-110II	0.9899	0.9776	0.9127
	VD4-1212-31	0.9928	0.9882	0.97
	HGF112/1	0.9894	0.9755	0.9
	GWG-126/T	0.993	0.9869	0.9671

续表

设备名称	设备型号	可靠概率		
		VI度	VII度	VIII度
隔离开关	GW4-110（D）	0.9919	0.9852	0.9549
	GN19-10CQ	0.9958	0.9898	0.9701
	GW7-252（D）	0.991	0.9819	0.9382
	GW16-220	0.9908	0.9812	0.9334
	GW13-72.5W	0.9902	0.9788	0.9198
	GWG5-252	0.9923	0.9866	0.9628
蓄电池	PPC-6225X	0.9813	0.9273	0.7839
	6GM1-275	0.9905	0.9436	0.8155
	CHLORI DE	0.9926	0.9361	0.8084
	2VB25	0.9919	0.9479	0.8207
	TC-2550XC-400AH	0.991	0.921	0.8237
屏、柜、盘		0.9956	0.956	0.8548
开关、刀闸、电容等		0.992	0.925	0.8401

通过分析结果可以得出，变电站内高压电气设备大都具有较好的抗震可靠性，在主体建筑不发生中等以上程度破坏的情况下，基本都能保持正常工作，具备了抵御VII度地震烈度震害的能力。

（3）供电线路。

输电线路可视为串联子系统，考虑到现状输电线塔和电缆线路均采取了抗震措施，结合国内外历次地震震害经验，在烈度为VII度的地震作用下，规划区内主干供电线路基本都能保持正常工作，部分地段架空线路可能发生倒杆、断杆现象，导致局部供电中断。

（4）供电系统功能损失分析。

根据震害等级划分标准，结合供电系统中主体建筑、变配电设施、供电线路的抗震能力分析结果，得出供电系统部分变电站功能损失分析结果（表6.21）。

表6.21 部分变电站功能损失分析结果

名称	功能损失等级		
	VI度	VII度	VIII度
立新站	I	I	II
板桥站	I	I	I
彭洞站	I	I	I

名称	功能损失等级		
	VI度	VII度	VIII度
万江站	I	I	II
黎贝站	I	I	II
园岭站	I	I	II
主山站	I	I	II
桑园站	I	I	I
八达站	I	I	I
牛山站	I	I	II
同沙站	I	I	II
峡口站	I	I	III
樟村站	I	I	III
宏远站	I	II	III
西平站	I	I	III
银丰站	I	I	II
周溪站	I	I	II
白马站	I	I	I
石鼓站	I	I	I
石美站	I	I	II
莲塘站	I	I	II
尖岭站	I	I	I
麒麟站	I	I	I

通过变电站功能损失分析结果可以得出，在烈度为VII度的地震作用下，大部分变电站都能保持正常供电服务，基本具备了抵御VII度地震烈度震害的能力。

6.3.3 供电系统抗震能力评价

根据供电系统中土建房屋、变配电设施、系统功能损失的震害预测结果，综合评定供电系统在不同烈度地震作用下的系统功能损失状态，可以看出变电站具有较好的抗震可靠性。

在烈度为VI度的地震作用下，除宏远站发生轻微破坏外，其他变电站房均保持完好，电器设备无破坏，变电站子系统保持较高的抗震、供电可靠度，系统功能正常。

在烈度为VII度的地震作用下，除宏远站主控楼呈现中等破坏，银丰站、峡口站和樟村站呈现轻微破坏外，其余各站土建房屋均保持基本完好，电气设备中少数蓄电池可能滑移或倾倒，若及时更换，系统功能基本不受影响。变电站系统基本完好，系统可保持正常供电运行，震害等级为Ⅰ级。

在烈度为Ⅷ度的地震作用下，大部分变电站均有轻微及以上破坏，电气设备中有些避雷器、断路器等有所破坏，个别电压互感器、隔离开关抗震性能降低，有些蓄电池可能产生滑移、倾倒或跌落损坏，变电站系统抗震、供电可靠度均降低，供电系统功能出现故障，震害等级为Ⅱ级。

由以上的震害预测计算可以看出，规划区的供电系统总体抗震能力较好，但存在以下抗震薄弱环节：

（1）部分变电站的抗震能力需要进一步加强，如 220kV 黎贝站和 110kV 园岭站、峡口站、樟村站、宏远站、西平站、银丰站，应按重点设防类建筑加强其抗震措施。

（2）变电站的控制装置和继电保护装置，其控制盘本体与楼板有联结，但不甚牢固，需要进行加固。少数蓄电池落地浮放，地震时可能滑移或倾倒，也应采取加固措施。

（3）部分地段架空线路在Ⅶ度地震作用下可能发生倒杆、断杆现象，导致局部供电中断，需要进行加固维修。

6.3.4　供电系统抗震防灾要求和措施

（1）变电站。

根据《建筑工程抗震设防分类标准》（GB 50223—2008），330kV 及以上的变电所和 220kV 及以下枢纽变电所的主控通信楼、配电装置楼、就地继电器室，330kV 及以上的换流站工程中的主控通信楼、阀厅和就地继电器室应按重点设防类建筑加强其抗震措施。

应结合《东莞市城市总体规划（2016—2030 年）》和《建筑抗震加固技术规程》（JGJ 116—2009），逐步提高 220kV 黎贝站和 110kV 园岭站、峡口站、樟村站、宏远站、西平站、银丰站等 7 座变电站主体建筑的抗震能力，使其满足规范要求，保障城市供电安全。

（2）电气设备。

对于变电站内高压电瓷设备，因其自振周期与一般的场地卓越周期较为接近，很容易发生共振，加之高压电瓷设备又为脆性材料，一般情况下震害较为严重，故应加强变电站内高压电瓷设备的抗震措施，如变压器瓷柱部位加装减震装置，确保其稳定运行。

蓄电池震时易发生位移、倾倒、跌落损坏等现象，其造成的灾害非常严重，现场调查发现规划区内的蓄电池普遍采用了支架固定，只有少数落地浮放，可针对它们采取加固措施。

电气开关柜、控制保护屏和通信设备应与支座基础连接牢固，以防止地震时发生倾倒事故。电气设备本体与引线间尽可能采用软连接，连线也应留有足够的拉伸余度，以减小在地震作用下各部分的联动拉力。

（3）供电线路。

规划建设用地范围内新增加的 110kV 以下高压线宜采用埋地敷设。电缆管沟的建设应满足《电力设施抗震设计规范》（GB 50260—2013）抗震要求，以免因电缆管沟倒塌破坏电缆，引起事故。

规划区目前主要依靠省网和地调调管地方电厂供电，应做好高压架空走廊的日常巡检维护工作。根据《东莞市城市总体规划（2016—2030 年）》市域电力工程规划图（图6.35），新架设供电线路局部地区具有地基土液化、软土震陷及潜在崩塌、滑坡等不利地形影响，线路架设时应根据《电力设施抗震设计规范》（GB 50260—2013）采取有针对性的抗震措施。规划区内的南坑—虎门断裂、大朗—三和断裂、温塘—观澜断裂和黄旗山断裂及一些规模较小断裂，其局部破碎带较宽，新架供电线路在跨越上述断裂时，应在工程选址阶段充分考虑断裂破碎带对建设工程的不利影响。

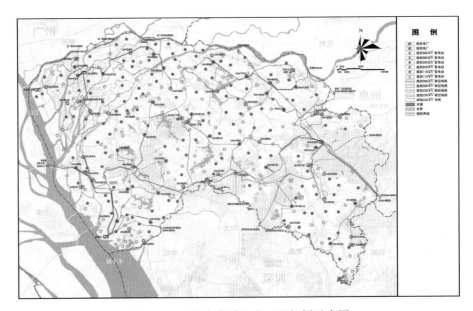

图 6.35　东莞市市域电力工程规划示意图

（4）应急供电。

规划对消防站、医疗结构、城市水厂、通信单位等重点单位和城市应急避护场所现有应急供电系统进行抗震检查与加固，供电线路逐步改为埋地敷设方式，各个构筑物应按重点设防类建筑加强其抗震措施。重点单位应保证双电源供电，具备自备电源。

6.4　供气系统抗震防灾规划

6.4.1　供气系统现状

6.4.1.1　现状燃气供应状况及气源

东莞燃气以使用天然为主，液化石油辅。2014 年，东莞市新奥燃气有限公司安全供应天然气 $9.45 \times 10^8 \mathrm{m}^3$（含电厂），已建设东莞 4 座门站，9 座调压站（含与门站合建站），高压及次高压管网长度约 150km。东莞市液化石油气年用气量约 30 万吨，供应主要设施有：LPG 储配站（灌瓶站）、瓶装供应站、LPG 气化站、LPG 瓶组气化站、区域液化气管道等；天然气供应主要设施有：天然气门站、高中压调压站、LNG 气化站、LNG 瓶组气化站、天然气汽车加气站和天然气管网（表 6.22～表 6.24）。东莞市城区（莞城、东城、南城和万江）燃气气源有天然气和液化石油气两种，供气方式包括管道供气和瓶装供气。城区有 82 座瓶装供应站、1 座区域性 LPG 气化站、1 座 LNG 储配站、1 座高中压调压站、1 座汽车加气站，另外敷设了高压管道 28km（含松山湖大道 14.8km），中压管道 201.6km。松山湖科技园区燃气气源有天然气和液化石油气，供应方式为市政中压管道和小区管道供应，没有 LPG 瓶装供应站。

表 6.22　东莞市现状 LPG 储灌站信息

序号	储配站名称	储配站地址	占地面积（m²）	储罐容积（m³）
1	东莞喜威液化气公司茶山储配站	茶山镇塘角村	71928	2000
2	长安穗东石油燃料公司储配站	长安街口增田村	5000	400
3	常平液化气供应公司储配站	常平朗贝石头坳	13800	1000
4	大朗兴华燃料贸易公司储配站	大朗高英石头岭	10000	300
5	大安液化气公司储配站	大岭山大沙村	5800	200
6	道滘珠洲石油气公司储配站	道滘镇北永村	4500	200
7	凤岗万昌燃气公司储配站	凤岗镇五联村	8000	400
8	横沥诚特燃气公司储配站	横沥镇金马路	8000	200
9	厚龙燃气公司储配站	厚街镇将军路	5500	388
10	虎门煤气总公司储配站	百足地水库	20000	1300
11	黄江广兴液化气有限公司储配站	黄江镇旧村		200
12	黄江宝山洪记气站	黄江镇宝山菜篮子	2800	100
13	黄江长隆液化气公司储配站	长隆部队管理区	3000	200
14	黄江宝山煤气公司储配站	黄江镇拥军路	10000	700
15	麻涌农兴燃料贸易公司储配站	麻涌镇大步村	5320	200
16	企石鸿业石化公司储配站	清湖管理区	6539	400
17	桥头俊强燃气公司储配站	桥头镇岭头村狮岭	6500	200
18	清溪燃料公司储配站	清风大道	5000	300
19	塘厦盛泰液化气公司储配站	塘厦镇石鼓村	5000	200
20	谢岗恒源液化气公司储配站	谢岗镇曹乐村	8000	400
21	樟木头新世纪液化气公司储配站	樟木头镇柏地村	8000	300
22	中堂中安石油液化气站	中堂镇槎滘村	6000	200
23	中堂中液石油气公司储配站	中堂镇焦利	7000	200
合计			225687	9988

表 6.23　东莞市现状 LNG 储配气化站信息

序号	储配站名称	储配站地址	占地面积（m²）	储罐容积（m³）
1	东莞新奥燃气公司 LNG 气化站	东城街道柏洲边	36088	600
2	莞樟新奥燃气公司 LNG 气化站	樟木头镇金河村茶贝排	5001	200
3	长安新奥燃气公司 LNG 气化站	长安镇上沙管理区	37480	500
合计			78569	1300

表 6.24　东莞市现状天然气场站信息

序号	场站名称	站址位置	占地面积（m²）	设计规模
1	寮步门站	寮步镇上坑村	6240	$9.5 \times 10^8 m^3/a$
2	东城高中压调压站	东城街道莞温路		$42000 m^3/h$
3	松山湖高中压调压站	松山湖园区工业东路	1475	$20000 m^3/h$
4	门站 CNG 母站	寮步镇上坑村	8040	$20 \times 10^4 m^3/d$
5	胜和 CNG 加气站	运河路胜和加油站		$1.5 \times 10^4 m^3/d$
6	高埗 CNG 撬装站	高埗镇		$6000 m^3/d$

东莞市 LNG 利用工程向上游广东大鹏公司申购了气量 17.6 万吨/年，其中 13 万吨用于电厂供气，其余 4.6 万吨用于城市用户用气。上游主干线为东莞市设了 2 座分输站，即寮步分输站和樟木头分输站。为满足东莞市电厂用户和各类燃气用户的用气需要，上游主干线还计划在高埗镇北王北路东侧设高埗分输站。东莞市 LNG 利用一期工程部分主要工程内容已竣工投产，已建设了东城柏洲边 LNG 气化站（一期工程过渡阶段气源）、东莞市城市门站（寮步门站）、东城街道高中压调压站，敷设市域高压管道 25.5km，电厂专线高压管道 2.5km，敷设中压管道 449.3km。

6.4.1.2　供气系统主体建筑

本规划收集了东莞新奥燃气有限公司调度中心大楼、简沙洲阀室、东城门站、南城调压站、松山湖调压站等 5 座供气设施的主体建筑的相关资料，详见表 6.25。现有主体建筑均为 2000 年后的砖混结构，除新奥燃气调度大楼按 Ⅶ 度设防外，其余建筑均按 Ⅵ 度设防，建筑物现状使用良好（图 6.36~图 6.40）。

表 6.25 规划区内供气设施主体建筑统计

名称	地址	建设年份	建筑面积	结构类型	用途	设防烈度
东莞新奥燃气有限公司调度中心大楼	莞龙路柏洲边路段206号	2008年	6378.1m²	砖混	办公/调度	Ⅶ度
简沙洲阀室	东莞市万江街道简沙洲	2008年	11m²	砖混	生产	Ⅵ度
东城门站	同沙科技园同欣路	2006年	574m²	砖混	生产	Ⅵ度
东城CNG母站	同沙科技园同欣路	2006年	915m²	砖混	生产	Ⅵ度
东城调压站	下桥莞龙路温园立交	2006年	15m²	砖混	生产	Ⅵ度
南城调压站值班室	南城街道雅园居委会旁	2008年	11m²	砖混	办公	Ⅵ度
松山湖调压站电柜房	松山湖迎宾路旁	2007年	5m²	砖混	电器设备	Ⅵ度
松山湖调压站值班室	松山湖迎宾路旁	2008年	12m²	砖混	数据监控设备存放	Ⅵ度

图 6.36 东莞新奥燃气有限公司调度中心大楼

图 6.37 简沙洲阀室

图 6.38 东城门站

　　图 6.39　南城调压站　　　　　　　　　图 6.40　松山湖调压站

6.4.1.3　现状天然气输配管网

　　东莞市目前经营管道燃气的企业主要为东莞市新奥燃气有限公司。燃气管道敷设方式为直埋,管材采用无缝钢管和 PE 管道,连接方式为焊接。规划区现状天然气管道分布见图 6.41。

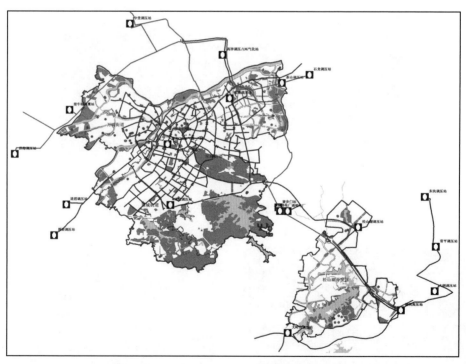

图 6.41　规划区现状天然气管道分布示意图

6.4.2　供气系统抗震能力分析

6.4.2.1　供气系统抗震能力分析方法

（1）供气系统主体建筑物。

主体建筑抗震能力分析方法详见 5.1.2.2 节建筑物抗震性能评价方法。

（2）供气管网抗震能力分析。

钢管道的接口形式多为焊接，聚乙烯管为热熔。计算分析中主要以应力值作为预测量，预测中，考虑了四种作用效应：强震地震波、温度、覆土静压力以及介质内压造成的管应力，最终以组合应力作为判断指针。在计算分析中可以考虑管线敷设时间的长短，以及由于腐蚀造成的壁厚变化带来的影响。

管道的震害状况可划分为三级：

基本完好：管道可能有轻度变形，但无破损，无渗漏，无须修复即可正常运行。

中等破坏：管道将发生较大变形或屈曲，或有轻度破损，有渗漏、须采取修复措施才能正常运行。

破坏：管道破裂，泄漏，必须更换管道。

管道破坏状况判断标准为

$$\begin{aligned} &\sigma < [\sigma_r] \quad 基本完好 \\ &[\sigma_r] \leqslant \sigma \leqslant [\sigma_b] \quad 中等破坏 \\ &\sigma > [\sigma_b] \quad 破坏 \end{aligned} \tag{6-18}$$

式中，$[\sigma_r] = \alpha_1 [\sigma_1]$；$[\sigma_b] = \alpha_2 [\sigma_2]$；$\sigma$——管道的组合应力；$[\sigma_1]$——管道材料的屈服极限应力；$[\sigma_2]$——管道材料的强度极限应力；$\alpha_1$、$\alpha_2$——准则调整系数。

（3）供气管网连通可靠性分析。

供气管网的连通可靠性也是采用 Monte-Carlo 法，可见 6.2.2.1 节中供水管网的连通可靠性分析。

6.4.2.2　供气系统抗震能力分析结果

（1）供气系统主体建筑物。

根据上述房屋抗震能力分析方法对上述供气设施主体建筑进行了Ⅵ~Ⅷ度下的抗震能力分析，其结果列于表 6.26。

表 6.26　供气建筑抗震能力分析结果

名称	建设年份	结构类型	地震烈度		
			Ⅵ度	Ⅶ度	Ⅷ度
东莞新奥燃气有限公司调度中心大楼	2008 年	砖混	基本完好	基本完好	中等破坏
简沙洲阀室	2008 年	砖混	基本完好	轻微破坏	中等破坏

名称	建设年份	结构类型	地震烈度		
			Ⅵ度	Ⅶ度	Ⅷ度
东城门站	2006 年	砖混	基本完好	轻微破坏	中等破坏
东城 CNG 母站	2006 年	砖混	基本完好	轻微破坏	中等破坏
东城调压站	2006 年	砖混	基本完好	轻微破坏	中等破坏
南城调压站值班室	2008 年	砖混	基本完好	轻微破坏	中等破坏
松山湖调压站电柜房	2007 年	砖混	基本完好	轻微破坏	中等破坏
松山湖调压站值班室	2008 年	砖混	基本完好	轻微破坏	中等破坏

根据上述分析结果可以得出，在烈度为Ⅵ度时，供气建筑均可保持基本完好；在烈度为Ⅶ度时，供气建筑也仅发生轻微破坏。

（2）供气管网抗震能力分析。

在"东莞市市区生命线工程震害预测技术报告"的基础上，根据东莞新奥燃气有限公司提供的相关资料，提取了部分管道参数（表6.27），进行抗震能力分析。

表 6.27　进行抗震能力分析的供气管道属性

ID	起点号	终点号	位置	管材	管径（mm）	场地类别	工作压力	焊接方式	备注
1	2	3	莞龙路（东城中路—莞深高速路口）	聚乙烯（SDR11）	315	Ⅱ	0.2	热熔	
2	3	4	银丰路（莞龙路—侨苑山庄）	聚乙烯（SDR11）	110	Ⅱ	0.2	热熔	
3	3	5	莞龙路（东城中路—莞深高速路口）	聚乙烯（SDR11）	315	Ⅱ	0.2	热熔	
4	6	7	莞温路（东宝路—塘边头）	聚乙烯（SDR11）	355	Ⅱ	0.2	热熔	
5	7	8	莞温路（东宝路—塘边头）	聚乙烯（SDR11）	355	Ⅱ	0.2	热熔	
6	7	9	振兴路（莞温路—学前路）	聚乙烯（SDR11）	160	Ⅱ	0.2	热熔	
7	9	10	学前路	聚乙烯（SDR11）	110	Ⅱ	0.2	热熔	

续表

ID	起点号	终点号	位置	管材	管径（mm）	场地类别	工作压力	焊接方式	备注
8	11	12	石井路	聚乙烯（SDR11）	315	Ⅱ	0.2	热熔	
9	10	11	朗基湖一路（莞樟路—学前路）	聚乙烯（SDR11）	315	Ⅱ	0.2	热熔	
10	11	13	东升路（东城东路—石井路）	聚乙烯（SDR11）	315	Ⅱ	0.2	热熔	
11	14	15	莞樟路（环城东路—时富花园）	聚乙烯（SDR11）	160	Ⅱ	0.2	热熔	
12	14	16	松山湖大道（高压）	螺旋钢管	610	Ⅱ	38	下向焊	高压
13	5	17	学院路（莞龙路—东兴路）	聚乙烯（SDR11）	315	Ⅱ	0.2	热熔	
14	18	19	东纵路（罗沙路—东城中路）	聚乙烯（SDR11）	160	Ⅱ	0.2	热熔	
15	5	19	东城中路（莞龙路—旗峰路）	聚乙烯（SDR11）	355	Ⅱ	0.2	热熔	
16	19	20	东城中路（莞龙路—旗峰路）	聚乙烯（SDR11）	355	Ⅱ	0.2	热熔	
17	20	13	东城街道府西侧至北侧道路中压	聚乙烯（SDR11）	315	Ⅱ	0.2	热熔	
18	13	21	东城东路（东华大厦—东升路）	聚乙烯（SDR11）	315	Ⅱ	0.2	热熔	
19	20	22	东城中路（莞龙路—旗峰路）	聚乙烯（SDR11）	355	Ⅱ	0.2	热熔	
20	23	24	簪花路（体育路—鸿福路）	聚乙烯（SDR11）	160	Ⅱ	0.2	热熔	
21	25	26	春天路	聚乙烯（SDR11）	160	Ⅱ	0.2	热熔	
22	25	27	泰和商业街（春天路—鸿福东路）	聚乙烯（SDR11）	160	Ⅱ	0.2	热熔	

ID	起点号	终点号	位置	管材	管径（mm）	场地类别	工作压力	焊接方式	备注
23	25	28	泰和商业街（春天路—长泰路）	聚乙烯（SDR11）	160	Ⅱ	0.2	热熔	
24	29	28	长泰路（东莞大道—东骏路）	聚乙烯（SDR11）	160	Ⅱ	0.2	热熔	
25	29	30	东莞大道（旗峰路—蛤地路口）	聚乙烯（SDR11）	355	Ⅱ	0.2	热熔	
26	30	31	银湖路（东莞大道—现代经典）	聚乙烯（SDR11）	250	Ⅱ	0.2	热熔	
27	31	33	东二路（银湖路—西平路）	聚乙烯（SDR11）	355	Ⅱ	0.2	热熔	
28	28	34	东骏路（长泰路—宏伟东二路）	聚乙烯（SDR11）	250	Ⅱ	0.2	热熔	
29	35	36	宏图路（三元路—环城西路）	聚乙烯（SDR11）	160	Ⅱ	0.2	热熔	
30	37	38	宏远路（莞太路—运河路）	聚乙烯（SDR11）	250	Ⅱ	0.2	热熔	
31	38	35	三元路（莞太路—宏图路）	聚乙烯（SDR11）	355	Ⅱ	0.2	热熔	
32	35	29	三元路（东莞大道—宏图路）	聚乙烯（SDR11）	355	Ⅱ	0.2	热熔	
33	38	39	鸿福西路—宏远路	聚乙烯（SDR11）	355	Ⅱ	0.2	热熔	
34	39	40	鸿福西路（运河东三路—莞太路）	聚乙烯（SDR11）	315	Ⅱ	0.2	热熔	
35	22	24	东莞大道（旗峰路—蛤地路口）	聚乙烯（SDR11）	160	Ⅱ	0.2	热熔	
36	10	8	学前路新街（学前路—莞温路）	聚乙烯（SDR11）	355	Ⅱ	0.2	热熔	
37	20	41	东城中路以西	聚乙烯（SDR11）	315	Ⅱ	0.2	热熔	

续表

ID	起点号	终点号	位置	管材	管径（mm）	场地类别	工作压力	焊接方式	备注
38	2	42	莞龙路（东城中路—莞深高速路口）	聚乙烯（SDR11）	315	Ⅱ	0.2	热熔	
39	24	29	东莞大道（旗峰路—蛤地路口）	聚乙烯（SDR11）	315	Ⅱ	0.2	热熔	
40	28	43	长泰路（东骏路—莞长路）	聚乙烯（SDR11）	355	Ⅱ	0.2	热熔	
41	2	14	松山湖大道（高压）	聚乙烯（SDR11）	320	Ⅱ	0.2	热熔	
42	5	19	莞龙路（东城中路—莞深高速路口）	螺旋钢管	610	Ⅱ	38	下向焊	高压

根据上述抗震能力分析方法，给出了供气管道在Ⅵ～Ⅷ度时的抗震能力分析结果（表6.28），并绘制了分布图（图6.42）。

表 6.28　供气管道抗震能力分析结果

ID	位置	地震烈度		
		Ⅵ度	Ⅶ度	Ⅷ度
1	莞龙路（东城中路—莞深高速路口）	基本完好	基本完好	基本完好
2	银丰路（莞龙路—侨苑山庄）	基本完好	基本完好	中等破坏
3	莞龙路（东城中路—莞深高速路口）	基本完好	基本完好	基本完好
4	莞温路（东宝路—塘边头）	基本完好	基本完好	基本完好
5	莞温路（东宝路—塘边头）	基本完好	基本完好	基本完好
6	振兴路（莞温路—学前路）	基本完好	基本完好	中等破坏
7	学前路	基本完好	基本完好	中等破坏
8	石井路	基本完好	基本完好	基本完好
9	朗基湖一路（莞樟路—学前路）	基本完好	基本完好	基本完好
10	东升路（东城东路—石井路）	基本完好	基本完好	基本完好
11	莞樟路（环城东路—时富花园）	基本完好	基本完好	中等破坏
12	松山湖大道（高压）	基本完好	基本完好	基本完好
13	学院路（莞龙路—东兴路）	基本完好	基本完好	基本完好

ID	位置	地震烈度		
		VI度	VII度	VIII度
14	东纵路（罗沙路—东城中路）	基本完好	基本完好	中等破坏
15	东城中路（莞龙路—旗峰路）	基本完好	基本完好	基本完好
16	东城中路（莞龙路—旗峰路）	基本完好	基本完好	基本完好
17	东城街道府西侧至北侧道路中压	基本完好	基本完好	基本完好
18	东城东路（东华大厦—东升路）	基本完好	基本完好	基本完好
19	东城中路（莞龙路—旗峰路）	基本完好	基本完好	基本完好
20	簪花路（体育路—鸿福路）	基本完好	基本完好	中等破坏
21	春天路	基本完好	基本完好	中等破坏
22	泰和商业街（春天路—鸿福东路）	基本完好	基本完好	中等破坏
23	泰和商业街（春天路—长泰路）	基本完好	基本完好	中等破坏
24	长泰路（东莞大道—东骏路）	基本完好	基本完好	中等破坏
25	东莞大道（旗峰路—蛤地路口）	基本完好	基本完好	基本完好
26	银湖路（东莞大道—现代经典）	基本完好	基本完好	中等破坏
27	东莞大道（旗峰路—蛤地路口）	基本完好	基本完好	基本完好
28	东二路（银湖路—西平路）	基本完好	基本完好	中等破坏
29	东骏路（长泰路—宏伟东二路）	基本完好	基本完好	中等破坏
30	宏图路（三元路—环城西路）	基本完好	基本完好	中等破坏
31	宏远路（莞太路—运河路）	基本完好	基本完好	基本完好
32	三元路（莞太路—宏图路）	基本完好	基本完好	基本完好
33	三元路（东莞大道—宏图路）	基本完好	基本完好	基本完好
34	鸿福西路—宏远路	基本完好	基本完好	基本完好
35	鸿福西路（运河东三路—莞太路）	基本完好	基本完好	中等破坏
36	东莞大道（旗峰路—蛤地路口）	基本完好	基本完好	基本完好
37	学前路新街（学前路—莞温路）	基本完好	基本完好	基本完好
38	东城中路以西	基本完好	基本完好	基本完好
39	莞龙路（东城中路—莞深高速路口）	基本完好	基本完好	基本完好
40	东莞大道（旗峰路—蛤地路口）	基本完好	基本完好	基本完好
41	长泰路（东骏路—莞长路）	基本完好	基本完好	中等破坏
42	松山湖大道（高压）	基本完好	基本完好	基本完好

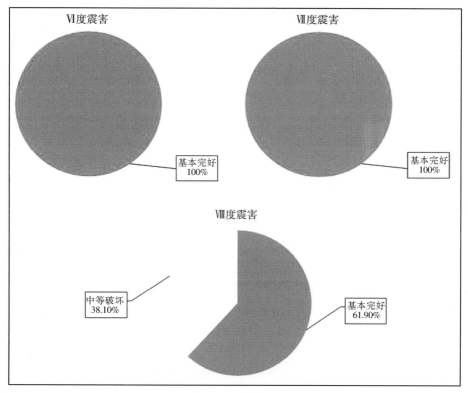

图 6.42　供气管道抗震能力分析结果统计图

（3）供气管网连通可靠性分析。

采用 Monte-Carlo 法对上述供气管网进行连通可靠性分析，分析结果见表 6.29 和图 6.43。分析方法详见 6.2.2.1 节中供水管网的连通可靠性分析。

表 6.29　供气管网连通可靠性分析结果

节点编号	地震烈度		
	Ⅵ度	Ⅶ度	Ⅷ度
1	可靠	可靠	轻微不可靠
2	可靠	可靠	轻微不可靠
3	可靠	可靠	轻微不可靠
4	可靠	可靠	轻微不可靠
5	可靠	轻微不可靠	中等不可靠
6	可靠	轻微不可靠	中等不可靠
7	可靠	轻微不可靠	中等不可靠
8	可靠	可靠	中等不可靠

续表

节点编号	地震烈度		
	Ⅵ度	Ⅶ度	Ⅷ度
9	可靠	可靠	中等不可靠
10	可靠	可靠	中等不可靠
11	可靠	可靠	中等不可靠
12	可靠	轻微不可靠	中等不可靠
13	可靠	可靠	中等不可靠
14	可靠	可靠	中等不可靠
15	可靠	可靠	轻微不可靠
16	可靠	可靠	轻微不可靠
17	可靠	可靠	轻微不可靠
18	可靠	可靠	轻微不可靠
19	可靠	可靠	中等不可靠
20	可靠	可靠	轻微不可靠
21	可靠	轻微不可靠	中等不可靠
22	可靠	轻微不可靠	中等不可靠
23	可靠	可靠	中等不可靠
24	可靠	可靠	中等不可靠
25	可靠	轻微不可靠	中等不可靠
26	可靠	可靠	中等不可靠
27	可靠	轻微不可靠	中等不可靠
28	可靠	轻微不可靠	中等不可靠
29	可靠	轻微不可靠	中等不可靠
30	可靠	可靠	中等不可靠
31	可靠	轻微不可靠	中等不可靠
32	可靠	轻微不可靠	中等不可靠
33	可靠	轻微不可靠	中等不可靠
34	可靠	轻微不可靠	中等不可靠
35	可靠	可靠	中等不可靠
36	可靠	轻微不可靠	中等不可靠
37	可靠	可靠	中等不可靠
38	可靠	可靠	中等不可靠

节点编号	地震烈度		
	Ⅵ度	Ⅶ度	Ⅷ度
39	可靠	轻微不可靠	中等不可靠
40	可靠	轻微不可靠	中等不可靠
41	可靠	轻微不可靠	中等不可靠
42	可靠	可靠	中等不可靠
43	可靠	可靠	轻微不可靠
44	可靠	可靠	中等不可靠

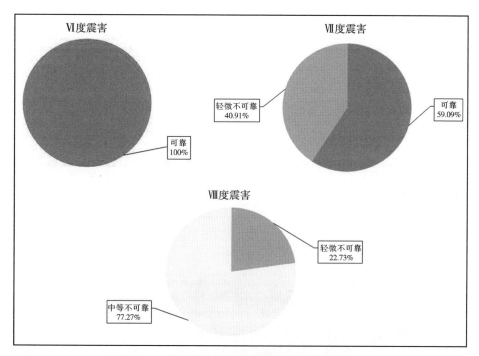

图 6.43　供气管网连通可靠性分析结果统计图

6.4.3　供气系统抗震能力评价

Ⅵ度地震作用下，供气系统建（构）筑物和供气管网均基本完好，供气节点也都可靠，供气系统可保持正常运行。

Ⅶ度地震作用下，除调度中心大楼保持基本完好外，其余建筑均发生轻微破坏，供气管网基本完好；40.91%的供气管网节点轻微不可靠，供气系统仍可正常供气（图6.44）。

Ⅷ度地震作用下，供气建筑均发生中等破坏，38.10%的供气管网发生中等破坏，主要集中在振兴路、莞樟路、东纵路、长泰路、鸿福西路、港口大道、万江路、金鳌路和运河路

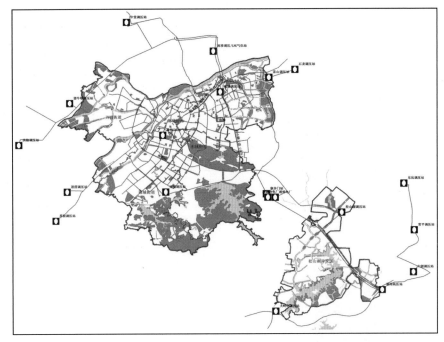

图 6.44　供气管道Ⅶ度震害分布示意图

等 20 个路段；77.27%的供气管网节点中等不可靠，供气系统经过修复后仍可恢复正常运行（图 6.45）。

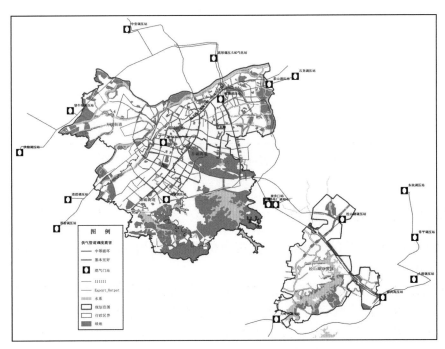

图 6.45　供气管道Ⅷ度震害分布示意图

由抗震能力分析结果可以看出，规划区的供气系统总体抗震能力较好，但存在以下抗震薄弱环节。

（1）现状供气管道中的焊接钢管具备一定的抗震能力，但是随着使用时间加长，由于土壤、环境影响和输送气体中的有害物质的影响，管道内外均存在有易于腐蚀等缺点，应定期检修和清管，并在接口处建立相应的防火、防漏措施。

（2）现状供气管道管材以无缝钢管和 PE 管道为主，连接方式主要为焊接，管网连通可靠性相对较差，日常应做好管道连接处的检修维护工作。

（3）由现状管网分布图可以看出，莞龙路（东城中路—莞深高速路口）、学前路、振兴路（莞温路—学前路）、东城中路（莞龙路—旗峰路）、东纵路（罗沙路—东城中路）、东莞大道（旗峰路—蛤地路口）、鸿福西路、万江路、金鳌路和运河路等路段附近区域具有地基土液化、软土震陷等不利地形影响，在Ⅷ度地震作用下，部分路段的管道会发生中等破坏，应加强上述路段管网的养护工作。

6.4.4　供气系统抗震防灾要求和措施

（1）供气建（构）筑物和设备。

根据《建筑工程抗震设防分类标准》（GB 50223—2008），燃气建筑中，20 万人口以上的城镇、县及县级市的主要燃气厂的主厂房、贮气罐、加压泵房、压缩间、调度楼及相应的超高压和高压调压间、高压与次高压输配气管道等主要设施，抗震设防类别应划为重点设防类。

应结合《东莞市城市总体规划（2016—2030 年）》，逐步提高 LPG 储备站和各主要燃气场站（门站、压气母站、高中压调压站）的抗震能力，保障城市供气安全。新建的供气场站（门站、压气母站、高中压调压站）应按重点设防类建筑加强其抗震措施。

（2）供气管网。

应结合《东莞市城市总体规划（2016—2030 年）》，规划逐步完善现有燃气管道，地下管道在穿过公路和铁路以及闸门、井壁时，应使用套管和防震材料加以保护。加强莞龙路（东城中路—莞深高速路口）、学前路、振兴路（莞温路—学前路）、东城中路（莞龙路—旗峰路）、东纵路（罗沙路—东城中路）、东莞大道（旗峰路—蛤地路口）、鸿福西路、万江路、金鳌路和运河路等路段供气管网的养护工作。

新建供气管道和加气站选址时应充分考虑地基土液化、软土震陷、地表断层破裂等不利地形影响，按重点设防类建筑加强其抗震措施。供气管道应采用柔性管材和柔性连接方式，同时采取必要的切断和排放措施。供气管道穿越建（构）筑物的墙时，应采取适当的加固措施。供气管道应布置成多回路、环状管网，以便多向供应，也便于灾时的抢修。大鹏 LNG 长输管线、西气东道等高压燃危长输管线、西气东输等高压燃气危险源穿越中心城区，日常应做好供气管道的管理和维护工作。

（3）建立供气安全监测系统。

将供气安全监测系统纳入智慧城市建设，逐步建立地震预警监测及自动处理系统，以便发生地震时能够进行自动紧急处置，提高储配气站和管线系统的安全可靠度。

6.5 通信系统抗震防灾规划

6.5.1 通信系统现状

6.5.1.1 通信机楼

截至 2013 年底，东莞市共有鸿福电信主楼和莞城运河西通信枢纽楼 2 座，有一般电信机楼 33 座。共有移动电话机楼 9 座，其中独立占地式机楼 8 座，附设式机楼 1 座。共建有中国电信数据中心机楼 4 座，分别为东城、大朗、道滘和樟木头国际互联网云计算数据中心。此外，中国移动生态园数据中心机楼正在建设中。共有 1 座有线电视中心，分中心 29 座。所有分中心均为附设式，建筑面积一般为 $100 \sim 200 \mathrm{m}^2$。通信机楼内的主要通信设备与楼板基座都采取了一定的锚固措施（图 6.46）。

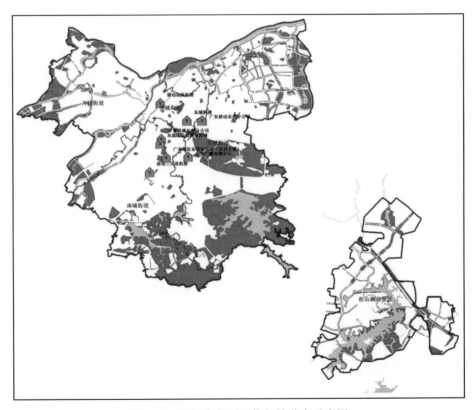

图 6.46　规划内主要通信机楼分布示意图

6.5.1.2 通信线路

东莞市有多条通信骨干路穿越，市域内通信网络体系发达。通信线路以管道敷设为主，墙吊及架空方式为辅。截至 2013 年底，东莞市建成通信管道 31651km，建设通信光缆总长度 468 万纤芯千米；实现 60%光纤到户，100%光纤到小区，行政村 100%光纤到村。

6.5.2　通信系统抗震能力分析

（1）通信机楼抗震能力分析。

在"东莞市市区生命线工程震害预测技术报告"的基础上，选取了广东电信东莞分公司办公大楼（信息大厦）、东莞电信南城分公司办公大楼、广东移动东莞分公司办公大楼、广东联通东莞分公司办公大楼、东莞广播电视综合大楼等通信机楼进行抗震分析。建筑物基本信息如下，汇总情况见表 6.30。

表 6.30　通信机楼属性

序号	名称	建筑年份	结构类型	建筑面积（m²）	高度（m）	层数
1	广东电信东莞分公司	2009 年	框剪	83600	99.6	26
2	东莞电信南城分公司	1997 年	框架	7466	43.1	9
3	广东移动东莞分公司	2002 年	框架	16000	103.8	20
4	广东联通东莞分公司	2002 年	框架	31000	78.1	13
5	东莞广播电视中心主楼	2006 年	框剪	28915	96.3	20

根据本规划给出的建筑物抗震能力分析方法，分别对上述主要通信机楼进行了Ⅵ～Ⅷ度下的抗震能力分析，其结果列于表 6.31 中。

表 6.31　通信机楼抗震能力分析结果

建筑物名称	地震烈度		
	Ⅵ度	Ⅶ度	Ⅷ度
东莞电信大楼	基本完好	基本完好	轻微破坏
南城电信大楼	基本完好	中等破坏	严重破坏
移动大楼	基本完好	基本完好	轻微破坏
联通大楼	基本完好	基本完好	轻微破坏
电视中心主楼	基本完好	基本完好	轻微破坏

①Ⅵ度地震烈度下：通信机楼均保持基本完好。

②Ⅶ度地震烈度下：南城电信大楼发生中等破坏，通信系统功能可能受到轻微影响，经修复可恢复正常。

③Ⅷ度地震烈度下：南城电信大楼发生严重破坏，东莞电信大楼、移动和联通大楼、电视中心主楼发生轻微破坏，通信系统部分功能将受到严重影响。

（2）通信线路抗震能力分析。

通信线路以管道敷设为主，墙吊及架空方式为辅。结合国内外历次地震震害经验，在烈度为Ⅶ度的地震作用下，规划区内主干通信线路基本都能保持正常工作，部分架空线路可能发生破坏，经维修仍可恢复正常。

6.5.3　通信系统抗震能力评价

综合通信设备和通信机楼抗震分析结果并参考历史地震中通信系统震害经验，给出规划区内通信系统抗震分析结果。

（1）Ⅵ度地震烈度下：通信系统运行正常。

（2）Ⅶ度地震烈度下：南城电信大楼发生中等破坏，部分架空线路发生破坏，通信系统功能可能受到轻微影响，经修复可恢复正常。

（3）Ⅷ度地震烈度下：少量通信设备可能发生滑移，南城电信大楼发生严重破坏，东莞电信大楼、移动和联通大楼、电视中心主楼发生轻微破坏，通信系统部分功能受到严重影响。

由以上抗震分析结果可以看出，通信系统基本具备了抗御Ⅵ度地震烈度的能力。南城电信大楼作为本地通信枢纽楼及生产楼应按重点设防类建筑加强其抗震措施，确保震时通信顺畅。

6.5.4　通信系统抗震防灾要求和措施

（1）通信机楼和通信设备。

根据《建筑工程抗震设防分类标准（GB 50223—2008）》，通信系统中本地网通枢纽楼及通信生产楼、应急通信用房应按重点设防类建筑加强其抗震措施。针对通信系统现状，应结合《东莞市城市总体规划（2016—2030年）》，逐步提高通信机楼及通信生产大楼的抗震能力，确保震时通信顺畅。规划新建中国移动生态园数据中心机楼和有线电视核心机楼应按重点设防类建筑加强其抗震措施。通信系统中的载波机、微波机、交换机、通信电源屏及其他设备应与楼板基座采取锚固措施，计算机等主控设备与基（台）面应有锚固或其他防止掉落措施（图6.47）。

（2）通信线路。

结合《东莞市城市总体规划（2016—2030年）》，逐步将现状架空敷设的管线改造为地埋敷设。规划新架管线建议都采用地埋敷设方式，以增强抗震性能。同时，应做好现状通信管道的日常管理和维护工作。新架管道选址时应充分考虑规划区内地基土液化、软土震陷、地表断层破裂及潜在崩塌、滑坡等不利地形影响，并根据《电信设备安装抗震设计规范》（YD 5059—2005）和《建筑抗震设计规范》（GB 50011—2010）采取有效的抗震措施。

（3）应急通信。

必须保证震时城市通信节点的通信畅通，保证城市抗震救灾指挥机构与上级主管部门及新闻、地震、气象、公安、供水、供电、交通、燃气、医疗、消防等部门的通信连接。震前应制定通信系统的应急、抢修预案，应急、抢修预案应包括救灾指挥机构、公安消防、医院、交通等抢险救灾关键部门及基础设施系统的通信保障措施、震损设备、杆塔的抢修方案等。

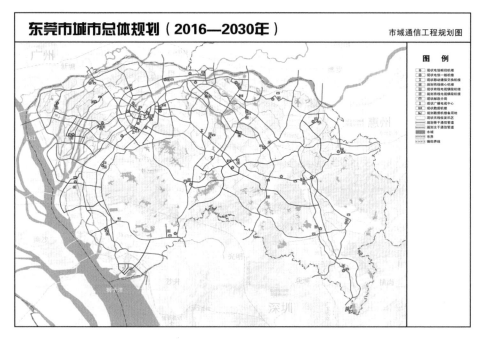

图 6.47　东莞市市域通信工程规划示意图

6.6　医疗卫生系统抗震防灾规划

6.6.1　医疗卫生系统现状

规划区内现有卫生医疗机构 23 家（不含门诊及社区服务站），其中公办医院 8 家、民办医院 12 家、其他部门办 3 家；其中人民医院、中医院、妇幼保健院三家公办医院及东华医院、康华医院为三级医院。基本上形成了以公立医疗机构为主导，民营机构积极参与，多层次、多形式的医疗卫生格局。规划区内现有医院总床位数 7383 张，按照总人口平均为 6.02 床/千人，规划区内医院分布及规划区内医疗结构现状见第 5 章图 5.4 和表 5.12。

6.6.2　医疗卫生系统抗震能力分析

由 5.1.3 节城市重要建筑抗震性能评价可以看出，规划区内现状医疗建筑在Ⅶ度地震作用下基本完好，在Ⅷ度地震作用下也仅发生轻微破坏。由此可见，医疗建筑具有较好的抗震性能。因此，本节重点开展地震时医疗资源的供需分析，以规划区作为研究对象，研究区内震时的医疗需求、可供给的医疗资源，从而分析评价震时的医疗供需能否满足抗震防灾的要求。

6.6.2.1　医疗需求分析

医疗需求是指由于地震产生的破坏作用而造成的伤残人员所需要的医疗服务和地震致伤人员所需医疗服务相同或相近的平时伤病人员所需的医疗服务之和。地震中这类医疗需求服务主要集中在骨折、胸外科、脑外科等以外部机械性损伤为主的人员。据汶川地震中在德阳市第二人民医院统计的数据，在救治的 882 名伤病员中：头外伤 289 人，占 32.06%；手外伤 106 人，占 12.01%；下肢外伤 245 人，占 28.34%；胸腹躯干外伤 181 人，占 20.52%；上呼吸道感染 78 人，占 8.84%；腹泻 26 人，占 2.94%。从上述数据可以看出，外部机械性损伤的伤员占到总伤员的 90% 以上，所以地震时主要以此类型的伤员救治为主。医疗需求的大小与建筑物的抗震能力、地震震级的大小、人们的抗震防灾意识和潜在的重大次生灾害等因素密切相关。

综合考虑医疗需求的定义、影响因素和类型等，本节引用宋登鹏、苏经宇等人的医疗需求模型来进行地震时的医疗需求大小分析。

$$D(\text{I}) = \mu_1 D_1 + \mu_2 d + \mu_3 W_1 + \mu_4 W_2 + D_2 \qquad (6-19)$$

式中，$D(\text{I})$——在地震烈度为 I 度时，总的医疗需求；

　　　D_1——平时情况下的医疗需求大小；

　　　d——震时的死亡人数；

　　　W_1——震时的重伤人数；

　　　W_2——震时的轻伤人数；

　　　D_1——其他情况产生的医疗需求；

　　　μ_1——平时情况下的医疗需求在震时的需求系数；

　　　μ_2——震时，死亡人数对医疗需求的需求系数；

　　　μ_3——震时，重伤人数对医疗需求的需求系数；

　　　μ_4——震时，轻伤人数对医疗需求的需求系数。

根据上述模型，可以估算出不同烈度地震作用下的医疗需求大小。

6.6.2.2　医疗资源供给分析

医疗资源供给是指治疗因地震破坏作用而导致的伤患人员所需的医疗服务和与治疗地震致伤人员所需医疗服务相同或相近的平时伤患人员所需提供的医疗服务之和。相对医疗需求，医疗资源主要就是救治那些地震造成的伤患人员所需要提供的医疗服务。为了分析医疗供需关系，医疗服务用在某段时间内可以救治的人口数表示，以便和医疗需求中的伤患人员数具有可比性。医疗资源的供给能力与单家医疗机构的医疗资源供给量和城市总的医疗机构数量密切相关。

综合考虑医疗资源供给的各种影响因素，本节引用宋登鹏、苏经宇等人的医疗需求模型来进行地震时的医疗资源供给能力分析。

$$S(\text{I}) = \sum_{i=1}^{n} \varepsilon(\text{I})_i S_i \qquad (6-20)$$

式中，$S(\text{I})$——在地震烈度为 I 度时，医疗资源总的供给量；

　　　S_i——平时情况下，第 i 所医疗机构所能提供的最大医疗资源供应量；

　　　$\varepsilon(\text{I})_i$——在地震烈度为 I 度时，第 i 所医疗机构的救治能力影响系数。

通过上述模型，可以估算出规划区在遭遇某一水平地震时仍具有多少医疗资源可用，从而总量上衡量该区域在遭遇某一水平地震时人员伤亡和医疗资源之间的供求关系。

6.6.2.3　医疗供需分析

当 S（Ⅰ）$<D$（Ⅰ）时，即说明在发生地震烈度为Ⅰ度的情况下，医疗资源不能满足医疗需求，震前需要采取措施来保证对震时人员伤亡的救治；当 S（Ⅰ）$>=D$（Ⅰ）时，即说明在发生地震烈度为Ⅰ度的情况下，医疗资源可以满足医疗需求，医疗系统的抗震防灾能力较强。

6.6.3　医疗卫生系统抗震能力评价

规划区内现有医院总床位数 7383 张，卫生技术人员 11400 余人，按照总人口平均为 6.02 床/千人，9.6 名卫生技术员/千人，东莞市人民医院、市中医院、市妇幼保健院、东城医院、南城医院、莞城医院、东华医院病床使用率较高。规划区周边镇街（厚街、道滘、望牛墩、中堂、茶山、寮步、大朗、石碣和高埗）总床位数约 4400 余张，卫生技术人员约 5800 余人。根据 6.6.2 节所述的医疗卫生系统抗震能力分析可以得出：

（1）Ⅵ度地震烈度作用下可能会造成数十人受伤，现状医疗资源完全能够满足地震时的医疗需求，医疗系统的抗震能力较强。

（2）Ⅶ度地震烈度作用下可能会造成数百人受伤，现状医疗资源可以满足地震时的医疗需求，医疗系统仍具有较强的抗震能力。

（3）Ⅷ度地震烈度作用下可能会造成数千人受伤，考虑到规划区周边的医疗资源震时也可以被临时调用，总的医疗资源基本可以满足震时的医疗需求。

6.6.4　医疗卫生系统抗震防灾要求和措施

（1）根据《建筑工程抗震设防分类标准》（GB 50223—2008），三级医院中承担特别重要医疗任务的门诊、医技、住院用房，抗震设防类别应划为特殊设防类。二级、三级医院的门诊、医技、住院用房，市医疗救护 120 指挥中心的指挥、通信、运输系统的重要建筑及市中心血站的建筑，抗震设防类别应划为重点设防类。规划区内现有的 8 家公办医院（东莞市人民医院、市中医院、市妇幼保健院、市第六人民医院、东城医院、南城医院、莞城医院、万江医院）的门诊楼、医技楼、住院楼等应按重点设防类建筑加强其抗震措施，应结合《东莞市城市总体规划（2016—2030 年）》，逐步提高其抗震能力。

（2）规划对现有医院门诊楼、医技楼、住院楼等建筑中的配电设备、自备发电机组及其附属设备以及固定医疗设备进行抗震锚固措施的全面检查，凡是没有与楼板或地板采取锚固措施的，应尽快采取锚固措施。

（3）加强同周边医疗机构的联系，以便更好地利用医疗资源进行区域协调互助救灾，进一步提高医疗系统的抗震防灾能力。

（4）结合《东莞市城市总体规划（2016—2030 年）》，进一步完善医疗卫生网络，逐步形成以三级综合医院建设为核心，以二级、一级医院及专科医院建设为辅助，以防疫保健、社区服务网络为基础，均衡布置各级医院。

6.7 物资保障系统抗震防灾规划

6.7.1 物资保障系统现状

东莞市救灾物资储备中心位于东城大井头振兴路 162 号，日常储备衣物、棉被、家庭包、帐篷和药品等各类灾后救援物资，各镇街在辖区内的应急避灾场所储备有棉大衣、棉被、毛毯、雨衣、手电筒、牙膏、牙刷和帐篷等救援物资，可为东莞市自然灾害发生后灾民的基本生活提供物质保障，为救灾工作提供一定的支援。目前储备仓库共储备有救灾应急物资 71470 件，基本可满足东莞市常见的台风、洪水、暴雨等自然灾害的应急需要。粮食储备由东莞市发展和改革局负责（表 6.32，表 6.33），规划区现有镇级粮所 3 座，市级粮所 1 座，东莞市供销社储备了一定量的日常生活物资，东莞市水务局按照防汛物资储备标准在各大中型水库有一定量的防汛抢险物资储备。粮食与各类物资储备的分布见图 6.48。规划区内粮所建筑外观见图 6.49。

表 6.32 规划区粮食储备统计

序号	单位	地点	实际库存（t）
合计			22649.118
1	东城粮所	东城莞龙路下桥段南面 15 号	6796.110
2	南城粮所	南城胜和塘贝街 1 号	3912.000
3	万江粮所	万江街道石美下逢庙粮仓	3294.008
镇级小计			14002.118
1	莞城粮所	莞城街道沿江路 214 号	8647.000
市级小计			8647.000

表 6.33 规划区粮所统计

名称	建筑面积（m²）	建设年代	结构类型	建筑现状
莞城粮所	4690.9	20 世纪 50~70 年代	砖混	需对仓顶漏水和外墙裂缝、渗水等情况进行维修
万江粮所	1008	20 世纪 90 年代	砖混	需做隔热防水
南城粮所	633.8	20 世纪 70~80 年代	砖混	需对穹仓顶加固，墙体、穹仓顶飘板、地面裂缝维修
东城粮所	2410	20 世纪 90 年代	砖混	需做天面隔热防水

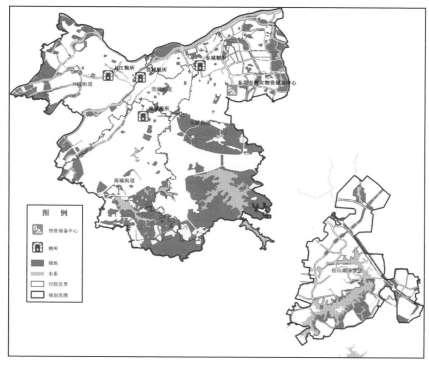

图 6.48　粮食与各类物资储备的分布示意图

图 6.49　规划区内粮所建筑外观

6.7.2　物资保障系统抗震能力分析

6.7.2.1　物资保障系统抗震能力分析方法

物资保障系统建筑抗震能力分析方法见 5.1.2.2 节建筑物抗震性能评价方法。

6.7.2.2　物资保障系统抗震能力分析结果

东莞市救灾物资储备中心位于东城大井头振兴路 162 号，日常储备衣物、棉被、家庭包、帐篷和药品等各类灾后救援物资，各镇街在辖区内的应急避灾场所储备有棉大衣、棉被、毛毯、雨衣、手电筒、牙膏、牙刷和帐篷等救援物资，可为东莞市自然灾害发生后灾民的基本生活提供物质保障，为救灾工作提供一定的支援。目前储备中心共储备有救灾应急物资 71470 件，基本可满足东莞市常见的台风、洪水、暴雨等自然灾害的应急需要，管理部门为东莞市社会捐助接收站，按照Ⅵ度设防。粮食储备由东莞市发展和改革局负责，规划区内现有莞城、东城、南城和万江 4 座粮所，主体建筑大多按照Ⅵ度设防。东莞市盐业总公司建立了食盐储备制度，对储备盐的库存容量和储备量进行严格的规定，以保障战备、应对自然灾害和社会突发事件时的食盐供应，总公司位于广东省东莞市城区东城西路 190 号，办公楼按照Ⅶ度设防。东莞市冻肉储备管理部门为东莞市经信局，办公楼位于东莞市南城街道鸿福西路 68 号，按照Ⅶ度设防。根据东莞市发展和改革局提供的相关资料，对规划区内的粮所主体建筑进行了抗震计算，结果见表 6.35。

表 6.35　规划区内现状粮所建筑抗震分析结果

粮所名称	结构类型	地震烈度		
		Ⅵ度	Ⅶ度	Ⅷ度
莞城粮所	砖混	轻	中	严
南城粮所	砖混	轻	中	严
东城粮所	砖混	好	轻	中
万江粮所	砖混	好	轻	中

注：表中"好"表示基本完好，"轻"表示轻微破坏，"中"表示中等破坏，"严"表示严重破坏。

避震疏散人口按照 190.01 万人考虑，按照每人每天 0.5kg 粮食的标准，共需要供应粮食约 950t/d，规划区内粮所总库存为 22649.118t，能够满足震后 3 天内的粮食供给，考虑到地震应急期一般为 10 天左右，剩余 7 天的粮食供可从临近粮库紧急调拨供给。根据郭金芬、周刚等人基于 BP 神经网络算法构建的震后应急物资需求分析模型，在Ⅵ度地震作用下，大约需要 4000 余顶帐篷，Ⅶ度地震作用下，大约需要 1 万余顶帐篷，东莞市救灾物资储备中心目前储备 945 顶帐篷，现状是不能保障震时的帐篷供应，但考虑到震时可从临近救灾物资储备库紧急调拨，总体上仍能保障震后的帐篷供应。

6.7.3　物资保障系统抗震能力评价

根据抗震分析结果可以得出，在烈度为Ⅵ度时，墙体开裂的莞城和南城粮所建筑发生轻微破坏；在烈度为Ⅶ度时，莞城和南城粮所建筑发生轻微破坏，东城和万江粮所发生中等破坏；在烈度为Ⅷ度时，莞城和南城粮所建筑发生严重破坏，严重影响震时的粮食保障，应组织开展莞城粮所和南城粮所建筑物的抗震加固工作，按重点设防类建筑采取抗震措施。

考虑到震后对救灾帐篷的需求较大，异地调拨需要时间，东莞市救灾物资储备中心应适当增加救灾帐篷的储备。

东莞市救灾物资储备中心、粮库内部分设备和物品直接存放在货架上，没有采取必要的加固措施，震时可能会发生跌落损坏，应采取加固措施。

6.7.4　物资保障系统抗震防灾要求和措施

东莞市红十字会备灾救灾物资储备仓库暂未列入红十字系统区域规划，储备物资均为常规救灾救助物资，主要用于本地灾害救援，也用于贫困救助等。应结合《东莞市城市总体规划（2016—2030 年）》，进一步完善东莞市救灾物资储备仓库。存储量不足的单位和仓库，必须存足粮食和食品，同时要具备自备电源，以保证震后食品生产和供应。

应结合《东莞市城市总体规划（2016—2030 年）》，尽快开展墙体开裂的莞城粮所和南城粮所建筑物的抗震加固工作，逐步提高规划区内其他粮所建筑的抗震能力，按重点设防类建筑采取抗震措施。同时还应做好东莞市救灾物资储备中心、粮库及熟食制品加工企业内相关设备和物品存放架的固定工作，防止震时发生位移、倾倒、跌落损坏等现象。

结合智慧城市的建设，建立信息网络联系制度。当地震发生时，一方面可第一时间将灾区急需的物资种类和数量向上级反映，另一方面可就近迅速查找灾区所需物资的储备点，将救灾物资的运抵时间降到最低。

第7章　地震次生灾害防御

地震造成的破坏可分为地面破坏，建筑物、生命线工程等工程类破坏，地震次生灾害三种类型。前两者为地震发生时的直接破坏，所以也称为直接灾害；次生灾害则是由直接灾害引起的间接性灾害。地震常引发的地震次生灾害有火灾、水灾、腐蚀性物质及毒气泄漏、爆炸、放射性污染、滑坡、泥石流、海啸等。地震次生灾害一旦发生，所造成的破坏和影响是极为严重的，有时甚至超过地震直接造成的灾害损失和人员伤亡，并给地震救援带来很大困难。地震诱发的地质灾害又称地震地质灾害，这部分内容在第三章有详细描述，本章不再赘述。这一章主要围绕地震次生火灾、易燃易爆及水灾等进行分析。

7.1　地震次生灾害特点

7.1.1　地震次生火灾的特点

在各种次生灾害中经常发生的是火灾。1906 年 4 月 18 日，在美国旧金山的一场里氏 8.3 级大地震中引发了大火，大火连续燃烧了 3 天，烧毁了 521 个街区，28288 栋房屋，死亡 400 人，损失达 4 亿美元。在这次地震中，火灾造成的损失比地震造成的直接损失大 10 倍。在日本的地震中，可以举出许多典型的例子。如 1923 年 9 月 1 日关东大地震，震级 7.9 级，受灾人数 340 万，死亡 10 万人，下落不明的 4.3 万人，毁坏房屋达 70 万栋，经济损失 28 亿美元，地震时整个灾区都发生了火灾，因火灾造成的损失比地震直接损失大得多，在死亡的 10 万人中，因建筑物倒塌压死的不过数千人，在毁坏的 70 万栋房屋中，烧毁的达 44.7 万栋，由火灾引起的惨烈的灾祸发生在市内一空地上，约 10 万平方米的空地上挤满了 4 万多逃难者及其携带物品。不料风向突然改变，无数火星像下雨一样飞来，引着了所有人及其物品，4 万多人中约有 3.8 万人葬身于火海之中。在这次地震火灾中，东京被烧毁的房屋占总户数的 70%，横滨被烧毁的房屋占总数的 60% 以上。1995 年 1 月 17 日发生日本阪神大震，震后共发生了 531 起火灾，烧毁了 100 万平方米建筑，在死亡的 5438 人中，约有 10% 的人因火灾遇难，令人触目惊心，更进一步说明在现代化的大都市内，一旦发生破坏性地震其次生火灾绝对不容忽视（图 7.1）。

1975 年 2 月 4 日，我国辽宁海城发生 7.3 级地震，震前虽然做了很好的预报，减少了地震时的人员伤亡，但震后因冻灾和防震棚起火造成 700 多人死亡，7000 多人受伤。1976 年 7 月 28 日，我国唐山 7.8 级地震后由于瓢泼大雨抑止了唐山极震区火灾的发生，但在 100 多公里外的天津曾发生多起火灾。

由于地震次生火灾发生在震后极为混乱的状态下，往往同时有多处起火，供水系统可能

图 7.1　1995 年日本阪神地震, 煤气泄漏引发 200 多起火灾

遭到破坏, 消防车辆人员有限, 同时消防系统也可能受损, 加上道路不通等原因, 使火灾难以像平时那样容易控制, 往往酿成大灾。破坏性地震后发生次生火灾的可能性是很大的, 常常造成严重的经济损失, 值得引起各级政府和社会的重视。

地震火灾与平时火灾有很大不同, 其主要的不同点有:

(1) 地震时可能多处同时发生火灾;

(2) 火灾得不到及时扑救, 可能形成大面积燃烧;

(3) 抢救遇难人员的任务重, 灭火与救人交织在一起, 救人显得更为重要;

(4) 泄漏出大量有毒气体, 造成人员中毒和伤亡事故;

(5) 由于倒塌的房屋尚有未被救出的人员, 所以难以大量使用有毒、有害的灭火剂;

(6) 消防站和消防设备可能遭到破坏, 供水设施也有可能遭到破坏;

(7) 余震给灭火和救人造成严重威胁。

7.1.2　地震次生毒气泄漏与爆炸的特点

地震造成易燃易爆油、煤气、天燃气贮罐或管道破坏, 遇火后, 瞬时产生大量气体, 有限空间内压强急剧增高而引起爆炸, 这也是非常严重的地震次生灾害。

有毒物质泄漏与放射性污染是指因地震引起厂房、仓库倒塌, 造成贮存有毒有害物质的容器或管道破坏, 致使毒气、毒液或放射性物质逸出, 造成灾害。这种灾害的严重程度受毒气毒液放射性源的大小、强度、泄漏的严重程度、周围环境风力、风向等多因素影响, 某些情况下将会是灾难性的。

在地震引起的次生爆炸灾害方面, 如 1964 年新潟 7.5 级地震时, 市内 8 处起火, 其后虽有 7 处被扑灭, 但仅剩下的一处是昭和石油公司的原油罐 (3000 公升) 继续燃烧, 约在 5 个小时后, 在与油罐相邻的工厂交界处发生了爆炸和新的火灾, 形成了第二个火源地, 烧毁工厂, 进而蔓延到与油罐邻近的住房, 造成大火, 火灾烧毁储油罐 84 座, 民宅约 290 户,储油罐燃烧持续达 360 小时（15 个昼夜）以上。在 1976 年唐山 7.8 级地震中，天津某合成脂肪酸厂因车间 7 层框架倒塌造成停电，合成塔突然升温加压，爆炸起火，致使车间及设备全毁。

还是 1976 年唐山地震时，天津化工厂液氯工段的液氯贮槽排气管震坏，氯气从 5m 深的贮槽中冒了出来，液氯热交换器的橡胶管也发生了破裂，致使氯气充满了整个厂房，工人冒着生命危险紧急抢救才避免了一场严重的中毒事故。据统计，在唐山地震时，天津市发生毒气污染 7 起，3 人死亡，18 人中毒。天津汉沽化工厂由于强烈地面运动，氯气瓶的阀门松口，氯气外逸，当即有 3 名工人中毒身亡。

2011 年日本近海 $M9.0$ 地震中，有几家炼油厂相继遭到破坏引发大爆炸，足以引起人们的高度重视。从收集的照片看，炼油厂在燃烧，硕大的油罐被熊熊烈火包围着，随时都有爆炸的危险，燃烧引起的滚滚浓烟遮天蔽日，有的地方已经是一片火海（图 7.2）。

图 7.2　2011 年 3 月 11 日日本 $M9.0$ 地震后千叶县市原市炼油厂储油罐发生连环爆炸

地震次生毒气泄漏与爆炸的特点有：

（1）毒气泄漏大多发生在生产或储存有毒有害物质的化工、制鞋等有关企业；

（2）毒气泄漏的主要原因是地震造成的储存和输送毒气的容器或管道破坏；

（3）爆炸主要发生在易燃易爆物质较多的有关企业，包括油库、液化气储罐站或加油站，还有民用爆炸品储存仓库等；

（4）爆炸之前往往都是易燃易爆物处于火灾状态之中，由于高温高压造成爆炸；

（5）爆炸会发生一系列的连锁反应，波及范围大，爆炸后的气体也会给人身安全造成危胁，是破坏力最严重的次生灾害之一。

7.1.3　地震次生水灾及特点

地震次生水灾是指由地震直接或间接造成的洪水灾害，也可简称为地震水灾。如因地震造成江河堤坝受损、毁坏决口，使水库贮水瞬间泻往下游地区，或因滑坡崩塌后的堆积物使河道淤塞，水位上涨而引起的地震水灾。还有另一类小型的水患，如震后喷砂冒水、蓄水池、水塔的破坏等，称之为地震水害。在地震的诸多次生灾害之中，地震水灾的危害是极其严重的，虽然世界上发生的地震水灾次数较少，但地震水灾来得突然，往往使灾民措手不及，造成严重的人员伤亡和经济损失。

地震水灾按其致灾方式的不同,可以分为以下几种类型。

(1) 地震滑坡、泥石流堵塞河道,形成堰塞湖,随时有溃坝风险。

地震造成的山崩、滑坡或泥石流,使大量的岩石、泥土填入河谷,形成土坝,截流蓄水。蓄水高出河床,淹没河谷两岸的居民区和田地。一旦蓄水过多,或遇强余震时土坝溃决,下游将遭受洪灾袭击。汶川地震中的唐家山堰塞湖就是一个非常典型的例子 (图 7.3)。地震后山体滑坡,阻塞河道形成的唐家坝堰塞湖位于涧河上游距北川县城约 6km 处,库容为 $1.45×10^8 m^3$。坝体顺河长约 803m,横河最大宽约 611m,顶部面积约 $30×10^4 m^2$,由石头和山坡风化土组成,极可能崩塌引发下游出现洪灾,为汶川大地震形成的 34 处堰塞湖中最危险的一处。

图 7.3　唐家山堰塞湖所在位置

(2) 地面陷落灌水引起的水灾。

地震时,由于现代构造运动或由于振动,造成地表大面积陷落,当湖、海、河或地下水体灌入之后引起房屋倒塌和人员伤亡。14 世纪以来我国共出现 19 次这样的地震。

1605 年 7 月 13 日广东琼山 7.5 级地震。琼山县地裂水出砂涌,南湖水深 3 尺 (1 尺 = 0.3333m),田地陷没者不可胜计,调塘、等都若干顷田沉陷成海,县东 50 里 (1 里 = 0.5km) 演顺都沉没 72 村,面积约百余平方千米,沉陷深度 3~4m,人多溺死,罗亭坡岛也陷入大海。临高县马袅场盐田没于海。文昌县有村庄平地急陷成海。据调查,在琼州海峡南侧的北洋港、铺前湾,东塞港一带海底中,尚残存此次地震陷没于海中的大片坟场、村庄等遗迹。沉陷深度一般在 4~5m 左右,最大者超过 7m。

1976 年唐山大地震,天津市汉沽傅庄全村沉陷 2.6m,最深处达 3m。村南海水大量流入村庄,水深足可行船。

(3) 地震海啸引起的水灾。

地震海啸是指由海底地震所激发的、波长可达几百千米的海洋巨波。它在滨海区域的表现形式是海水陡涨,瞬时侵入滨海陆地,吞没农田和城镇村庄,然后海水又骤然退去。这种退涨有时反复多次,造成生命财产的巨大损失。最典型的震例是 2011 年 3 月 11 日发生的东日本 M9.0 地震，截至当地时间 3 月 25 日深夜 11 时，在强震及海啸重创日本东北部地区两周后，12 都道县警方已确认有 10102 人遇难，17053 人失踪，共计达 27155 人。此外，在 18 个都道县内共计 2777 人受轻伤或重伤（图 7.4）。

图 7.4　"3 · 11" 东日本 M9.0 地震海啸现场照片

　　而我国历史上对地震海啸的记载较少，仅 186 年 12 月 18 日台湾地区基隆北海中发生 6 级地震形成海啸，海水冲决了基隆的海堤，并迅速涌向市区，冲毁了民房，使数百人丧生。

　　（4）地震破坏地下水状态，使地面突然喷砂冒水。

　　地震破坏地下水状态，使地面突然喷砂冒水喷出的砂水淹没农田，使土壤盐渍化，毁坏机井、水渠、道路等。井竭、泉废、河水暴涸暴涨及水质污染是这类灾害中的常见现象。1945 年 9 月 23 日河北滦县地震后，开滦矿所属唐家庄、林西、赵各庄等矿的坑涌水量猛增 15% ~ 45%。1976 年 7 月 28 日唐山地震使唐山煤矿许多矿坑被淹。

　　（5）地震对水利工程直接破坏造成的灾害。

　　地震破坏挡水和输水建筑物，包括大坝、堤防、水闸等设施，从而造成水灾的发生。如 1976 年 7 月 28 日唐山大地震中环渤海的 120km 挡潮堤全部损坏，海水入浸，淹地 70 万亩（1 亩 = 666.67m²）。天津蓟运河入海口防潮闸闸门震落，海水倒灌，使河水变成"盐海"；滨海的 150 多口生产队的水井，因咸水侵入而不能饮用。

　　水库堤坝在历史地震中的震害程度主要受以下三方面的影响。

　　（1）地基条件的影响。

　　地基作为堤坝的承载体，其条件好坏，对堤坝的震害影响很大。无论是从经验还是从实际情况上看，堤坝修建于岩基之上，大多无明显震害，在好的黏土或壤土之上，震害较轻，而软弱土尤其是出现液化的地基，震害则较为严重。

　　（2）堤坝本身建筑结构的影响。

　　堤坝作为一项整体工事，其上的节点如水闸、泵站是比较容易发生震害的部位，堤坝上的节点在震时会产生变形，导致缩水，一旦变形或缩水之后，就会成为不安全因素。另外，堤坝上的变断面即两种不同材料堤坝的交接处，也是易发生震害的部位，如土堤和砭堤、砭堤和砌石堤、砌石堤和土堤之间的过渡或突变部位都是震时的脆弱部位。

（3）建筑材料的影响。

不同的建筑材料抗震性能不同，构筑物的震害程度也不同，一般来说，相比钢筋混凝土结构、砌石结构、土结构，钢筋混凝土结构震害最轻，其次是砌石结构，土结构最重。

另外施工质量或构筑物原来是否有缺陷都会对震害产生一定甚至是严重的影响。

地震次生水灾与平时水灾有很大不同，其不同点主要有：

首先，地震水灾多发生在雨季。雨季发生的地震易造成崩塌、滑坡和泥石流，而且雨季水源丰富，库满流急，为水灾的发生提供了有利的条件。据不完全统计，雨季发生的地震水灾约占整个地震水灾的 90%。

1920 年宁夏海原 8.5 级地震时，虽然也造成大范围分布堰塞湖，如海原县嵩艾里大滑坡将下方的清水河堵塞，"河水积淤数里，深约十丈"。会宁县清江驿 "莲台土山崩塌三处，其附近之响河被山崩壅塞，上游水积成湖"。但由于地震发生在干旱少雨的 12 月，故未造成水灾。

其次，使灾情复杂化。次生水灾加重了地震造成的人员伤亡和经济损失，同时，次生水灾还带来新的人员伤亡和经济损失。

最后，增大应急救援难度。地震埋压人员的困陷环境恶化，进一步阻断交通，救援人员、物资很难进入现场，限制了一些救援设备的使用。

7.2　规划区内地震次生灾害危险性调查分析

本规划区的范围包括中心城区（莞城街道、东城街道、南城街道、万江街道）及松山湖开发区。由于近年来东莞市加强城市改造，中心城区中大部分会引起毒气泄漏、扩散及放射性污染的企业和单位已搬迁，在地震中造成相应的地震次生灾害的可能性相对较小。因此，规划区内发生次生灾害的主要原因包括老旧房屋、煤气供应系统、油气库、加油站等，地震引起的次生灾害中以地震次生火灾和地震次生爆炸造成的危害最大，也可能发生地震次生毒气泄漏。根据地震次生灾害分布的基本情况，规划区的地震次生灾害危险性评估主要针对可能发生的地震次生灾害进行综合分析。

7.2.1　地震次生火灾危险性调查

历史震害表明，地震次生火灾是发生最为频繁和损失最为严重的次生灾害。根据本规划区范围内的具体情况，在诸多的次生灾害中，地震火灾发生的可能性较高。因此，我们研究的重点也放在地震次生火灾的危险性估计上。

地震时能够发生次生火灾的基本条件是有容易引起火灾的危险点存在。因此，本规划结合中规划区的具体情况，分析了可能造成地震次生火灾的易发区，认为规划区内存在以下地震火灾高易发区主要包括：①生活用燃气；②成片分布的高地震易损性民房；③大型商场、娱乐场所；④高层建筑；⑤历史建筑保护区等。同时对其危害性进行分级，危害性大体划分为四级：Ⅰ级，灾害蔓延大片；Ⅱ级，灾害波及相邻区域；Ⅲ级，危及附近环境；Ⅳ级，只危及本体。级数越低越严重。

7.2.1.1　生活用燃气

液化气是经高压后的易燃易爆气体，正常条件下正确使用，不会有什么危险，但在地震突发条件下，将可能成为次生火灾的重要原因。地震时的强烈地面运动，使建筑物发生破坏或倒塌，可能砸翻建筑物内的液化气罐。即使房屋不发生倒塌破坏，由于强烈晃动，也可能使液化气钢瓶改变直立位置，倾倒、倾卧，使液面高于瓶嘴，若角阀处于打开状态，连接胶管被扯断，则液化气会由减压阀经导管直接喷出，由于压力较高，气化形成的气体相当于液化体积的 250 倍左右，很快会充满附近的封闭空间，这时偶然出现的火花，诸如电器短路闪出的火花，其他明火等，立即就会酿成火灾，有时可能还会发生爆炸。

日本阪神大地震时的火灾，不少就是因燃气泄漏造成的，神户东滩区御影滨町一座液化石油气贮罐因管道破坏，紧急切断阀失灵，无法关闭，引发大火。仅神户的新长田车站附近就有 7000 多家被烧。震后调查表明，阪神地震火灾大部分不是发生在地震当时，而是在地震发生的第二、三天，一个重要原因，是燃气泄漏，人们又急于快些供电，造成合闸后打出的电火花而发生的火灾，也使火灾多发且难于扑灭，烧毁了 100 万平方米的建筑，死亡者中有 10% 的人因火灾罹难。神户大学一调查小组调查了 131 起可查询的火灾，有 69 起基本查明火因，其中 22 起是因煤气泄漏而引起的，约占所有原因的 1/3。

目前规划区内居民燃气使用率是 100%，规划区内的中心城区包括莞城、东城、南城和万江 4 个街道办事处（图 7.5）。燃气气源有天然气和液化石油气两种，供气方式包括管道供气和瓶装供气。燃气管道使用户数为 37403 户，气化率仅 8.3%，燃气管道用户主要使用天然气。规划区内中心城区有 LPG 瓶组气化站 33 家，其中民用气 20 家，商业用气 7 家，

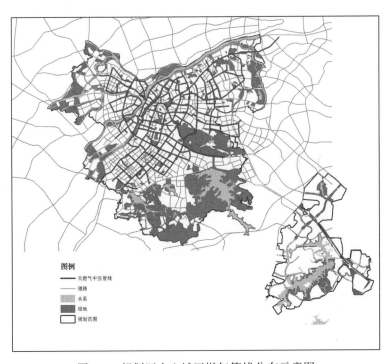

图 7.5　规划区中心城区燃气管线分布示意图

工业用气 6 家。如位于莞城街道的东湖花园小区是东莞市使用瓶装自供液化气的小区之一（图 7.6）。东湖花园共有 50kg 液化气钢瓶 48 个。松山湖开发区百果园小区有 1 家小区 LPG 瓶组气化站，气化户数约 100 户（资料来源于《东莞市域燃气专项规划修编（2007—2020 年）说明书》）。

图 7.6 东湖花园小区煤气钢瓶组集中供气

目前规划区中心城区还有 91.7% 的居民仍在使用液化气罐充装的石油气。这种 LPG 瓶组自供液化气的方式更危险，地震火灾发生的可能性更大，地震时一旦发生泄漏可能造成严重的地震次生火灾。次生火灾一旦发生，可能波及邻区，至少可能影响周围环境，甚至在极端的情况下，如果扑救不及时，可能蔓延大片。

震后生活用燃气泄漏可能是规划区内造成严重地震次生火灾的危害源之一，其危害性导致使用管道燃气的地区或者瓶组供应液化管道使用单位被评为Ⅱ级，即次生火灾一旦发生，可能波及邻区，至少可能影响周围环境，在极端的情况下，如果扑救不及时，则可能成为蔓延大片的Ⅰ级。使用瓶装液化石油气地区可评为Ⅲ级，即危及本体及附近环境。

7.2.1.2 老旧民房集中分布区域

在规划区内中心城区存在较多城中村。这些城中村存在着成片分布的老旧民房，是震后火灾的高发潜在区。城中村人口密集、建筑密度普遍过大，布局混乱，防火灭火设施严重缺乏，防灾条件和环境质量恶化，民宅防火间距严重不足，疏散通道被占用、堵塞等现象十分严重，往往都是只有一个大门通往室外。特别是有些城中村巷口太窄，消防车无法进入。这些地点都是消防监控的薄弱区域，一旦发生地震次生火灾，容易造成重大人员伤亡（图 7.7）。

规划区内老旧民房主要集中在中心城区，而在中心城区又主要集中在莞城街道。下面列出的就是各街区老旧民房的主要分布地点（图 7.8）。

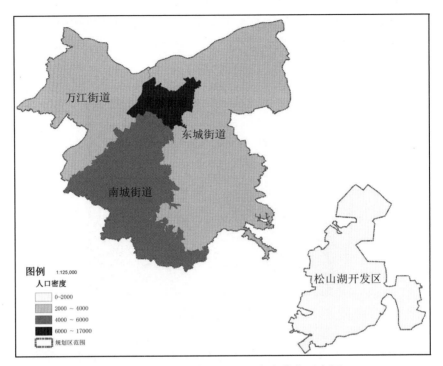

图 7.7 规划区内各街区人口密度分布示意图

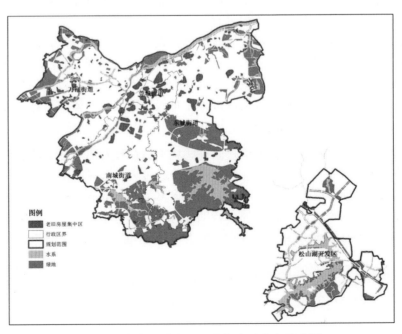

图 7.8 规划区内老旧民房集中区分布示意图

莞城街道：北正路、运河西三路、圳头新邨街、横中路—澳南三马路、兴华路、村政路、罗村路—万园路、上水巷、兴隆街、奥南路、大西路—中山路—阮涌路、新苑路—戴屋庄—金牛横路、学院路等路段。

万江街道：唐城一路、赵屋村南路、胜利中路、河堤北路、金曲璐、永泰街六巷、金鳌路、河北路一巷、西堤路、村头园村街、庆丰里、龙屋基街、上贝坊—下贝坊等路段。

南城街道：新基南路—杨柳路、西平村、绿色路、兴丰街—亨通路、宏远沿河路—篁村工业街、银丰路、豪岗村大围一巷、塘贝街、乐园路、簪花路、石基路—红山路等路段。

东城街道：市地中心路—梨川路、运河路、桥山路、新兴街、槌子街、朱园路、莞樟路下三杞村段、下元街、环城南路墩水岭段、光明三路、莞长路新锡边村段、涡岭草岭路、萌基湖二路、长泰路、新源路洋田坊段等路段。

由于这类房屋连片存在（图 7.9），很容易火烧连营，火势凶猛，难以控制，而且与平时火灾不同，可能多处同时起火，使专业消防部门应接不暇。这些老旧民房的小巷道路狭窄，房屋与房屋间距很小，防火通道不畅，有的根本没有防火通道，再加上地震时可能造成大片房屋破坏或倒塌，使本来就狭窄的道路堵塞，消防车和救灾人员难以通行，很难接近火灾现场，增加了救火难度，使火灾更加难以控制，这也是地震次生火灾与常规火灾最重要的不同点之一。

图 7.9　城中村成片的老旧房屋

老旧房屋在地震时一旦遭受火灾，其造成的危害可能波及大面积，如不及时采取有效措施，可能造成严重后果。其危害等级相当于Ⅱ级，灾害蔓延大片或波及相邻区域。

7.2.1.3　大型商场、娱乐场所

规划区大型商场、酒楼和娱乐场所较多。大型商场内的不少商品是易燃物品，特别是化纤织物、布料等多为易燃有毒物质；大型酒楼和娱乐场所的帷幕、窗帘、家具、沙发等也都是易燃物质，一旦引燃会发生大规模火灾；一般的大型商场、酒楼和娱乐场所的装修都大量使用易燃材料，多不做防火阻燃处理，一旦发生火灾，将产生有毒烟气，使人很快失去知觉，失去逃生能力，以往在这些场所内发生的火灾教训是深刻的；现代商场逐步向规模大、

豪华型方向发展，形成集购物、娱乐、办公于一体的多功能大型建筑，内部有电梯、自动扶梯、步行楼梯等进出口，楼层上下的管线孔洞和缝隙往往无可靠的立体防火分隔措施，一旦发生地震火灾，"烟囱效应"会使火灾迅速向上层蔓延，形成立体燃烧，容易发生轰燃提前发生的情况。轰燃是室内火灾由局部燃烧迅速扩展为全面燃烧的一种现象。当火灾发生之后，初期阶段历经时间较长，这是扑灭火灾的最佳时段，一旦火灾进入轰燃阶段，意味着火灾已进入了严重期，给救灾和避难造成极大困难。而大型商场一旦发生火灾，极有可能使轰燃现象提前发生。大型商场、酒楼和娱乐场所的消防、自救设施普遍较为简陋，电气安装也有不少不规范，防火分隔考虑不周，疏散标志不明显，应急照明不完备，大量人员疏散的通道不足，消防栓失效等问题也是这类场所的普遍问题；这类场所往往人员密度高，无序流动性大，处于无组织状态，发生地震火灾时疏散困难，秩序混乱，争相逃难，相互践踏，容易造成意外伤亡。

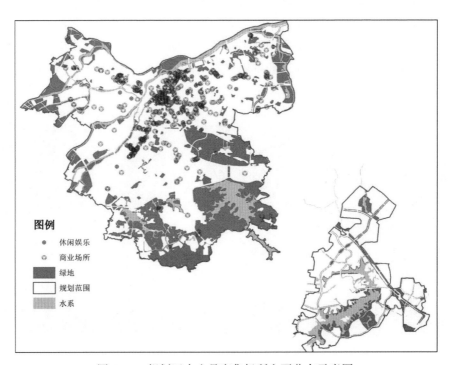

图 7.10　规划区内人员密集场所主要分布示意图

　　东莞市大型商场、酒楼和娱乐场所比较集中（图 7.10），主要集中在规划区的中部，一旦发生次生火灾，其危害性一般应为Ⅲ级或Ⅳ级，个别情况下，也可能发展为Ⅱ级。因此，大型商场、酒楼、娱乐场所地震次生火灾同样是不容忽视的，一旦发生次生火灾，其危害性一般应为Ⅲ级或Ⅳ级，特定条件下可能发展为Ⅱ级。

7.2.1.4　高层建筑
高层建筑容易形成地震次生火灾的原因大体可列举如下。

（1）安全疏散条件差。

按规定，高层建筑的安全通道（楼梯间）不得少于 2 个，32m 以上的高层建筑需设防烟楼梯间或封闭楼梯间，这些都是为防灾，特别是为防火而要求设置的。但目前部分高层建筑为敞开式楼梯间，有的甚至只有一个楼梯间。由于高层建筑内有大量易燃的装饰材料和高分子合成材料制成品，用电和燃料量大，容易引发地震次生火灾。高层建筑一旦发生火灾，其电梯间、楼梯间、管道井、电缆井都会形成"烟囱效应"，成为火灾后有毒烟气蔓延上升通道。一般烟气的垂直扩散速度（约在 3～4m/s）大大高于水平扩散速度（0.5～0.8m/s），一座高 100m 的高层建筑，一旦低层发生火灾，烟气在 30s 内即可扩散到顶层。高温烟气携带火星，使火灾迅速蔓延。人员密度大的高层建筑，发生地震火灾时，电梯即使可用也不能作为疏散通道，人员只能通过楼梯疏散，由于层数多、垂直疏散距离长，火灾燃烧产生的大量有毒烟气在向上蔓延过程中，会使逃难人员窒息晕倒，造成大量伤亡。

（2）自救系统不完善。

目前建造的许多高层建筑的自动报警系统，防烟、排烟设施，自动喷淋系统或未设置或不完善。一旦发生地震火灾，顶层人员出不来、下不去，只能等待外界营救，而目前东莞市扑救高层建筑火灾的车辆和特殊设备相对较少，难以满足高层建筑在地震时发生火灾营救的要求。

规划区内的高层建筑大部分为银行、通信、宾馆、办公楼、写字楼、住宅小区等，主要分布在规划区的中部和南城街道及东城街道。高层建筑一旦遭受火灾，一般情况下，其危害性应为Ⅳ级（图 7.11）。

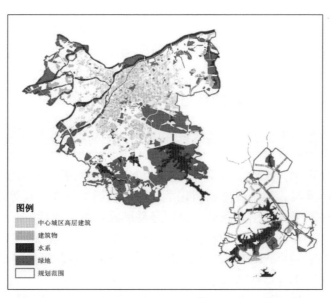

图 7.11　规划区内大于 10 层楼房分布示意图

数据来源于震害预测项目及东莞市松山湖开发区建（构）筑物抗震性能普查项目

7.2.1.5　历史建筑保护区

本规划区内不可移动文物点 67 处，其中 2 处为国家级文物保护单位，5 处为省级文物保护单位，15 处为市级文化保护单位，45 处尚未核定保护级别（图 7.12）。

　　从次生火灾危险性的角度来分析，这些文物保护单位中以可园、宗祠等砖木结构建筑最为危险。由于建筑年代久远，其抗震性能相对较差，易燃材料使用也较多，建筑成片密集分布。一旦地震发生，这些古建筑、旧村落发生次生火灾的危险性很大。但因其规划区内的历史古建筑规模并不大，分布比较零散故其危害性应为IV级。

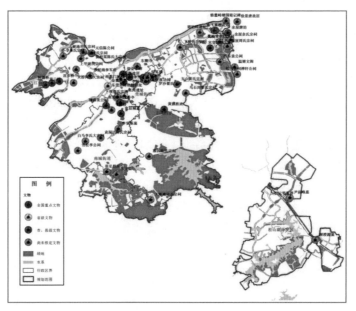

图 7.12　规划区内市级及以上重点文物保护单位分布示意图

7.2.2　地震次生爆炸与毒气扩散危险性调查

　　地震次生爆炸与毒气泄漏是由于地震荷载作用，而使生产或贮存易燃易爆物质的设备、容器或管道破坏，继而造成爆炸灾害，这类灾害往往会造成较严重的人员伤亡和经济损失，还会造成较大的社会影响。因此，备受有关方面和公众的重视。地震造成的次生爆炸往往与次生火灾、易燃气体泄漏、容易发生剧烈化学反应的试剂掉落在一起等地震次生灾害联系在一起，成为爆炸的必不可少的引发条件。特别是易燃易爆物着火后，很可能导致爆炸的严重后果，而在发生爆炸后很可能排放出有毒气体，因此爆炸跟毒气扩散是密切相关的。2015 年8 月 12 日 23：30 左右，位于天津滨海新区塘沽开发区的天津东疆保税港区瑞海国际物流有限公司所属危险品仓库发生爆炸造成重大人员伤亡。

　　经过现场调研及各类资料的分析，规划区有可能导致地震次生爆炸灾害发生的高风险区有以下几个：

　　（1）燃气供应储备站的火灾有可能引起爆炸。燃气供应储备站，一旦在地震时设备震坏，发生泄漏，遇到明火，发生大火灾后，有可能发生爆炸，爆炸一旦发生，会危及周围建筑物的安全，是次生爆炸灾害的隐患。

（2）大型油库及加油站的火灾很容易引起爆炸。现有商用加油站分布不尽合理，有的加油站紧靠楼房，或多靠近交通要道、路口，距火灾源近，地震时泄漏很容易引起火灾，进而发生爆炸。

（3）危险化学品生产经营单位发生火灾极有可能引起爆炸。

7.2.2.1　燃气供应重要设施

地震时因燃气管道或容器的损坏，液体高度流动，产生很高静电，在喷入空间的瞬间与地面形成很高的电位差，引起集中放电，引燃流体形成爆炸，致灾规模大，损失严重。这样的震例很常见，如 1994 年美国洛杉矶地震时，煤气管道变形，450 点漏气，28 处火灾，35 处爆炸。燃气供应储备的重要设施在地震中存在较高的地震火灾易发风险。

现将规划区内的主要燃气供应设施分析如下。

根据《东莞市域燃气专项规划修编（2007—2020 年）说明书》，规划区内主要燃气供应设施有 6 种形式：①LPG 瓶装供应站；②LNG 气化站（储配站）；③LPG 区域气化站；④LPG、LNG 瓶组气化站；⑤市政燃气管道；⑥天然气利用场站设施。

（1）LPG 瓶装供应站。

东莞市域内现有 412 座 LPG 瓶装供应站，规划区内中心城区有供应站 82 家，松山湖园区没有 LPG 瓶装供应。

瓶装供应站负责收集空瓶到储配站灌装，并将实瓶储存在供应站的瓶库里，同时兼营零售，送气到户。销售点则没有专门的瓶库，仅租有商业铺面作为营业室，为用户提供换瓶服务时，可从瓶装供应站的瓶库换瓶。这种经营模式机动灵活，但难以管理，有些营业室内存放大量实瓶和空瓶，存在安全隐患，如果地震后发生煤气泄漏将可能造成火灾很有可能引起爆炸。这些瓶装供应站通常隐存于居民区中，往往被人忽视。

（2）LNG 气化站（储配站）。

东莞市域内现有 3 家 LNG 储配气化站，LNG 贮罐总容积 1300m³，占地总面积约 78569m²（表 7.1）。其中规划区内一家，名为东莞新奥燃气公司 LNG 气化站，位于东城街道柏洲边，储罐容积达 600m³。

表 7.1　东莞市 LNG 储配气化站一览

序号	储配站名称	储配站地址	占地面积（m²）	储罐容积（m³）	是否属于规划区
1	东莞新奥燃气公司 LNG 气化站	东城街道柏洲边	36088	600	是
2	莞樟新奥燃气公司 LNG 气化站	樟木头镇金河村茶贝排	5001	200	否
3	长安新奥燃气公司 LNG 气化站	长安镇上沙管理区	37480	500	否
合计			78569	1300	

（3）LPG 区域气化站。

东莞市城区有 1 家 LPG 区域气化站，LPG 贮罐为地下埋地罐，贮罐总容积为 46m³。该气化站年供气量为 1800t/a。

（4）LPG、LNG 瓶组气化站。

东莞市现有 LPG 瓶组气化站 579 家，其中民用气化站 189 家，商业气化站 52 家，工业气化站 334 家；LNG 瓶组气化站 5 家，全部为民用。其中规划区范围内共有 34 家，数量较多，但规模较小。大部分气化站仅供企业、酒店或住宅小区自用。现有的瓶组气化站的设置、经营基本符合规范要求，但有些瓶组气化站空间狭小，设备简陋，部分气化站安全距离不够，存在安全隐患。天然气改造时，应及时进行置换，消除安全隐患（表 7.2）。

表 7.2　各镇街 LPG、LNG 瓶组气化站数量一览

序号	镇名	居民		工业	商业	合计	是否属于规划区
		LPG	LNG				
1	城区	20		6	7	33	是
2	石龙	8		1		9	否
3	寮步	3		1	0	4	否
4	厚街	9	1	20	3	32	否
5	松山湖	1				1	是
6	樟木头	0		0	0	0	否
7	清溪	5		37	0	42	否
8	塘厦	16		34	1	51	否
9	凤岗	8		11	0	19	否
10	黄江	5		0	0	5	否
11	常平	28		20	9	57	否
12	大朗	8	1	25	4	38	否
13	大岭山	2		11	3	16	否
14	长安	25		22	8	55	否
15	虎门	17	1	25	6	49	否
16	沙田	2	1	10	0	13	否
17	中堂	3	1	5	1	10	否
18	高埗	1		0	1	2	否
19	石碣	6		7	1	14	否
20	茶山	1		16	1	18	否
21	东坑	3		24	0	27	否
22	横沥	6		11	2	19	否

续表

序号	镇名	居民		工业	商业	合计	是否属于规划区
		LPG	LNG				
23	石排	5		0		5	否
24	企石	1		13	0	14	否
25	桥头	2		18	3	23	否
26	谢岗	0		10	0	10	否
27	望牛墩	1		0	0	1	否
28	道滘			1		1	否
29	洪梅	1		1	1	3	否
30	麻涌	2		5	1	8	否
	合计	189	5	334	52	579	否

（5）市政燃气管道。

近年来，随着广东 LNG 工程的建成投产，东莞市市政管道建设也全面展开。据调查，东莞市已铺设高压管道 25.5km，电厂高压专线 2.5km，市政中压管道 449.3km。

目前，全市有 13 个镇区铺设了市政燃气中压管道，总的铺设长度为 449.3km（表 7.3）。规划区内已铺设 224.9km 市政燃气中压管道。

表 7.3　东莞市各镇已铺设的中压管道一览

序号	城镇名称	管长（km）	序号	城镇名称	管长（km）
1	城区	201.6	8	松山湖园区	23.3
2	长安镇	27.1	9	塘厦镇	4.9
3	高埗镇	18.3	10	常平镇	7.9
4	厚街镇	31.4	11	中堂镇	2.4
5	樟木头镇	79.0	12	虎门镇	7.4
6	黄江镇	15.2	13	大朗镇	3.6
7	寮步镇	27.2		合计	449.3

（6）天然气利用场站设施。

东莞市 LNG 利用工程已建设了 1 家门站，2 家高中压调压站，1 家 CNG 母站，1 家汽车 CNG 加气站，1 家 CNG 撬装供气站。各场站的具体情况见表 7.4，图 7.13。

表 7.4   东莞市天然气场站一览

序号	场站名称	站址位置	占地面积（m²）	设计规模
1	寮步门站	寮步镇上坑村	6240	$9.5×10^8 m^3/a$
2	东城高中压调压站	东城街道莞温路		$42000 m^3/h$
3	松山湖高中压调压站	松山湖园区工业东路	1475	$20000 m^3/h$
4	门站 CNG 母站	寮步镇上坑村	8040	$20×10^4 m^3/d$
5	胜和 CNG 加气站	运河路胜和加油站		$1.5×10^4 m^3/d$
6	高埗调压站	高埗镇		$6000 m^3/d$

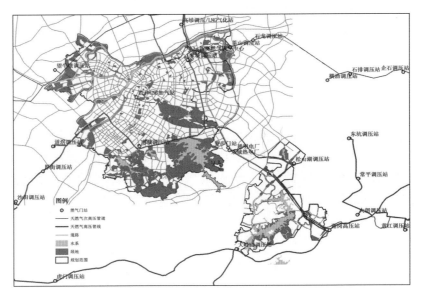

图 7.13   规划区及附近地区天然气供应重要设施分布示意图

7.2.2.2   高压输变电设施

规划区高压输变电设施情况见表 7.5 和图 7.14。

表 7.5   规划区及周边 1km 范围内高压变电设施情况

单位名称	地址	建设日期
220kV 板桥站	东城街道莞龙路上桥	2005 年 5 月 27 日
110kV 高埗站	高埗镇振源一横路 7 号（高埗供电公司旁）	1990 年 12 月 26 日
110kV 石碣站	石碣镇政文路	1990 年 7 月 18 日
110kV 樟村站	东城樟村管理区	1996 年 8 月 15 日
110kV 主山站	东城街道东城公司内	2009 年 10 月 18 日

续表

单位名称	地址	建设日期
110kV 桑园站	东城街道桑园工业区金玉岭路	2011 年 12 月 6 日
500kV 莞城站	东莞市厚街镇新围村白坭井	2004 年 6 月 16 日
110kV 赤岭站	东莞市厚街镇好百年纸业旁	2014 年 11 月 15 日
220kV 立新站	东莞市东城街道立新管理区	2000 年 4 月 7 日
220kV 彭洞站	东莞市南城街道彭洞	2009 年 8 月 26 日
110kV 八达站	东莞市东城街道八达路	1999 年 6 月 1 日
110kV 宏远站	东莞市南城街道宏远	1997 年 5 月 1 日
110kV 牛山站	东莞市东城街道牛山	2006 年 3 月 22 日
110kV 同沙站	东莞市东城街道同沙	2010 年 8 月 2 日
110kV 西平站	东莞市南城街道西平	1996 年 11 月 8 日
110kV 银丰站	东莞市南城街道鸿福路	2005 年 2 月 4 日
110kV 园岭站	东莞市莞城街道园岭	1994 年 9 月 1 日
110kV 周溪站	东莞市南城街道周溪	2000 年 12 月 28 日
110kV 白马站	东莞市南城街道白马	2012 年 4 月 28 日
110kV 石鼓站	东莞市南城街道石鼓	2012 年 12 月 25 日
220kV 万江站	万江街道小享社区	1994 年 4 月 29 日
110kV 石美站	东莞市万江街道石美社区	1987 年 11 月 1 日
110kV 莲塘站	东莞市万江街道大莲塘社区	2005 年 4 月 30 日
110kV 水平站	大朗镇水平村	2011 年
110kV 洋坑塘站	东莞市大朗镇洋坑塘村（康泰路旁）	2014 年
220kV 和美站	广东省东莞市大岭山镇大片美村天仁混凝土公司旁	2010 年
220kV 黎贝站	广东省东莞市松山湖工业东路黎贝变电站	2007 年
110kV 尖岭站	广东省东莞市松山湖科技产业园区创意生活城附近	2011 年
110kV 连马站	广东省东莞市大岭山镇新塘村连马路边连马变电站	2005 年
110kV 麒麟站	广东省东莞市松山湖沁园路麒麟变电站	2005 年
110kV 胜华站		2015 年
110kV 寮步站	广东省东莞市寮步镇田心村新地寮步变电站	1984 年
110kV 大岭山站	广东省东莞市大岭山镇农场工业路 110kV 大岭山站	2013 年

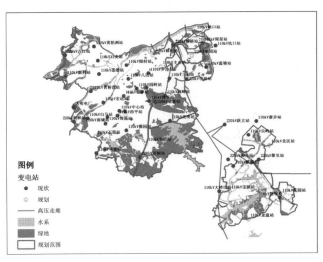

图 7.14　规划区及周边 1km 范围内高压变电设施分布示意图

7.2.2.3　涉及危险化学品生产经营单位

随着我国经济的高速发展,生产生活中的重大地震次生灾害危险源日益增多,在这些灾害源中,含有易燃易爆、有毒有害物质、放射性污染等重大危险源尤其应给予特别重视。现有的危险源中有些面临设备老化、超期服役、管理不善等问题,近几年涉及危险化学品事故频繁发生,如再考虑地震作用、经济快速发展和人口密集等多方面因素,则潜在的地震次生灾害的危险性更为严重,给社会公共安全带来极大的威胁。1976 年唐山地震中天津市某研究所实验室金属钠瓶被震坏,钠自燃引起火灾,将办公楼和部分仪器设备烧毁。汉沽某化工厂房屋倒塌、管道损坏、二氧化碳跑出,遇氧气自燃引起火灾。汉沽某厂药品库地震时由于药品库里的甘油在强烈震动时掉进强氧化剂高锰酸钾内,发生化学反应引起火灾。该类火灾占天津灾害的 24%,可见危害之大。

在规划区内,主要存在以下涉及危险化学品生产经营单位。表 7.6 给出了从东莞市安监局获取的规划区及周边 1km 范围内危险品生产经营单位情况。

表 7.6　规划区及周边 1km 范围内危险品生产经营单位

所属单位名	所在位置	危险品类别	危险源储量	消防能力	储存方式
第四水厂	第四水厂氯库	6 毒害品和感染性物品	最大储存量 30t,日常储存量 18t	室内 ABC 干粉灭火器 10 个,室外 50m 半径范围内消防栓(出水口径 D100)4 个	罐体
高普制漆	大朗镇洋坑塘景富西路 86 号	易燃液体	160m³	消防水池、应急池、灭火器、消防栓、消防沙、消防喷淋系统	罐体

续表

所属单位名	所在位置	危险品类别	危险源储量	消防能力	储存方式
润天化工	东莞市大朗镇金菊福	易燃液体	9t	一般	罐体
创兴工业气体	大朗镇松柏朗村新文路 366 号	压缩气体	100 瓶	灭火器 12 个	罐体
鸥哈希化学涂料	大朗镇	丙烯酸烘漆、乙酸乙酯、乙酸正丁酯、不饱和聚酯树脂	9.5t	消防水池、应急池、灭火器、消防栓、消防沙	罐体
瑞盟涂料	大朗洋乌	易燃液体	15t	灭火器、天然水、泡沫储罐	罐体
湘辉工业气体经营部	大朗镇	压缩气体	80 瓶/40 升	灭火器 10 个、消防水管 1 条、消防沙 1 池	罐体
加南石油供应	中堂镇蕉利村	易燃液体	67.2m³	干粉灭火器、消防沙、消防毯	罐体
秀奇涂料	东莞市茶山镇横岗村	易燃液体	5t	1.5t 自动消防系统、12 个消防器	罐体
亿丰行洗涤	京山村第 3 工业区	易燃液体	1000t	合格	罐体
润峰涂料	雅园工业区	易燃液体	8.9t	合格	罐体
佳升油墨厂	雅园工业区	易燃液体	15t	能扑灭初期火灾，灭火器 36个，50m³ 消防池	罐体
东萌化工	寮步下岭贝	易燃液体	10t	灭火器、消防水、消防泵、消防枪	罐体
灵通涂料	寮步霞边	易燃液体	5t	灭火器、消防水、消防泵、消防枪	罐体
丽利涂料	大岭山新塘工业区石大路旁	易燃液体	243t	消防栓、灭火器、消防水泵、灭火沙、泡沫灭火器	罐体
明兴石油产品供销	大岭山石大路元岭新村路口	易燃液体	160t	消防栓、灭火器、消防水泵、灭火沙、灭火毯	罐体
和兴涂料厂	望牛墩镇扶涌村	易燃液体	4.5t	二级	罐体

续表

所属单位名	所在位置	危险品类别	危险源储量	消防能力	储存方式
荣兴精细化工	望牛墩镇五涌村	腐蚀品	60t	消防栓、灭火器	罐体
乙炔有限公司	望牛墩镇五涌村	乙炔（溶于介质）	800kg	消防栓、灭火器	罐体
东和贸易公司	仓库	易燃液体		厂内消防水池，容量为 50m³	非罐体
农机服务管理站	东莞市石碣镇三横路四村路段	柴油/汽油	200000m³	消防设备齐全，人员有经过安全培训考核合格上岗	非罐体
润天化工	东莞市大朗镇金菊福利院美景西路 388 号	易燃液体	9t	一般	非罐体

位于东城街道内的自来水四厂，属于地震次生毒气泄漏危险源，目前储存氯气约 30t 左右，主要用于水净化处理。通过现场调查，存放储气罐的建筑物抗震性能良好，内部氯气储罐的固定和防护措施较为完善，发生地震次生毒气泄漏的危险性较低（图 7.15）。但由氯气储罐连接水净化设备的管道较细，且为刚性，地震时可能产生错动破裂造成毒气泄漏，建议采取相关措施降低错动破裂风险。此外，还应添加固定物，防止地震时由于储气罐移动、碰撞而造成爆炸、泄漏等。

图 7.15　储气罐存放内景

以上所列的化学危险品、民爆物品的储存与经营单位都是规划区内可能造成严重地震次生火灾的危险源，如果发生爆炸其威力较大，但考虑其位置处于城区人员及建筑密集区，其危害性评为Ⅲ级，即可能波及邻区（图 7.16）。

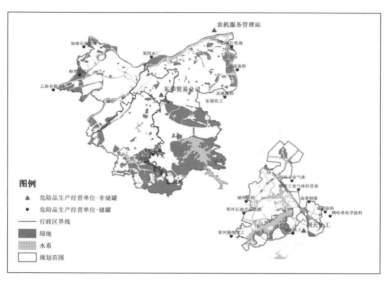

图 7.16　规划区及附近涉及危险品生产经营单位分布示意图

7.2.2.4　油库及加油站

规划区内的加油站较多，且多种所有制形式并存，国有、集体、个体都有。这些加油站大都建在交通要道两侧，不少距离居民楼较近；特别是一些个体加油站，设施简陋，大都没有相应的防火管理措施，也没有完备的灭火设施；易燃的汽油柴油等一旦遇明火，很容易发生火灾。地震时，有可能破坏加油站的储油或供油设施，使汽油、柴油外溢，遇到明火，会发生次生火灾。表 7.7 给出了工作区内的加油站共计 33 家，除 2 家是非罐体储存，其他都是罐体储存。

表 7.7　规划区及附近 1km 范围内的油库及加油站情况

所属单位名	所在位置	危险品类别	危险源储量	消防能力自述
水南加油站	石碣镇民丰路	易燃液体	12m³	灭火器、消防沙、灭火毡、静电处理器、消防栓、防火墙
新城加油站	东莞市石碣镇东风中路 26 号	汽油	75t	灭火器、灭火毡、消防栓
东城加油站	崇焕东路	汽油、柴油	30m³	按标准配备
大朗加油站	大朗镇	易燃液体	40t	灭火器 20 个、消防水管 4 条、消防沙池 2m³、石棉毡 5 条

续表

所属单位名	所在位置	危险品类别	危险源储量	消防能力自述
南方加油站	大朗镇	易燃液体	120t	灭火器 20 个、消防水管 4 条、消防沙池 1m³、石棉毯 5 条
高英加油站	大朗高英	易燃液体	50t	灭火器、消防栓、消防沙
松木山加油站	大朗镇	易燃液体	150t	灭火器 20 个、消防水管 4 条、消防沙池 2m³、石棉毯 5 条
明华加油站	中堂镇蕉利村	易燃液体	50m³	干粉灭火器、消防沙、消防毯
振华加油站	中堂镇蕉利村	易燃液体	80m³	干粉灭火器、消防沙、消防毯
新华加油站	莞太路篁村路段 10 号	易燃液体	69m³	一级
兴华加油站	莞太路白马路段西侧	柴油、汽油	120m³	70m³ 消防池、消防水泵、消防沙、灭火毯、灭火器
英油加油站	南城周溪社区	易燃液体	100m³	良好
宏伟加油站	四横路南城段西平路口	易燃液体	120m³	良好
南城街道加油站	莞太路宏远立交桥附近	易燃液体	150m³	良好
胜和加油站	运河东一号	汽油	84m³	一般
四环中加油站	新城市中心四环路	易燃液体	88m³	一级
石鼓加油站	南城石鼓	易燃液体	90m³	4kg 干粉灭火器 20 个、35kg 推车式干粉 8 个、消防栓 5 个、7.5kW 消防泵 2 台、消防水池 60m³、消防沙 2m³、灭火毯 10 条
光明加油站	寮步镇凫山村	易燃液体	180m³	良好
裕兴加油站	寮步石大公路	易燃液体	110m³	四个能力
西溪加油站	寮步镇莞樟路	易燃液体	25m³	较好
凫山加油站	东莞市凫山加油站	易燃液体	35t	良好
良平加油站	东莞市寮步镇新旧围	易燃液体	75t	良好

续表

所属单位名	所在位置	危险品类别	危险源储量	消防能力自述
振马加油站	大岭山石大路马蹄岗路段	易燃液体	89t	消防栓、灭火器、消防水泵、灭火沙、灭火毯
承岭加油站	大岭山镇矮岭岊村	易燃液体	200m³	消防栓、灭火器、消防水泵、灭火沙、灭火毯
大塘朗加油站	大岭山大塘朗加油站	易燃液体	95	灭火器、消防沙、消防泵、40方的消防水
连塘加油站	莞长路大岭山大塘路段	易燃液体	200	消防栓、灭火器、消防水泵、灭火沙、灭火毯
厚大南加油站	大岭山镇厚大路、大环村路段	易燃液体	63t	灭火器、消防沙、消防泵、40方的消防水
厚大北加油站	大岭山镇厚大路、大环村路段	易燃液体	63t	灭火器、消防沙、消防泵、40方的消防水
添姿彩加油站	东莞市大岭山镇莞长路边	易燃液体	139.5m³	消防栓、灭火器、消防水泵、灭火沙、灭火毯
粤美特加油站	东莞市大岭山镇杨屋管理区	易燃液体	42m³	消防栓、灭火器、消防水泵、灭火沙、灭火毯
东风国源加油站	横坑路段 11 号	易燃液体	122.3m³	良好
泉塘加油站	东莞市石龙至大岭山寮步路段	易燃液体	81m³	较好
寮步油库	东莞市寮步镇上底村	易燃液体	25000m³	消防水罐、环形喷淋、泡沫喷淋、消防箱、消防泵4台、泡沫13t
凌峰加油站	东莞市大岭山镇连平区计岭村边	易燃液体	100m³	消防栓、灭火器、消防水泵、灭火沙、灭火毯

这些加油站一旦发生地震次生火灾，其危害性一般可估计为Ⅲ级，即不但危及本体，还要危及附近环境。商用加油站应远离住宅区，但实际操作上很难做到这一点，在本规划区范围内有 5 家加油站就位于人员及建筑密集区，如新华加油站、南城加油站、胜和加油站、四环加油站，其中胜和加油站还是汽车 CNG 加气站，考虑到对附近居民及地区的影响，这些在人员及建筑密集区的加油站其危害性可能扩大为Ⅱ级。

目前规划区附近1km范围有一座寮步油库，储藏量较大。油库一旦在地震时设备震坏，储油（气）流出，遇到明火，会发生大火灾。因此，油气库是地震次生火灾隐患的重点单位，油气库一旦发生火灾，若抢救不及时，很可能蔓延大片。由于这座油库建在周边建筑稀少，远离住宅社区的区域，降低了灾情蔓延大片的可能性。评定其危害等级为Ⅲ级，即灾害波及相邻区域（图7.17）。

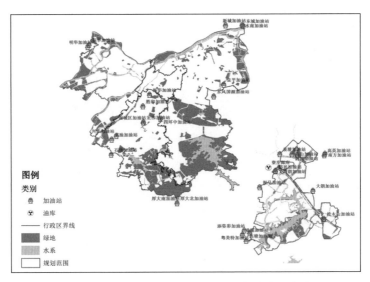

图 7.17　规划区及附近加油站与油库分布示意图

7.2.3　地震易燃易爆危险性综合分析

从以上两节的分析中可以看出规划区内存在较多地震易燃易爆源及易发区，在本小节对这些地震易燃易爆源及易发区进行疏理及总结。

（1）地震火灾危险源、易发区以及其可能产生的危害。

在规划区内存在的地震火灾危险源及高易发区主要包括：①生活用燃气；②成片分布的高地震易损性民房；③大型商场、娱乐场所；④高层建筑；⑤历史建筑保护区等。同时对其危害性进行分级，危害性大体划分为四级：Ⅰ级，灾害蔓延大片；Ⅱ级，灾害波及相邻区域；Ⅲ级，危及附近环境；Ⅳ级，只危及本体。级数越小越严重。

从表7.8可以看出，地震火灾危险源及高易发区主要存在于人口稠密、建筑密集的中心城区，而且莞城街道最为突出，其灾害源较多，分布很集中。松山湖园区居民少，主要以高新技术产业为主，人员密度小，其存在地震火灾危险源及高易发区较少，但要注意松山湖百果园小区，该小区使用 LPG 瓶组气化站，气化户数约 100 户，规模较大，要做好平日的安全防护措施。

表 7.8　规划区内地震火灾危险源、易发区情况

地震火灾危险源及高易发区	主要存在方式	危害性	存在范围	与其他城市相比
生活用燃气	居民燃气管道	Ⅱ级	中心城区、松山湖开发区	不突出
	液化气罐体	Ⅲ级	中心城区管道气化率不高，液化气罐体是主要供气方式	突出
	LPG 瓶组集中供气	Ⅱ级	中心城区（33 家）、松山湖开发区（1 家）	突出
成片分布的高地震易损性民房	老旧房屋集中，房屋抗震性能差，人员密集、救援周边环境差	Ⅱ级	中心城区，其中莞城街道最为集中	突出
大型商场、娱乐场所	人员密集、逃生环境差	Ⅲ级	中心城区的建筑人口密集区	不突出
高层建筑	发生概率高，逃生环境差	Ⅳ级	主要分布在中心城区，松山湖开发区有少量存在	不突出
历史建筑保护区	木结构的古建筑群	Ⅳ级	主要分布在中心城区	不突出

（2）地震次生爆炸与毒气扩散灾害高易发区及可能产生的危害。

规划区内存在的地震次生爆炸及毒气扩散灾害高易发区主要包括：①燃气供应重要设施；②大型油库及加油站；③涉及危险化学品生产经营单位；④高压输变电设施。对其产生的危害性大体划分为四级：Ⅰ级，灾害蔓延大片；Ⅱ级，灾害波及相邻区域；Ⅲ级，危及附近环境；Ⅳ级，只危及本体。级数越小越严重。

从表 7.9 可以看出，规划区内地震次生爆炸及毒气扩散高易发区由于涉及到供电、供气、燃油方面的公共设施，所以基本上都涵盖了整个规划区。但就其地震次生爆炸及毒气危害性而言，处于人口密集区、建筑密集区的高危公共设施将带来更大的危害性。这些危害性中有些是事城市发展的共性问题，有些是事规划区内的突出问题，比如 LPG 瓶装供应站在人口、建筑特别密集区的普遍分布，LPG、LNG 瓶组装气化站在小区及酒店工厂的应用带来了较大危害。

表 7.9 规划区内地震次生爆炸及毒气扩散灾害高易发区情况

地震次生爆炸及毒气扩散灾害高易发区	主要存在方式	危害性	存在范围	与其他城市相比
燃气供应重要设施	LPG 瓶装供应站	Ⅲ级	中心城区共有 82 家，分布在各居民区门店	突出。由于中心城区人口极为密集，建筑极密集，又存在很多城中村，使这个灾害源突出
	LNG 气化站（储配站）	Ⅱ级	东城街道，储藏量较大，储罐容积达 600m³	不突出
	LPG 区域气化站	Ⅱ级。平时应注意安全管理，若引发地震爆炸，则将造成极大灾害	中心城区 1 家。地下储气罐储气量较大	不突出
燃气供应重要设施	LPG、LNG 瓶组气化站	Ⅱ级。集中分布在较大的小区，影响居民较多	中心城区（33 家）、松山湖开发区（1 家）	突出
	市政燃气管道	Ⅲ级	中心城区、松山湖园区	不突出
	天然气利用场站设施	Ⅲ级	中心城区 1 家	不突出
大型油库及加油站	油库	Ⅲ级	离松山湖园区较近的寮步油库	不突出
	加油站	Ⅱ～Ⅲ级	规划区内的商用加油站共计 33 家，5 家位于人员及建筑密集区，其危害性为Ⅱ级。其他危害性为Ⅲ级	
涉及危险化学品生产经营单位	化工厂、水厂等	Ⅲ级	主要分布在城市外围非居民密集区	不突出
高压输变电设施	变电站	中心城区Ⅲ～Ⅱ级	中心城区、松山湖园区	不突出
		松山湖园区Ⅲ级		

7.2.4 消防能力分析

7.2.4.1 消防力量现状

据统计，东莞市有 63 个消防队站，专职消防人员 1400 多人，有各类型消防车 282 辆，消防器材齐全，大大增强了消防队伍灭火救援攻坚实战能力，见表 7.10 和表 7.11。规划区内现有 6 支消防队，10 个消防站点（图 7.18）。

表 7.10 东莞市主要消防力量情况

单位	人数（人）	管辖范围
茶山消防站	28	茶山镇
长安中心区消防队	81	长安镇
常平中队	46	常平镇
大朗消防中心站	43	大朗镇
大岭山消防大队	50	大岭山镇
道滘消防站	33	道滘镇
东城中心站	85	东城街道
东坑消防队	50	东坑镇
凤岗镇专职消防队	68	凤岗镇
高埗消防队	24	高埗镇
横沥镇消防队	39	横沥镇
洪梅镇中心消防站	25	洪梅镇
虎门大队	78	虎门镇
立沙岛特勤站	43	虎门港镇
黄江专职消防队	50	黄江镇
寮步中队	60	寮步镇
麻涌消防站	28	麻涌镇
南城大队现役消防站	42	南城镇
企石镇消防站	23	企石镇
桥头镇中心站	29	桥头镇
清溪中队	30	清溪镇
沙田中心消防站	24	沙田镇
石碣镇专职消防队	44	石碣镇
石龙大队石龙中队	28	石龙镇

续表

单位	人数（人）	管辖范围
石排消防队	36	石排镇
松山湖消防站	34	松山湖
塘厦高丽消防站	73	塘厦镇
特勤大队	40	
莞城消防大队	34	莞城街道
万江专职消防队	36	万江街道
望牛墩镇专职消防队	32	望牛墩镇
谢岗消防站	42	谢岗镇
樟木头中队现役消防站	43	樟木头镇
中堂大队消防站	26	中堂镇
共计	1447	

表 7.11　规划区消防站及设备情况

单位	所属消防站	人员（人）	管辖范围	消防车辆（辆）	装备描述
东城中心站	东城中心站	85	东城街道	11	消防车、抢险救援器材、灭火器材及防护装备等
	东城樟村分站				
	东城同沙分站				
南城大队现役消防站	南城消防专职队	42	南城街道	9	消防车、抢险救援器材、灭火器材及防护装备等
	南城大队现役消防站				
松山湖北部消防站	松山湖北部消防站	36	万江街道	5	消防车、抢险救援器材、灭火器材及防护装备等
特勤大队		40	全市	18	1辆主战消防车、大功率水罐消防车、2辆防化消防车等，装备较为齐全
莞城消防大队	莞城消防大队	34	莞城街道	8	消防车、抢险救援器材、灭火器材及防护装备等
	莞城科技园消防站				
万江专职消防队	万江专职消防站	36	万江街道	5	消防车、抢险救援器材、灭火器材及防护装备等
合计		273	规划区	56	

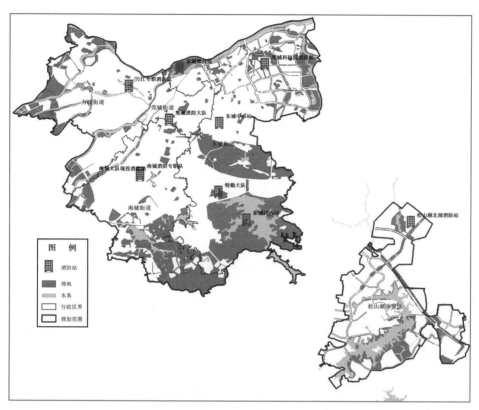

图 7.18　东莞市规划区消防站分布示意图

从表 7.12 可以发现，从消防人员的配置和装备数量上来看，我国远远落后于发达国家；从国内范围来看，东莞市的消防力量处于较低水平。全市按消防站计算的平均辖区范围为 44.2km²，不能满足城市消防站小于 7km² 的标准；全市每万人拥有消防车辆数为 0.34；全市每万人拥有专兼职消防员数为 1.74。而规划区可用消防资源比东莞要强一些，按消防站计算的平均辖区范围为 28.1km²，但也不能满足城市消防站小于 7km² 的标准；规划区每万人拥有消防车辆数为 0.44，消防装备处于国际同等水平；规划区每万人拥有专兼职消防员数为 2.17，这一标准超市域标准，在国内处于一般水平，但大大落后于国际水平。

表 7.12　国内外部分城市消防力量对比

城市	人口（万）	面积（km²）	消防队数（支）	消防队员人数（人）	消防车辆（辆）	平均辖区范围（km²）	每万人消防车辆（辆）	每万人消防人员数（人）
纽约	800	892	100	14950	867	7	1.00	18.69
东京	1168	2145	287	17839	1616	7.5	1.30	16.21
伦敦	761	1579	140	8239	634	11.3	0.83	10.83

城市	人口（万）	面积（km²）	消防队数（支）	消防队员人数（人）	消防车辆（辆）	平均辖区范围（km²）	每万人消防车辆（辆）	每万人消防人员数（人）
巴黎	650	762	78	6139	474	9.8	0.73	9.44
上海	1360	6340	52	4540	274	121.9	0.20	3.34
开封	60	60	6	135	16	10.0	0.27	0.25
中山市	251	1800	63（站）	1400	282	6.6	0.48	10.41
东莞市	832	2465	63	1447	282	44.2	0.34	1.74
东莞市（规划区）	126.20	281.8	10	273	56	28.1	0.44	2.17

7.2.4.2 消防建筑抗震能力

在规划编制过程中对规划区内部分消防站建筑物进行了现场踏勘（图 7.19）。根据东莞市公安消防支队提供的相关资料，对规划区内的部分消防站主体建筑进行了抗震能力分析，结果见表 7.13 和表 7.14。

表 7.13 规划区内现状消防建筑统计

名称	地址	建设年份	建筑面积	结构类型	用途	设防烈度
东城中心站	东莞市东城街道东源路一号	2000 年	3114.7m²	框架	办公、宿舍	Ⅷ度
东城樟村分站	运河东一路一号大王洲桥西侧	2009 年	1172m²	框架	办公、宿舍、训练场	Ⅷ度
东城同沙分站	莞长路牛山社区同沙派出所内	2009 年	1156m²	框架	办公、宿舍、训练场	Ⅷ度
南城消防专职队	南城新基沾网坊 233 号君临大厦	20 世纪	700m²	框架	商用	Ⅵ度
南城大队现役消防站	南城街道塘贝二路南城消防大队	2007 年	5352m²	钢结构	办公、执勤	
松山湖北部消防站	东莞市松山湖高新科技园工业西四路一号	2008 年		砖混	消防站	
特勤大队	广东省东莞市东城街道莞长路 23 号公安消防支队	2007 年	不详	砖混	营房	

续表

名称	地址	建设年份	建筑面积	结构类型	用途	设防烈度
莞城消防大队	东莞市莞城街道八达路 28 号	1986 年	1800m²	砖混	首层为消防车库，二层为官兵宿舍、会议室、办公室，三层其他场、库室	
莞城科技园消防站	东莞市狮龙路莞城科技园	2014 年	停车棚占地面积 120m²	简易钢结构	停放 2 辆消防执勤车	
万江专职消防队	东莞市万江街道石美友谊横街	2001 年	1100m²	砖混	营房	Ⅵ度

表 7.14　部分消防站建筑抗震分析结果

名称	结构类型	地震烈度		
		Ⅵ度	Ⅶ度	Ⅷ度
东城中心站	框架	好	好	轻
东城樟村分站	框架	好	好	轻
东城同沙分站	框架	好	好	轻
特勤大队	框架	好	好	轻
莞城消防大队	框架	好	好	轻
万江专职消防队	砖混	好	轻	中

注：表中"好"表示基本完好，"轻"表示轻微破坏，"中"表示中等破坏，"严"表示严重破坏。

　　根据抗震分析结果可以得出，在烈度为Ⅵ度时，消防站建筑均可保持基本完好；在烈度为Ⅶ度时，万江专职消防队建筑发生轻微破坏，其他均保持保持基本完好；在烈度为Ⅷ度时，仅万江专职消防队建筑发生中等破坏，其他均发生轻微破坏。消防站具有较强的抗震能力。

　　城市消防系统的抗震能力与城市供水系统、供电系统、通信系统和道路交通系统的抗震能力密切相关。城市供水系统、供电系统、通信系统和道路交通系统本身在抗震设防方面存在的问题都会成为消防系统在遭遇突发地震灾害时的安全隐患。在近年来的城市改造中，中心城区建设速度较快，但是消防设施没有做到统一布局，管网结构不尽合理，部分地段消防供水设施陈旧老化，跑、冒、滴、漏现象严重，部分消火栓遭到不同程度的破坏，这种现状在很大程度上降低了消防系统的抗震能力。

　　现状用于危险化学物品事故处置的高温高压堵漏、特种防护装备、登高消防车等装备储备较少，考虑到规划区内及周边地区存在一定数量的危化品公司，应适当加强上述特种装备的储备，提高应对危化品泄露的应急处置能力。

东城中心站

东城樟村分站

东城同沙分店

特勤分店

莞城消防大队

万江专职消防队

图 7.19　规划区现状消防站建筑

7.2.4.3　消防水源现状

东莞市域主要河流有东江、东莞运河、石马河和寒溪水。东江干流在东莞市域内长74.3km，石马河长88km，东莞运河长100km，寒溪水长59km，流域面积720km²，市域内多年平均径流总量275×10⁸m³，有比较丰富的水路运输资源。丰富的内河网道为发展内河水运事业提供了良好条件的同时，也提供了比较充裕的消防天然水源。随着城区的不断改造，市政供水能力不断增强，虽然城区有供使用的天然消防水源取水点，但没有专门设置沿河消防取水平台，在防洪堤设置、绿化建设过程中，也没有充分考虑消防取水需要，不利于火灾扑救工作中的消防水源保障。

7.2.4.4　消防供水现状

部分地段供水设施陈旧老化，跑、冒、滴、漏现象严重，管网结构不尽合理。随着城市规模扩展，供水向周边辐射范围增大，边远地区短期内很难达到环状供水要求，市政消防供水的可靠性较差。另外，一些城市老居民区、厂企的供水管道改造较慢，一些地区因老的小口径管道结垢等因素，影响市政消火栓的流量和压力。

7.2.4.5　增强消防队伍的实战能力

为进一步增强消防队伍的实战能力，在平时应多增加实战演练科目。可以增加建设全市消防员培训基地内容：按照东莞市可能发生的灾害事故（地震、水灾、各类火灾事故、地下建筑设施坍塌等）设置模拟训练设施，对全市消防员开展专业培训，提高消防人员对灾害事故的处置能力。

7.2.5　规划区内地震水灾危险性调查与分析

东莞市地势东南高西北低，河流众多。市域内 96% 属东江流域，主要河流有东江干流，东江北干流和南支流及其之间的三角洲河网区，石马河、寒溪水、市域西南部的白坑水和芦花坑水及市域南部独流入海的马尾山水和茅洲河，各河流情况见图 7.20 和表 7.15。

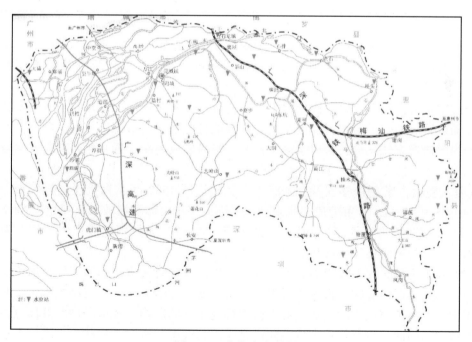

图 7.20　东莞市水系图

表 7.15　东莞市主要河流基本情况

水系	河流	主流长度（km）	坡降（‰）	流域面积（km²）	发源地	汇入		已筑水库控制面积（km²）
						地点	河流	
东江	干流	35/520		744/27040	江西寻邬县	石龙	三角洲	11746
东江	三角洲			319.5/8300		大盛泗盛	狮子洋	
东江	石马河	76/88	5.1	673/1249	宝安区大脑壳山	桥头镇新开河	东江	
东江	寒溪水	59.0	0.33	720	观音山	峡口	南支流	188
东江	牛山水	9.5		14.7	禾坑	新基	南支流	6.7
东江	蛤地水	12.9		18.4	马坑	石角头	南支流	12.2
东江	白濠水				沙溪	白濠	南支流	
东江	河田水	22.1		85.5	石洞	涌口	南支流	49.8
东江	白坑水	10.6		15.4	旗令地	太平镇	太平镇	10.2
珠江口	芦花坑水	8.1		10.9	周山	牛屎环	港江口	6.0
珠江口	马尾山水	13.9		20.9	花灯盏	沙头沙区	珠磁平	12.2
珠江口	茅洲河	30.9		274.3	宝安镇羊台山	新民	珠江口	76

近年来，东莞市在水利建设上取得不少成就，特别是实施防灾减灾工程以来，水乡河网区各镇街已初步形成了堤防和水闸组成的防洪工程体系，通过堤防及挡洪（潮）闭口闸防御外洪。

与地震次生火灾相比，地震次生水灾发生的可能性相对较低，但东莞市水系发达，城市主要临江而建，故面临洪涝灾害。由于规划区内地势低平，城市化率较高，暴雨洪水汇流时间短，当内洪遭遇东江洪水、台风暴潮顶托时，极易造成内涝。近几年来就曾发生较大的水灾。2008年"6·13""6·25"两场洪涝灾害共造成8人死亡、1人失踪，全市共有47.0156万人受灾，紧急转移安置28495人，倒塌房屋1592间，直接经济损失22.6233亿元。2009年5月22—24日东莞遭遇暴雨到大暴雨，寮步山体滑坡致2人死亡；2009年8月17日，清溪镇发生雷击事件，2人死亡。2010年"5·7"大暴雨造成市内一死一失踪。因此，规划区面临的洪涝灾害的形势是比较严峻的。

地震本身也将加大灾害效应的影响，如果发生地震同时又遭遇恶劣天气，地震次生水灾所带来的影响是不可估计的。根据项目组的调研，规划区地震次生水灾的风险主要来自城市防洪排涝水利设施抗震性能的高低及规划区内场地条件的影响。场地条件的具体分析已在第三章详细叙述，因此，本节将重点放在防洪排涝水利设施如水库、堤防、水闸等上进行抗震性能分析。

7.2.5.1　水库

东莞市地形地貌复杂多样，山塘水库众多。目前，全市共建成水库121座，总库容

$4.05×10^8 m^3$，其中中型水库 8 座，总库容 $2.14×10^8 m^3$，水库总集雨面积 $569km^2$，年提供居民生活及工农业生产用水 $2.53×10^8 m^3$，保护着 388 万人的生命财产安全。分布于东莞市 16 个镇区的水库，集防洪、灌溉、供水和提供景观用水等功能为一体，发挥着巨大的经济、社会和生态效益，为东莞经济社会的可持续发展提供有力的水安全保障和水资源支撑。

东莞市大多数水库兴建于 20 世纪五六十年代，受当时历史条件限制，建设标准不高，配套设施不全且简陋，部分工程设施老化。特别是经过 40 多年来的运行，工程不同程度存在一些安全隐患，严重威胁下游人民的生命财产安全，制约当地经济的发展。进入 90 年代以来，政府加快了对中小型水库进行除险加固和安全达标建设的步伐，即中型水库按 100 年一遇设计，1000 年一遇校核；小（一）型水库按 50 年一遇设计，500 年一遇校核；小（二）型水库按 30 年一遇设计，300 年一遇校核。通过多渠道筹集资金，加强了除险加固和安全达标力度，提高了水库工程效益。同时按照省水利厅提出的"一库制"建设要求，立足于把水库建成基地型、示范型，做到管理机构健全，工程完整安全、环境优美、效益显著。2002 年，东莞市已经完成 7 座中型水库和 9 座小型水库的除险加固，2005 年底，全市小型水库达标建设已基本完成，基本实现了水库达标建设的目标，为东莞市经济社会发展提供了丰富的水源储备。

东莞市的主要水库有同沙水库、松木山水库、横岗水库、茅輋水库、契爷石水库、黄牛埔水库和虾公岩水库 7 座中型水库，其分布及基本情况见图 7.21 和表 7.16。其中，影响规划区防洪安全的水库主要有同沙水库、松木山水库两座中型水库，这两座中型水库均位于寒溪河中下游。本节将对规划区内的同沙水库、松木山水库进行次生水灾危险性分析。

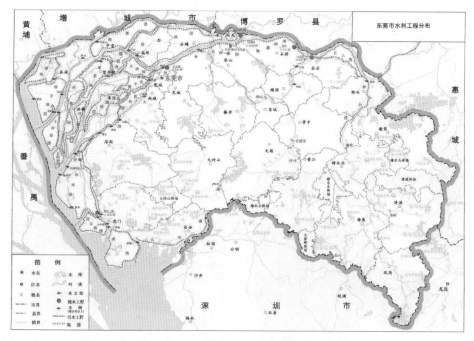

图 7.21　东莞市水利工程分布示意图

表 7.16　东莞市重点水库基本情况统计

名称	地点	所在河流	建成年份（年）	总库容（×10⁴m³）	集水面积（km²）	最大坝高（m）	设防烈度	坝体类型
同沙水库	东城街道	东江	1960	6220	100	17.9	Ⅶ度	土坝
松木山水库	松山湖科技园区	寒溪河	1959	6025	54.2	20.7	Ⅶ度	土坝
横岗水库	厚街镇	东江南支流	1959	3280	44.6	16.53	Ⅶ度	土坝
茅輋水库	清溪镇	铁场	1958	1160	19.3	23.5	Ⅶ度	土坝
契爷石水库	清溪镇	石马河	1960	1158	17.6	16.8	Ⅶ度	土坝
黄牛埔水库	黄江镇	东江	1960	1475	33.8	18	Ⅶ度	土坝
虾公岩水库	塘厦镇	石马河支流	1958	1180	15.7	21.5	Ⅶ度	土坝

（1）同沙水库。

同沙水库（图 7.22）是东莞市最大的一座中型水库，坝址位于莞城东南方 8.5km 的东城街道同沙村。水库于 1958 年 8 月动工兴建，1960 年 4 月建成并投入使用。水库集雨面积 100km²，多年平均降雨量 1700mm，总库容 6220×10⁴m³，按 100 年一遇洪水设计，1000 年一遇洪水校核，保护着莞城、东城、南城、寮步、茶山、东坑及横沥等 7 个镇区 13.8 万亩土地，100 多万人口，设计灌溉面积 5.5 万亩，是寒溪河上游三大中型水库之一，也是一座以防洪为主，兼有灌溉、发电、养殖、旅游等综合功能的中型水库。

（2）松木山水库。

松木山水库（图 7.23）位于松山湖科技产业园中心区。水库于 1958 年 5 月开工，1959年 9 月建成，拦截松木山水，集雨面积 54.2km²，多年平均降雨量 1651mm，总库容 6025×10⁴m³，按 100 年一遇洪水设计，1000 年一遇洪水校核。水库建成时的主要功能是防洪和灌溉，因东莞经济的发展，水库现在的主要功能是防洪调蓄、生活供水及松山湖科技产业园观景水体，是寒溪河上游三大中型水库之一。

图 7.22　同沙水库

图 7.23　松木山水库

同沙水库、松木山水库都是在 20 世纪 50 年代修建的均质土坝，限于当时技术水平和国家财力，工程建设质量不高，虽然经过几次加固，但仍存在设计标准、施工规程及管理制度等在时间意义上的"老化"问题，例如溢洪道老化等，存在安全隐患；工程本身进入老化期，结构物、设备、设施老化严重。水库主体工程原有配套设施不完善，大中型水库监测设施不配套或者老化破损，但是这两座水库在规划区内及整个东莞市都属于较重要的水库，其影响面很大。根据震害预测报告，当同沙水库发生危险时，下游的莞城、南城、寮步、东城、茶山、东坑及横沥等 7 个镇区部分地方将会被淹没，淹没面积 100km² （其中耕地 3.68 万亩），受影响人口 52.98 万人。其中莞樟公路、莞龙公路等主要交通道路将无法通行。

鉴于同沙水库及松木山水库的重要性及现状，建议相关部门尽快开展对大坝抗震复核和抗震加固等工作，通过安全鉴定全面复核和评价水库设计、施工情况、检查运行管理工作，科学分析和判断水库安全现状，指导水库的除险加固设计，是水库实施安全管理和除险加固措施的重要环节。

7.2.5.2　堤围

东莞市域内受洪潮威胁的面积占全市耕地面积的半数以上，防洪（潮）工程以堤防为主，主要由东江堤围、三角洲堤围、寒溪堤围、潼湖堤围和海堤五部分组成。全市现有堤防 123 条，总长度 924.48 千米，总捍卫面积 23.87 千米。其中江堤 101 条，堤长 624.59 公里，捍卫面积 22.22 万公顷；海堤 22 条，堤长 299.89 公里，捍卫面积 1.65 万公顷。规划区范围内的堤防涉及东莞大围、挂影洲围、大洲围、胜利围、金丰围，均属于东江堤围（表7.17 和表 7.18，图 7.24）。

表 7.17　东莞市 13 条东江堤围现状统计

编号	堤围名称	河流水系	兴建时间（年）	堤长（km）	涵闸（座）	已达防御标准（%）	捍卫	
							耕地（万亩）	人口（万人）
1	桥头围	东江	1958—1965	12.6	10	1	6.22	12
2	五八围	东江	1911	9.76		1	1.36	3.6
3	福燕洲围	东江	1951	16.6	2	1	5.83	15.5
4	京西鳌围	东江	1757—1795	5.25	2	1	7.2	16.4
5	东莞大围	东江	1957	19.5	8	1	23.47	45
6	山洲围	东江	1953	7.8	2	2	4.7	3.1
7	石龙围	东江	1958	4.3	1	2	2.3	6.5
8	挂影洲围	东江	1932	36.8	15	1	9.38	20.2
9	潢新围	东江	1950—1960	31.5	12	5	2.2	6.5
10	大洲围	东江南支流	1959	17.8	8	5	0.91	5
11	溶联围	东江南支流	1958	19.7	8	5	0.63	2

续表

编号	堤围名称	河流水系	兴建时间（年）	堤长（km）	涵闸（座）	已达防御标准（%）	捍卫耕地（万亩）	捍卫人口（万人）
12	胜利围	东江南支流	1959	16	11	5	0.925	2.5
13	金丰围	东江南支流	1958	11.5	9	5	0.65	2.1
小计				209.06	88		66.78	140.40

表 7.18　规划区受影响范围内堤围现状统计

堤防名	位置	所属河道	类型	结构类型	建设时间（年）	目的	防洪标准
滘联围河堤	万江街道办事处小享社区居民委员会	赤滘口河	围（圩、圈）堤	土堤	1958	防洪	50
白露围	道滘镇蔡白村村民委员会	厚街水道	围（圩、圈）堤	土石混合堤	1962	防洪，防潮	50
蔡屋围	道滘镇蔡白村村民委员会	东莞水道	围（圩、圈）堤	土石混合堤	1966	防洪，防潮	50
大汾围河堤	万江街道办事处大汾社区居民委员会	大汾水	围（圩、圈）堤	土堤	2010	防洪	50
大王洲堤围	东城街道办事处樟村社区居民委员会	东莞水道	围（圩、圈）堤	土堤	1962	防洪，防潮	10
道滘围	道滘镇昌平村村民委员会	东莞水道	围（圩、圈）堤	土石混合堤	1959	防洪，防潮	50
东江南支流厚街段	厚街镇宝屯村村民委员会	厚街水道	河（江）堤	土石混合堤	0	防洪	
东引运河堤防-东城段	东城街道办事处梨川社区居民委员会	东引运河	河（江）堤	土堤，钢筋混凝土防洪墙	1995	防洪	20
东引运河堤防-东城段	东城街道办事处梨川社区居民委员会	东引运河	河（江）堤	钢筋混凝土防洪墙	1995	防洪	20
东引运河堤防-南城段	南城街道办事处石鼓社区居民委员会	东引运河	河（江）堤	砌石堤	2011	防洪	50
东引运河堤防-南城段	南城街道办事处石鼓社区居民委员会	东引运河	河（江）堤	土堤	1958	防洪	50

堤防名	位置	所属河道	类型	结构类型	建设时间（年）	目的	防洪标准
东引运河堤防-莞城段	莞城街道办事处北隅社区居民委员会	东引运河	河（江）堤	土堤	2007	防洪	100
挂影洲围	石碣镇鹤田厦村村民委员会	东莞水道	围（圩、圈）堤	砌石堤	2006	防洪	50
寒溪河堤防大朗段	大朗镇水口村村民委员会	寒溪河	河（江）堤	土堤	2010	防洪	50
寒溪河堤防松木山段	大朗镇松木山村村民委员会	寒溪河	河（江）堤	砌石堤	2000	防洪	50
寒溪河堤防松木山段	大朗镇松木山村村民委员会	寒溪河	河（江）堤	砌石堤	2000	防洪	50
寒溪河堤围东城段	东城街道办事处峡口社区居民委员会	寒溪水（平原段）	河（江）堤	土堤	1999	防洪	20
寒溪河堤围东城段	东城街道办事处鳌峙塘社区居民委员会	寒溪水（平原段）	河（江）堤	土堤	1998	防洪	20
黄沙河堤	大岭山镇连平村村民委员会	黄沙水	河（江）堤	土堤，钢筋混凝土防洪墙	0	防洪	50
黄沙河堤	大岭山镇连平村村民委员会	黄沙水	河（江）堤	土堤，钢筋混凝土防洪墙	0	防洪	50
黄沙河堤围	寮步镇下岭贝村村民委员会	黄沙水	河（江）堤	土石混合堤	2008	防洪	50
黄沙河堤围东城段	东城街道办事处温塘社区居民委员会	黄沙水	河（江）堤	土堤	2008	防洪	50
黄沙河堤围同沙段	东城街道办事处同沙社区居民委员会	黄沙水	河（江）堤	土石混合堤	2007	防洪	10
黄沙河堤围同沙段	东城街道办事处同沙社区居民委员会	黄沙水	河（江）堤	土石混合堤，钢筋混凝土防洪墙	2007	防洪	10
蕉利郭洲联围	中堂镇蕉利村村民委员会	蕉利河	海堤	砌石堤	0	防洪	50

续表

堤防名	位置	所属河道	类型	结构类型	建设时间（年）	目的	防洪标准
金丰围河堤	万江街道办事处新谷涌社区居民委员会	东莞水道	围（圩、圈）堤	土堤	1958	防洪	50
连平河堤	大岭山镇连平村村民委员会	黄沙水	河（江）堤	土堤，钢筋混凝土防洪墙	0	防洪	50
连平河堤	大岭山镇连平村村民委员会	黄沙水	河（江）堤	土堤，钢筋混凝土防洪墙	0	防洪	50
松木山总泄洪渠堤防二段	松山湖管委会松山湖社区	寒溪河		砌石堤	0	防洪	50
松木山总泄洪渠堤防二段	松山湖管委会松山湖社区	寒溪河		砌石堤	0	防洪	50
松木山总泄洪渠堤防一段	松山湖管委会松山湖社区	寒溪河	河（江）堤	砌石堤	2009	防洪	50
松木山总泄洪渠堤防一段	松山湖管委会松山湖社区	寒溪河	河（江）堤	砌石堤	2009	防洪	50
下岭贝堤围	寮步镇下岭贝村村民委员会	黄沙水	河（江）堤	土石混合堤	2008	防洪	50
小河九曲围	道滘镇小河村村民委员会	赤滘口河	围（圩、圈）堤	土石混合堤	1974	防洪，防潮	50
增卢大围—黄沙水段	茶山镇增埗村村民委员会	黄沙水	河（江）堤	土堤	1962	防洪	50
竹园堤围	寮步镇竹园村村民委员会	黄沙水	河（江）堤	土石混合堤	2008	防洪	50
寮步堤围	寮步镇石龙坑村村民委员会	寒溪水（平原段）	河（江）堤	土石混合堤	2008	防洪	50

注：数据来源于东莞市水务局。

　　从表 7.18 可以看出，规划区附近地区乃至全市的堤围很多始建于 20 世纪 70 年代以前，主体结构大部分为土堤或土石混合堤，其抗震能力较弱。而且据《东莞市水乡河网区水系综合规划》介绍，目前东莞市内水乡河网区的堤坝存在不少隐患。堤防的断面强度也不够，堤身单薄，近年防灾减灾堤围加固工程中堤防深部地基一般都没有进行特殊处理，这就使得外河堤围存在更为严重的地震安全隐患。地震很可能将引起坝体破坏或地基失效进而造成堤防溃坝的风险，从而使堤防的防洪功能丧失。

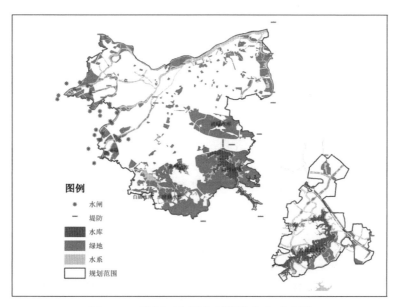

图 7.24　规划区主要水利设施分布示意图

7.2.5.3　水闸

全市共有水闸 360 座，约有 1/5 的水闸建于 20 世纪六七十年代，特别是望牛墩、中堂、道滘、万江、虎门港等镇区，这些水闸设备陈旧，建筑物年久失修，运行状况不良。加上原有设计按农田水利排涝标准建设，排涝标准较低，10 年一遇或不足 10 年一遇，不适应现代城市排涝的需要，这些水闸除了在近年来新建以外，其他在工程建设中都没有考虑抗震设防的要求，因此抗震能力令人担忧（表 7.19）。

表 7.19　规划区受影响范围内水闸现状统计

序号	乡（镇）	街（村）	水闸名	河道	建成时间（年）	水闸类型
1	道滘镇	蔡白村村民委员会	白露水闸	律涌水道	2000	挡潮闸
2	道滘镇	小河村村民委员会	白水涡水闸	赤滘口河	2010	挡潮闸
3	道滘镇	蔡白村村民委员会	蔡屋洲头水闸	东莞水道	2011	挡潮闸
4	道滘镇	昌平村村民委员会	昌平水闸	水蛇涌	2003	挡潮闸
5	道滘镇	大岭丫村村民委员会	大岭丫水闸	水蛇涌	2003	挡潮闸

续表

序号	乡（镇）	街（村）	水闸名	河道	建成时间（年）	水闸类型
6	道滘镇	小河村村民委员会	大涡水闸	赤滘口河	2009	挡潮闸
7	道滘镇	昌平村村民委员会	扶屋水水闸	水蛇涌	1966	挡潮闸
8	道滘镇	昌平村村民委员会	横了水闸	水蛇涌	1968	挡潮闸
9	道滘镇	昌平村村民委员会	虎斗水闸	东莞水道	1956	挡潮闸
10	道滘镇	蔡白村村民委员会	律涌水闸	律涌水道	1957	挡潮闸
11	道滘镇	大岭丫村村民委员会	马西塘水闸	东莞水道	2011	挡潮闸
12	南城街道办事处	白马社区居民委员会	白马方屋丕水闸	东引运河	2010	排（退）水闸
13	南城街道办事处	白马社区居民委员会	白马排涝 2 站-水闸工程	东引运河	2009	排（退）水闸
14	南城街道办事处	白马社区居民委员会	白马排涝站-水闸工程	东引运河	2005	排（退）水闸
15	南城街道办事处	石鼓社区居民委员会	石鼓排涝站-水闸工程	东引运河	2005	排（退）水闸
16	南城街道办事处	石鼓社区居民委员会	石鼓水闸	厚街水道	2008	排（退）水闸
17	南城街道办事处	袁屋边社区居民委员会	袁屋边排涝站-水闸工程	东引运河	2010	排（退）水闸
18	道滘镇	蔡白村村民委员会	上口水闸	律涌水道	1966	挡潮闸
19	道滘镇	昌平村村民委员会	深涌水闸	东莞水道	1960	挡潮闸
20	望牛墩镇	五涌村村民委员会	五涌村内水闸	赤滘口河	2009	排（退）水闸
21	望牛墩镇	五涌村村民委员会	五涌上涌口水闸	赤滘口河	新建	排（退）水闸
22	万江街道	新村社区居民委员会	村尾水闸	大汾水	2010	排（退）水闸
23	万江街道	新谷涌社区居民委员会	海仔水闸	东莞水道	2000	排（退）水闸
24	万江街道	新和社区居民委员会	横滘水闸	东莞水道	1996	排（退）水闸
25	万江街道	新村社区居民委员会	解放洲水闸	水蛇涌	2010	排（退）水闸
26	万江街道	流涌尾社区居民委员会	流涌尾砖厂水闸	赤滘口河	2010	排（退）水闸
27	万江街道	简沙洲社区居民委员会	龙通排站-水闸工程	东莞水道	2006	排（退）水闸
28	万江街道	新和社区居民委员会	螺涌水闸	东莞水道	2011	排（退）水闸

续表

序号	乡（镇）	街（村）	水闸名	河道	建成时间（年）	水闸类型
29	万江街道	流涌尾社区居民委员会	上村基水闸	赤滘口河	2010	排（退）水闸
30	万江街道	新谷涌社区居民委员会	新昌水闸	东莞水道	2000	排（退）水闸
31	万江街道	新和社区居民委员会	新洲水闸	厚街水道	2001	排（退）水闸
32	望牛墩镇	赤滘村村民委员会	赤滘口水闸	赤滘口河	1972	排（退）水闸
33	望牛墩镇	扶涌村村民委员会	扶涌水闸	赤滘口河	1997	排（退）水闸

注：数据来源于东莞市水务局。

7.2.5.4　泵站

作为重要排涝设施的泵站，在市内分布不太合理，设施配备不足。根据《东莞水乡特色发展经济区水系综合规划（2015—2030 年）》介绍水乡河网区现有泵站数量不足，仅有 49 座。部分镇内无泵站工程或已经建设但尚未安装运行，因此，当外江大潮时若恰逢内部区域降大雨，区内雨水无法排出，积聚于低洼地带，致使部分区域受淹严重。各镇区泵站情况见表 7.20。

表 7.20　水乡河网区各镇泵站配置情况

镇街	个数	设计排水流量（m³/s）	备注
洪梅	6	60.34	黎洲角 1 号，夏汇泵站已建成，梅沙西 3 座在建
中堂	5	65.14	排涝面积和设计流量小，不能满足区域的排涝要求
石龙	2	2.92	中山公园湖心亭排涝站、崇文街心公园排涝泵站
万江街道	18	154.05	涝区的大多排涝站是 20 世纪六七十年代所建，排涝标准低
麻涌	4	38.35	排涝标准低，规划建设 5 座排涝泵站，已基本完成 4 座
石碣 石㙟	12	182.71	排涝工程多建于 1970—1990 年，不足 10 年一遇排水标准
虎门港	2	53	坭洲岛现状没有泵站
合计	49	556.51	

7.2.5.5　水利设施存在的问题

根据上述对规划区与周边影响地区水库、堤围及水闸等水利设施的抗震性能分析，认为目前存在以下问题。

（1）水利设施建设年代久、建设标准低，抗震设防能力不足。大部分水利设施都是建于新中国成立之初。限于当时的技术水平和国家财力,工程建设质量不高,后续可能进行加固,但加固的标准仅限于防洪排涝,除近年来新建工程外,堤围与排涝设施的建设及加固并没有考虑抗震设防的要求。

(2)规划区内的排涝设施布局不太合理,排涝设施不足。当前东莞市内每到暴雨台风季节就面临较大的内涝风险,内涝的发生是由于当发生洪水或遭遇高潮位时,堤围内水不能完全靠水闸自排流出,最后在城市街区形成内涝。在东莞西部水乡区域(河流水渠密集区)也仅有泵站 36 座,设计总排水流量 339.7m³/s,强排措施明显不足,部分镇区仍没有建设泵站。在这种情况下,如果遭遇地震,现有的排涝设施很可能将受到破坏丧失全部功能,从而使灾情更来严峻。

(3)水利设施的建设忽略了对地基的特殊处理,临海及临江地区场地地基大多属于软弱土,软弱土对远震具有放大效益。1985 年墨西哥湾 M8.5 地震是最典型的震例,地震造成离震中 400km 的墨西哥城遭受巨大损失。因此,在软弱土层上的工程建设应尽可能采取有效的工程措施消除场地效应所带来的负面影响,严格按照国家相关的标准条例进行抗震设防,以免带来不必要的伤害。我国不乏设防抗震的实例,禁受住大震的考验,取得了明显地抗震效果。辽河化肥厂 1974 年建厂时按照地震烈度鉴定意见"设计要注意地震产生砂基液化的破坏",因此,遵照地震烈度设计规范,总共打了 187 根桩,其中垂直桩 139 根、斜桩 48 根,施建的造粒塔 65.5m,直径 20m,当海城 7.3 级地震后厂区内有 54 处喷砂冒水,但造粒塔完好无损,是国内至今最成功的抗震事例。辽阳猸窝水库是全省大型水库之一,下游分布有辽阳化纤厂、庆阳化工厂等企业,原无地震设防,工程质量也有一些问题。1975 年 1 月进行了抗震加固。当海城地震时坝区山石滚落,坝体裂缝加大,库区冰面出现 90m 长裂缝,但整个大坝安全无恙。

7.3　地震次生灾害防御

7.3.1　地震次生火灾及易燃易爆灾害防御对策

在对规划区现状地震次生灾害易发区和危害性分析的基础上,提出以下防御对策。

(1)加强规划区内的总体规划,注意城市的合理布局。目前规划区范围内的莞城街道的情况尤其突出。该区人口非常稠密(个别地区人口密度达到 1 万人/km²),建筑密度极大,地震高易损性老旧民房在该区域密集成片分布。城中村的密布同时影响到市政供气、供电设施的布置,造成区域内地震次生火灾及易燃易爆灾害高发区的存在。建议结合建筑物的三旧改造规划,优先对这一地区进行改造,逐步减少老城区人口,改造城区老旧民房,使建筑密度、人口密度达到安全标准,同时规范市政供气、供电、供水设施的选址及配套建设,提高城市防止发生地震次生火灾的能力。

(2)在总体规划中应充分体现城市的功能分区,对于涉及易燃易爆、有毒有害物质的生产和储存的单位应集中在相应的工业区,保证工业区与居民区的有效避护距离。此类工业区的选址应考虑抗震有利场地,并应远离人口稠密地区和城区的上风、上水方向。应严格控制居民区的建筑密度,保证居民区防火绿化带的设置,未雨绸缪,结合绿地、公园建设多建设空间开阔的紧急避难场所，使居民能够就近快速避险。

（3）现有瓶组气化站的设置、经营基本符合规范要求，但有些瓶组气化站空间狭小，设备简陋，部分气化站安全距离不够，存在较大的地震易燃易爆危害性，直接影响居民区的安全。应结合燃气规划对目前规划区内存在的 34 家 LPG、LNG 瓶组气化站尽快进行天然气置换改造，消除安全隐患。在短时间内未能进行天然气置换改造的瓶组气化站进行严密地日常操作安全监控管理，消除安全隐患。

（4）建立完善液化气罐储站和加油、气站的防火制度及具体措施。液化气站和加油站易燃物品的储量较油库少些，从火灾的危害程度看，也较油库小些。但是，液化气站和加油站往往离市区较近，有的甚至离居民区较近，地震时一旦发生火灾，危害就很大。因此，应尽可能使之远离居民区和市区；严格执行液化气储罐和加油站的有关安全防火制度；经常检查有关设备，如阀门管道、罐体等的安全可靠性，发现隐患应立即采取措施，以防地震时设备或部件震坏，导致火灾的发生。

（5）国家规定每支消防队的责任范围是 $10km^2$，而规划区范围目前为 $13.3km^2$，而整个规划区又存在较多严重的地震次生易燃易爆高易发区，因此，规划区消防工作面临的首要问题是增加消防力量，并且保证消防队站合理分布，以此来保障规划区的消防安全。结合东莞市消防规划，增设本规划区内的消防站点和消防网点，安理安排空间分布，增加全职消防人员的数量，提高消防人员的专业素养，尽快完善全市的消防体系建设。在近期规划中，结合相关规划，整治和疏理城中村地区的消防通道，便于消防车辆能尽快到达火灾现场。此外，还应对全市现有消防站是否符合重点设防类建筑的抗震措施进行全面踏勘，并对不满足条件的消防站提出整改意见，由所在地方政府进行整改，以达到抗震要求。

《东莞市城市总体规划（2016—2030 年）》提出各镇街应结合城镇总体规划，优化城区用地布局，易燃易爆危险品生产储存转运设施（单位）应严格遵照"设在城市边缘的独立安全地区，并与人员密集的公共建筑保持规定的防火安全距离"；新建、扩建、改建的各类建设工程的选址定点、设计、施工必须严格执行国家有关消防技术规范的规定；合理规划布置广场、公园、绿地等疏散、避难场所，确保城镇消防安全。消防指挥中心、消防站车库及值班用房，应按重点设防类建筑采取抗震措施。应结合《东莞市城市总体规划（2016—2030 年）》，逐步提高规划区内消防站建筑的抗震能力，按重点设防类建筑采取抗震措施。

消防系统中的重要设备，如配电室中的固定通信设备、配电变压器、开关柜等电气设备应设有与基座锚固措施。无锚固措施的，应采取锚固措施。根据抗震抢险救灾需求配置破拆、扑救及工程设备，强化抢险救灾能力的培训工作，提高突发事件的应急能力。

消防取水水源采用自然水体与给水管网相结合的方式，提高消防给水渠道。沿河就近设置消防取水平台，作为消防应急水源。消防取水点必须设消防车道。

将城市消防安全远程监控系统的建设融入智慧城市的建设，建立科学预警、报警监控系统，督促机关、团体、企事业单位逐步完善内部消防安全管理和应急处理机制，提高城市的综合防灾救灾能力。

制定消防系统的应急救援预案，预案应包括地震次生灾害的应急处理方案，特别是地震次生火灾紧急灭火方案、废墟下人员搜救方案、严重破坏建筑的排险方案等。

7.3.2　地震次生水灾防御对策

（1）规划区范围内的同沙水库和松木山水库同为 20 世纪 50 年代修建完成的，坝体为均质土坝中型水库，限于当时技术水平和国家财力，工程建设质量不高，虽然经过几次加固，但仍存在抗震设计标准、施工规程及管理制度等在时间意义上的"老化"问题，鉴于其重要作用，存在较大的安全隐患，建议相关部门尽快开展对大坝抗震复核和抗震加固等工作，通过安全鉴定全面复核和评价水库设计、施工情况、检查运行管理等工作，确定科学的加固方法，排查险情隐患。

（2）基于规划区目前存在较大的城市内涝灾害隐患，而地震的发生可能将加剧灾害的影响，给人们的生命财产安全带来损失，给震后的抗震救灾工作带来困难。因此，建议对本规划区内的防洪排涝设施结合相关规划进行全面改造升级。属于东莞水乡河网范围内的镇街可以结合《东莞市水乡河网区水系综合规划》对其所辖水系工程进行近期综合治理。在防洪排涝工程建设中不仅要按相关的水利防洪标准来建设，而且在主体工程的选址、设计、建设上更是要严格遵循国家相关的抗震设防设计标准及规范，提高防洪排涝设施的抗震设防能力，以避免在地震中因主体工程的结构破坏，带来更为严重的地震次生灾害。

（3）水利管理部门应积极制定震后的应急抢险预案，组建应急抢险工作队，平日注重演练实操，积累灾害应对的流程及经验。应组织相关专家对当前水利工程设施的安全隐患进行全面鉴定、排查，及时排除隐患，对不能简单处理解决的安全隐患建档保存，以便震后能及时抢修，处理险情。

（4）水利工程建设应合理选择工程场地，尽量避开地层构造复杂、有活动断层和滑坡隐患地段，严格按照设防标准规定对水利工程进行抗震设防。堤围、水闸等防洪排涝设施一般建在临海及临江，属于工程场地条件比较差的地区，多属软弱土层，在建设中应更加注意地基的特殊处理，严格按照相关工程设计标准来进行。

7.3.3　地震地质灾害防御对策

地震地质灾害是指因地震活动引起的地质灾害。主要包括：崩塌、滑坡、泥石流、地裂缝、地面塌陷、砂土液化等。地震地质灾害是主要的地震次生灾害，不仅会造成严重的人员伤亡，而且破坏房屋、道路、桥梁等工程设施和土地资源，从而加剧地震灾害损失程度。

2008 年以来，我国西部山区连续发生 5 次强震和特大地震事件，这些地震事件不仅造成大量人员伤亡和财产损失，且触发了数以万计的滑坡、崩塌等地质灾害及隐患点。如 2008 年龙门山断裂带上的汶川 $M_S8.0$ 特大地震触发了多达 56000 余处地质灾害点，并诱发多处高速远程巨型滑坡和碎屑流滑坡，形成 33 处堰塞湖。2010 年 4 月 14 日的玉树 $M_S7.1$ 地震触发了约 2000 余处泥石流、崩塌、滑坡等地质灾害，且崩塌数量最多，泥石流次之，造成多处民房和道路被毁。2012 年 9 月 7 日云南彝良 $M_S5.7$ 和 $M_S5.6$ 地震造成 81 人死亡、74.4 万人受灾，触发了 259 处滑坡，189 处崩塌和滚石灾害，且震后崩滑泥石流灾害链效应显著，震后在暴雨诱发下的田头小学滑坡造成 19 人遇难，滑体阻断河流形成堰塞湖。2013 年 4 月 20 日发生的芦山 $M_S7.0$ 强烈地震造成 196 人死亡，同时诱发了芦山县、宝兴县等 8 个县（区）2515 处崩塌、滑坡、泥石流等地质灾害点，466 处不稳定斜坡点。2013 年 7 月

22 日的甘肃岷县漳县 $M_S6.6$ 地震造成 95 人死亡，触发 634 处地质灾害（隐患）点，震后的 $M_S5.6$ 强余震诱发的维新乡堡子村黄土滑坡造成 2 人死亡，100 多间房屋被掩埋。可见地震地质灾害造成的灾害是非常严重的。

根据工程地质钻孔资料、地震小区划资料、地质灾害危险分区图、地质灾害隐患点分析，规划区内局部地区存在砂土液化、软土震陷、地表断层破裂及潜在崩塌、滑坡、地裂缝和泥石流等潜在地震地质灾害影响。因在第四章 4.3 节已经有了详细论述，故不再赘述。这里将重点提出地震地质灾害的防御举措。

（1）地基土液化。

东莞市中心城区在东江南支流及东莞运河以西部分地段的饱和淤泥质细砂、淤泥质粉细砂层、中细砂在地震烈度Ⅶ度的作用下容易发生液化。这些具有潜在砂土液化及软土震陷风险的地区都属于抗震较适宜区，个别属于抗震不适宜区。抗震不适宜区在规划期内原则上不能作为建设用地，经过治理后可优先用作绿地广场用地，如确实需要进行建设，必须在工程的选址阶段进行抗震专项论证，采取更有针对性的抗震措施。上述区域还应加强对水库、堤围、水闸的抗震加固工作，加高加固防洪堤、防潮堤以及疏导河道，以此避免水库、堤坝、水闸因地震引起的地基失效造成破坏而引发的海水倒灌和洪涝等灾害。

（2）地表断层对城市建设的影响。

国内外大量的地震震例表明，活动断层不仅是产生地震的根源，而且地震时沿断层线的破坏最为严重，人员伤亡也明显高于断层两侧的其他区域，所以现代城市的发展规划及重大工程的选址，必须建立在进行了活断层调查和地震危险性评价的基础上。目前东莞中心城区及松山湖开发区内未发现晚更新世以来活动的断裂，因此，可不考虑断裂在地震时对规划用地的影响。但是，规划区内的南坑—虎门断裂、大朗—三和断裂、温塘—观澜断裂和黄旗山断裂及一些规模较小断裂，其局部破碎带较宽，在土地利用及建筑工程选址时应注意考虑断裂破碎带对建设工程的不利影响。

（3）潜在崩塌、滑坡、地裂缝和泥石流风险。

规划区内没有中等以上地质灾害危险性区。但是，规划区内存在一些地质灾害隐患点或潜在隐患点，主要分布在东城街道内。这些隐患点规模均为小型滑坡、崩塌，出现大规模破坏性地震滑坡、崩塌的可能性很小。

在黄旗山、将军帽和麒麟岭一带的丘陵基岩裸露区，这一带的岩石长期受内外营力的作用，节理裂隙发育，岩体破碎。在旗峰路、东莞大道、环城路穿过地段开挖的路堑，以及在此一带因基建缘故土石开挖等人工形成的高陡边坡，在受到地震作用时，这些松动的岩石容易失稳造成崩塌。

应结合《广东省东莞市地质灾害防治规划（2006—2020 年）》，将地质灾害防治纳入各级政府国民经济和社会发展计划，将地质灾害防治资金列入年度财政预算，建立地质灾害防治专项资金，落实经费，确保地质灾害得到及时调查、勘查和治理。

第 8 章　避震疏散场所与疏散通道规划

8.1　避震疏散模式及场所分类

8.1.1　避震疏散模式

避震疏散模式是指在地震预报发布或地震来临后，人们按照一定机制进行紧急避震、组织疏散、临时安置等一系列活动的标准和样式。根据不同的地震应急预案，避震疏散模式各不相同，但总体来说，一般的避震疏散模式分为震时疏散和震后疏散两部分。

震时疏散是指在地质活动开始加剧时，紧急避震人口指全体人员按照震前演练撤离到紧急避震疏散场所进行临时避震，此时的疏散以自发性行为为主。

震后疏散是指在主震期基本结束后，余震可能持续发生，此时人们被组织分配到各个固定避震疏散场所进行 10 天以内的短期避震。在地震基本结束后，短期安置人口（因房屋损毁所造成的无家可归人口）需在固定避震疏散场或中心避震疏散场所进行一般不超过 30 天的临时安置。地震完全结束后，重建工作陆续完成，短期安置人口中部分可以回到原居住地，剩余人口在新建的安置小区内进行 30 天以上的中长期安置。

8.1.2　避震疏散场所分类

根据《城市抗震防灾规划标准》（GB 50413—2007），避震疏散场所是指用作地震时受灾人员疏散的场地和空间，划分为紧急避震疏散场所、固定避震疏散场所、中心避震疏散场所三类。

（1）紧急避震疏散场所。

紧急避震疏散场所是指供避震疏散人员临时或就近避震疏散的场所，也是避震疏散人员集合并转移到固定避震疏散场所的过渡性场所。通常可选择城市内的小公园、小花园、小广场、专业绿地、高层建筑中的避震层（间）等。

（2）固定避震疏散场所。

固定避震疏散场所是指供避震疏散人员较长时间避震和进行集中性救援的场所。通常可选择面积较大、人员容置较多的公园、广场、体育场地/馆，大型人防工程、停车场、空地、绿化隔离带以及抗震能力强的公共设施、防灾据点等。

（3）中心避震疏散场所。

中心避震疏散场所是指规模较大、功能较全、起避震中心作用的固定避震疏散场所。场所内一般设抢险救灾部队营地、医疗抢救中心和重伤员转运中心等。中心避震疏散场所将在全市范围内统筹考虑，本次规划只落实《东莞市城市总体规划（2016—2030 年）》和《东莞市应急避护场所建设规划（2016—2030 年）》的成果。

8.2　避震疏散场所用地规划标准及选址原则

8.2.1　避震疏散场所规划标准

按照《城市抗震防灾规划标准》（GB 50413—2007）和《广东省应急避护场所建设规划纲要（2013—2020 年）》，本次规划的标准定为如下：

（1）有效避震面积：

紧急避震疏散场所人均有效避震场所用地不小于 $1m^2$，单个紧急避震疏散场所的用地不宜小于 0.2 万平方米；

固定避震疏散场所人均有效避震场所用地不小于 $2m^2$，固定避震疏散场所的用地不宜小于 1 万平方米；

中心避震疏散场所用地不宜小于 50 万平方米。

（2）服务半径标准：

紧急避震疏散场所：服务半径宜为 500m，步行大约 10 分钟之内到达；

固定避震疏散场所：服务半径宜为 2000～3000m，步行约 1 小时到达；

中心避震疏散场所：服务半径不宜超过 10000m。

（3）避震疏散场所建设类型和有效面积标准：

公园绿地：50%；

学校：30%（纲要中操场有效面积为 90%，考虑到以学校为单位计算有效面积，学校中一般操场面积为学校的 40%，因此折算系数考虑为 30%）；

体育场、广场、停车场、休闲中心：90%。

8.2.2　避震疏散场所选址原则

（1）避震场所宜选择地势平坦、开阔的地段，避让地震断裂带，砂土液化、沉降、地裂、泥石流、泄洪区、低洼地易积水地区等可能发生地质灾害的地区。且应安排在建筑倒塌范围之外。

（2）避震场所应有较好的交通环境、较好的生命线供应保证能力以及必须的配套设施。

（3）应保障避震场所各种工程设施的抗震和抗风安全。

（4）根据《城市抗震防灾规划标准》（GB 50413—2007），避震场所必须远离易燃易爆物品生产工厂与仓库、高压输电线路及可能震毁的建筑物，避震场所与周围易燃建筑等一般地震次生火灾源之间应设置不少于 30m 的防火安全带；距易燃易爆工厂仓库、供气场、储气站等重大次生火灾或爆炸危险源距离应不小于 1000m。另外，根据建筑抗震设计规范、城镇燃气设计规划、电力设施保护条例等相关规范，均需要设置安全防护距离（表 8.1）。

表 8.1　避震疏散场所用地选址中需要避让的因素及避让距离

序号	避让因素	避让距离（m）	备注
1	易燃易爆化工厂	1000	用地边界周围 1000m
2	加油加气站	1000	用地边界周围 1000m
3	地震断裂带	200	两侧各 200m
4	燃气储备站	100	用地边界周围 100m
5	天然气调压站、门站	100	用地边界周围 100m
6	高压线	100	电线两侧 100m
7	垃圾处理站	100	用地边界周围 100m
8	河流	50	根据河流宽度和等级做出相关避让距离
9	文物保护区	50	用地边界周围 50m
10	供电站	100	用地边界周围 100m
11	高层建筑	150	用地边界周围 150m
12	城市救灾干道	30	道路中心线起，预留救灾通道，同时考虑将道路两侧的绿化隔离带作为避震疏散场所

8.3　避震人口核算与需求分析

根据《广东省应急避护场所建设规划纲要（2013—2020 年）》，避震疏散人员主要包括需要疏散的城市居民和城市流动人口，以各个片区的常住人口为依据，紧急避震人口按总人口的 100%考虑，固定避震人口按总人口的 30%考虑。

8.3.1　现状避震人口核算与需求分析

按照东莞市 2016 年统计年鉴，2015 年的常住人口数据见表 8.2。

表 8.2　2015 年东莞市常住人口

片区	2015 年常住人口（万人）	紧急避震人口（万人）	需要紧急避震疏散场所用地（m²）	固定避震人口（万人）	需要固定避震疏散场所用地（m²）
莞城街道	16.65	16.65	166500	5.00	99900
南城街道	30.24	30.24	302400	9.07	181440
东城街道	48.14	48.14	481400	14.44	288840

续表

片区	2015 年常住人口（万人）	紧急避震人口（万人）	需要紧急避震疏散场所用地（m²）	固定避震人口（万人）	需要固定避震疏散场所用地（m²）
万江街道	24.39	24.39	243900	7.32	146340
松山湖开发区	11.08	11.08	110800	3.32	66480
合计	130.50	130.50	1305000	39.15	783000

8.3.2　规划避震人口核算与需求分析

中心城区的总体规划到 2030 年为止，总人口为 160 万，松山湖片区到 2030 年为止，总人口为 30 万，按总规的居住用地分布进行折算，计算出各片区的规划人口和避震人口。

关于松山湖 2030 年人口说明：松山湖片区总体规划到 2020 年为止，总人口为 30 万，主要包括居住人口为 20.51 万人（居住用地 718.01 万平方米），科教人口 1.5 万人（用地面积为 250 万平方米）和产业基地规划单身公寓人口为 8.6 万人（用地面积为 129.04 万平方米）。新一版的全市总体规划采取减量规划的方式，对比全市总规用地规划图（2016—2030 年），松山湖片区居住和单身公寓总用地减少为 689.76 万平方米，科教用地基本不变，因此松山湖片区 2030 年的总人口将不会突破上一版总规的 30 万人口规模，本次规划松山湖人口按照 30 万来计算片区的避震人口（表 8.3）。

表 8.3　各片区的规划人口和避震人口

街道	2030 年规划人口（万人）	紧急避震人口（万人）	需要紧急避震疏散场所用地（m²）	固定避震人口（万人）	需要固定避震疏散场所用地（m²）
莞城街道	15.23	15.23	152300	4.57	91380
南城街道	39.70	39.70	397000	11.91	238200
东城街道	71.60	71.60	716000	21.48	429600
万江街道	33.48	33.48	334800	10.04	200880
松山湖开发区	30.00	30.00	300000	9.00	180000
合计	190.01	190.01	1900100	57.00	1140060

8.4　避震疏散场所用地布局规划

8.4.1　规划思路

在总规中心城区和松山湖总规土地利用规划的基础上进行资源盘点。

（1）结合城市用地抗震评估、城市用地抗震不利地段评估和次生灾害影响评估，对规划潜在资源进行筛选。

（2）结合规划城市建设密度、人口分布和交通条件等影响因素，综合考虑规模需求与场所服务半径等条件，分别对固定和紧急避震场所进行布局。中心避震场所落实《东莞市城市总体规划（2016—2030年）》和《东莞市应急避护场所建设规划（2016—2030年）》的成果。

（3）通过规划校核，确定由于总规用地规划导致本规划中避震场所规划无法满足需求的地区，并提出对总规用地和交通规划的调整建议。

8.4.2　规划避震疏散场所用地潜在资源筛选

8.4.2.1　规划避震疏散场所用地潜在资源盘点

规划范围内潜在避震疏散场所用地位于城市综合中心、各水系沿线地区、山体公园、社区服务中心等地区，集中分布在东城、南城。潜在避震疏散场所用地数量共516处，其中莞城72处、东城205处、南城85处、万江123处、松山湖31处。潜在避震疏散场所用地总有效面积约2990.49万平方米，其中莞城111.35万平方米、东城1726.95万平方米、南城445.04万平方米、万江212.55万平方米、松山湖494.60万平方米（图8.1，表8.4）。

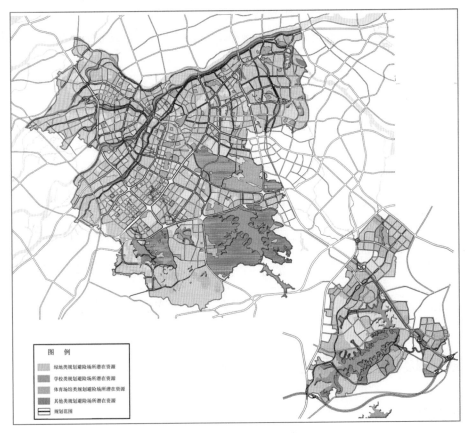

图8.1　潜在资源分布示意图

表 8.4 规划避震潜在资源有效面积汇总表情况

镇街		莞城街道	东城街道	南城街道	万江街道	松山湖开发区	小计
绿地类	数量（处）	47	143	56	97	18	361
	用地面积（×10⁴m²）	123.98	3131.55	664.72	330.61	658.81	4909.67
	有效面积（×10⁴m²）	61.99	1565.77	332.36	165.30	329.40	2454.82
学校类	数量（处）	12	37	18	16	12	95
	用地面积（×10⁴m²）	103.83	269.40	101.40	85.86	258.73	819.22
	有效面积（×10⁴m²）	31.15	80.82	30.42	25.76	77.62	245.77
体育场馆类	数量（处）	4	8	4	5	1	22
	用地面积（×10⁴m²）	10.95	43.76	53.49	22.49	97.31	228.00
	有效面积（×10⁴m²）	9.85	39.39	48.15	20.24	87.58	205.21
其他类	数量（处）	9	17	7	5	0	38
	用地面积（×10⁴m²）	9.29	45.52	37.90	1.38	0.00	94.09
	有效面积（×10⁴m²）	8.36	40.97	34.11	1.24	0.00	84.68
合计	数量（处）	72	205	85	123	31	516
	有效避险面积合计（×10⁴m²）	111.35	1726.95	445.04	212.55	494.60	2990.49

8.4.2.2　规划避震疏散场所用地潜在资源筛选

（1）城市用地抗震评估。

根据地质勘探评估结果，万江全区、东城和南城局部地区位于抗震较适宜区内，其余地区除现状山体外，基本位于抗震适宜区内（图8.2）。

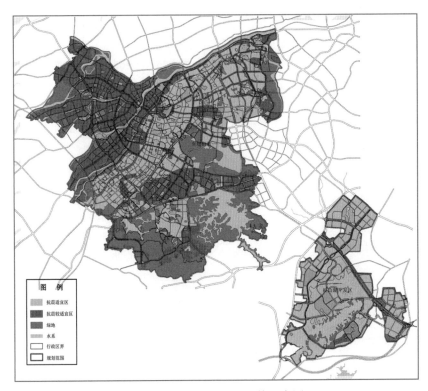

图 8.2　城市用地抗震评估示意图

（2）城市用地抗震不利地形评估。

根据本次规划的现状地质勘探结果，规划范围内东北、西南向分别有石龙—厚街断裂穿过中心城区，南坑—虎门断裂穿过中心城区和松山湖之间的地区，还有大朗—三和断裂穿过松山湖高新区南部；西北、东南向分别有黄旗峰断裂位于中心城区中部，温塘—观澜断裂穿过松山湖高新区（图8.3）。

本次规划避震疏散场所用地的选址应尽量避开断裂带影响区域，并结合总规用地优先选取有利场地作为避震场所。

（3）次生灾害影响评估。

对避震疏散场所用地选址产生重要影响的次生灾害有加油加气站、易燃易爆化工厂、燃气储备站、天然气调压站、高压电线、垃圾处理站、变电站、河流、文物保护区、城市救灾干道和高层建筑等，其中以加油加气站、高压电线与变电站和河流等要素影响最大。本次规划须根据各次生灾害影响因素的退缩距离对潜在资源进行筛选，位于次生灾害影响范围内潜在资源用地不得用作避震疏散场所用地（图8.4）。

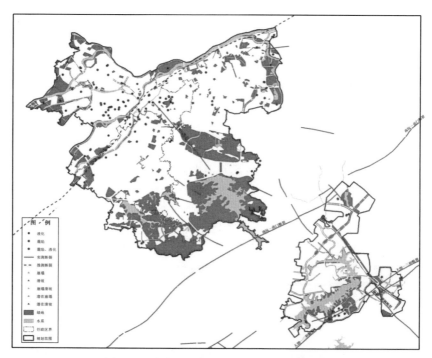

图 8.3　城市用地抗震不利地形评估示意图

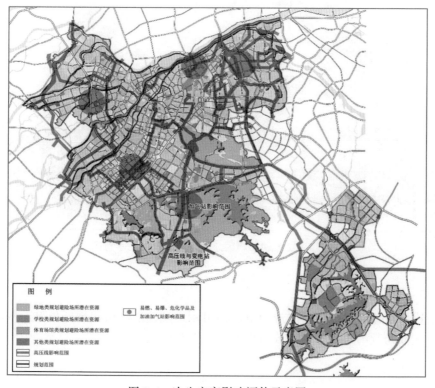

图 8.4　次生灾害影响评估示意图

①加油加气站影响：规划范围内，东城北部和南部、南城中西部和万江西部受现状加气站影响较大，加气站半径1000m范围内禁止设置避震疏散场所。

②高压电线与变电站影响：规划范围内现状与规划高压线呈网状分布，切割了大部分的绿地和体育用地，其中在东城东北部和西南部、南城中南部及万江中部地区设置的规划高压线，对避震疏散场所用地的选址影响最大，导致满足建设规划的大部分绿地和体育场地无法作为避震疏散场所用地。

③河流影响：规划范围内水网密布，东城、莞城的西北部及南城的西部以及万江的大部分地区均有河流流经，受防洪影响，河流影响范围较大，大部分沿河绿地、广场和体育场均不适宜选作避震疏散场所用地。

（4）规划实施情况评估。

松山湖总规在2000年前后编制完成，经过十几年的发展，松山湖已结合实际项目建设需求编制了控制性详细规划，对原总规进行了较大幅度的调整。因此，本规划在筛选用地的过程中，须对松山湖高新区控规拼合进行校核，尽量选取总规与控规相一致的用地作为规划避震场所用地（图8.5）。

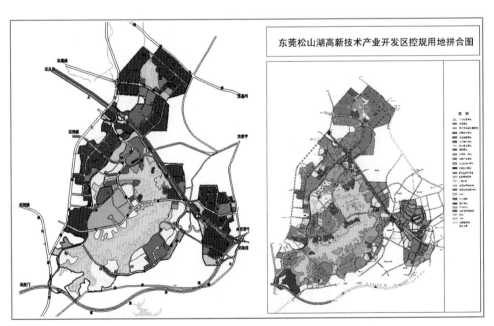

图8.5　松山湖高新区总规事实情况评估示意图

8.4.2.3　资源筛选结论

根据上述要素分析，确定本次规划范围内可用避震疏散场所用地的位置与规模，各区规划可用避震疏散场所用地分布与有效面积如表8.5和图8.6所示。

表 8.5　规划可用避震场所用地有效面积汇总情况

镇街		莞城街道	东城街道	南城街道	万江街道	松山湖开发区	合计
绿地类	数量（处）	8	32	21	7	7	75
	用地面积（×10⁴m²）	46.04	392.73	124.72	22.58	58.32	644.39
	有效面积（×10⁴m²）	23.02	196.37	62.36	11.29	29.16	322.20
学校类	数量（处）	11	10	8	12	3	44
	用地面积（×10⁴m²）	82.32	37.77	29.07	54.91	172.26	376.33
	有效面积（×10⁴m²）	24.70	11.33	8.72	16.47	51.68	112.90
体育场馆类	数量（处）	3	7	4	3	0	17
	用地面积（×10⁴m²）	6.37	17.22	32.25	14.98	0.00	70.82
	有效面积（×10⁴m²）	5.74	15.50	29.03	13.48	0.00	63.75
其他类	数量（处）	6	11	13	3	0	33
	用地面积（×10⁴m²）	4.15	13.01	8.62	1.38	0.00	27.16
	有效面积（×10⁴m²）	3.73	11.71	7.76	1.24	0.00	24.44
合计	数量（处）	28	60	46	25	10	169
	有效避险面积合计（×10⁴m²）	57.18	234.91	107.87	42.48	80.84	523.28

规划可用避震疏散场所用地有效总规模为 523.28 万平方米，能满足预测的 304 万平方米需求规模。但在空间分布上，可用避震疏散场所用地分布不均。其中，莞城、南城和松山

湖的可用资源总规模大于预测的需求规模，而东城、万江的可用资源总规模则小于预测的需求规模。因此，本次规划须在综合考虑交通条件和人口密度分布等因素的前提下，结合避震疏散场所用地的服务半径对其空间布局进行优化。

图 8.6　规划可用避震场所用地评估图

8.4.3　总体规划

8.4.3.1　规划影响因素

（1）城市建设密度。

东莞市中心城区和松山湖高新区内，高密度开发地区主要分布在各大商圈、商务区和总部经济区内（图 8.7）。

本次规划避震疏散场用地所应尽量避开城市高层建筑密集地区，以避免高层建筑倒塌对其产生的影响。

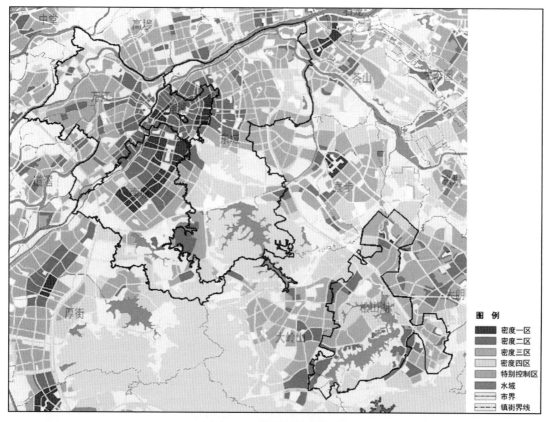

图 8.7 建设密度示意图

（2）人口密度。

总规中规划居住用地主要集中在东城、南城和松山湖中部地区，居住人口较为集中，是疏散人口集中地区，避震疏散场所用地需求较大。

本次规划应重点在居住用地集中地区安排固定避震疏散场所用地，居住用地布局较为分散地区须按照服务半径与人口规模布局紧急避震疏散场所用地（图 8.8）。

（3）交通条件。

规划各类避震疏散场所用地须根据各自功能，临近对应等级的疏散通道，具体如下（图 8.9）。

①中心避震疏散场所用地。根据功能，须承担一定的救灾功能，须临近城市救灾通道，便于各项救援工作的开展。

②固定避震疏散场所用地。按照规范要求，须临近疏散通道，便于避震疏散人员由紧急避震疏散场所转移过来。

③紧急避震疏散场所用地。须临近疏散支路，便于避震疏散人员疏散到固定避震疏散场所。

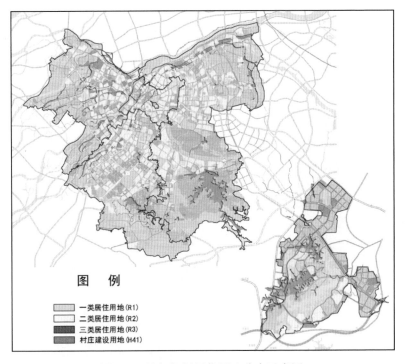

图 8.8　总规规划居住用地分布示意图

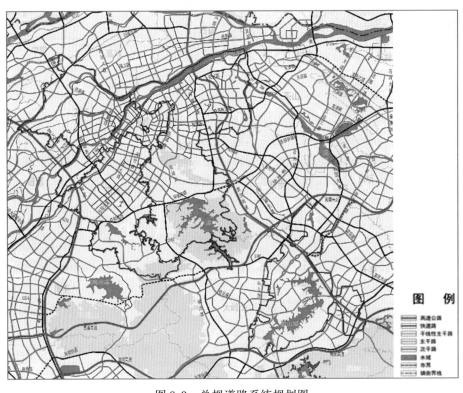

图 8.9　总规道路系统规划图

8.4.3.2 避震疏散场所用地布局规划和疏散通道规划

避震疏散场所与疏散通道规划见图 8.10。

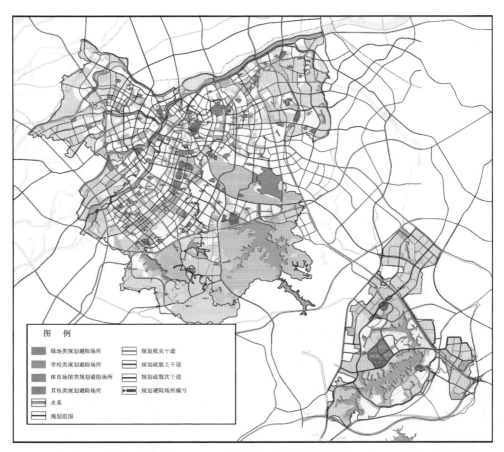

图 8.10 避震场所与疏散通道规划图

（1）中心避震疏散场所用地规划。

本次规划分别在东城虎英公园峰景高尔夫和东莞理工学院松山湖校区内，各选取一处中心避震疏散场所用地，这两处避震疏散场所均能满足以下要求。

①建设条件：规划中心避震疏散场所均位于规划城市公园内，现状建（构）筑物较少，便于相关工程设施的建设。

②交通条件：规划中心避震疏散场所应紧邻城市快速路和主干道等救灾通道，便于救灾交通的组织。

③用地规模：规划中心避震疏散场所用地规模接近 50 万平方米，能满足建设规模要求。

（2）固定避震疏散场所用地规划。

①服务范围：规划固定避震疏散场所的服务范围，应尽量全面覆盖规划范围内的所有建设用地，并适当增加居住人口集中地区的布局数量。

②建设规模：规划固定避震疏散场所的建设规模，应尽量满足周边地区规划人口的

需求。

③交通条件：规划固定避震疏散场所用地应紧邻城市主、次干道等疏散通道，便于紧急避震疏散场所内避震疏散人员的到达。

（3）紧急避震疏散场所用地规划。

①服务范围：规划紧急避震疏散场所应基本覆盖人口密集地区，部分未覆盖地区可考虑由固定避震疏散场所进行补充，实现规划范围内紧急避震疏散场所的全覆盖。

②建设规模：规划紧急避震疏散场所的建设规模，应尽量满足周边地区规划人口的需求。

③交通条件：规划紧急避震疏散场所应紧邻城市次干道或之路等疏散之路，便于避震疏散人员向外疏散。

8.4.3.3　规划避震疏散场所用地编码

本次规划避震疏散场所用地采用"G-GC01"编号，具体情况如下。

（1）改编号中，"G"代表避震疏散场所用地类型，"GC"代表所在地区，"01"代表该类用地在该地区内的顺序号。

（2）疏散场所用地类型中，"G"代表绿地，"A"代表学校用地，"C"代表体育场馆用地，"S"代表停车场、广场用地。

（3）所在地区中，"GC"代表莞城街道，"DC"代表东城街道，"NC"代表南城街道，"WJ"代表万江街道，"SSH"代表松山湖开发区。

8.4.3.4　避震疏散场所用地布局规划

（1）紧急避震疏散场所用地规划。

规划范围内的紧急避震疏散用地资源主要为公园绿地，以集中的大型公园，如榴花公园、中心广场为主，体育用地有大型的东莞市体育中心、东城体育公园及中心城区的部分体育场馆用地；中小学用地临近居住区设置，均质布局，规模相当。

紧急避震疏散场所有效用地面积为179.89万平方米，规划新增52处紧急避震疏散场所用地，增加后总面积为205.89万平方米。规划总人口为190万人，避震疏散人口190万人。满足紧急避震疏散要求。

规划范围内的紧急避震疏散场所用地规划布局与规模情况见图8.11和表8.6~表8.10。

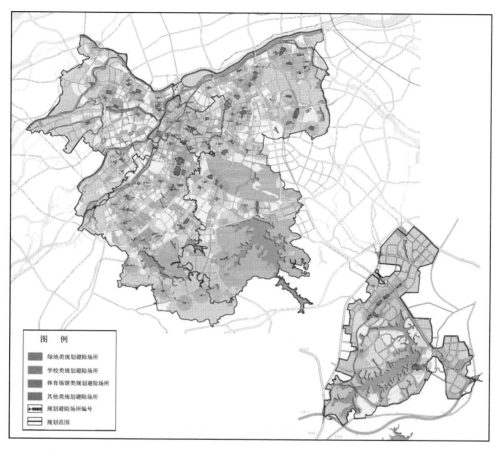

图 8.11　紧急避震场所规划图

表 8.6　规划绿地类紧急避震场所用地一览

所在地区	编号	总面积（m²）	有效面积（m²）	小计	
				数量（处）	有效面积（m²）
莞城街道	G-GC01	4863.19	2431.60	5	71123.18
	G-GC02	15954.70	7977.35		
	G-GC03	14961.02	7480.51		
	G-GC05	63301.52	31650.76		
	G-GC06	43165.92	21582.96		

所在地区	编号	总面积 （m²）	有效面积 （m²）	小计	
				数量 （处）	有效面积 （m²）
东城街道	G-DC01	31477.84	15738.92	22	446890.44
	G-DC02	13094.36	6547.18		
	G-DC04	18223.95	9111.98		
	G-DC05	110820.40	55410.20		
	G-DC06	31306.04	15653.02		
	G-DC07	35479.67	17739.84		
	G-DC09	11739.70	5869.85		
	G-DC10	22116.75	11058.37		
	G-DC11	25374.28	12687.14		
	G-DC13	13417.03	6708.51		
	G-DC14	14906.21	7453.11		
	G-DC15	33917.37	16958.69		
	G-DC16	20294.39	10147.20		
	G-DC17	32778.80	16389.40		
	G-DC19	156523.51	78261.76		
	G-DC22	68987.98	34493.99		
	G-DC23	21987.99	10994.00		
	G-DC25	64575.92	32287.96		
	G-DC26	79736.44	39868.22		
	G-DC29	40519.70	20259.85		
	G-DC30	3930.97	1965.49		
	G-DC31	42571.51	21285.76		
南城街道	G-NC01	12218.79	6109.39	12	288198.94
	G-NC02	176206.21	88103.11		
	G-NC04	184694.21	92347.11		
	G-NC06	19247.04	9623.52		
	G-NC08	36162.23	18081.11		
	G-NC09	29390.25	14695.12		
	G-NC10	9958.54	4979.27		

续表

所在地区	编号	总面积（m²）	有效面积（m²）	小计	
				数量（处）	有效面积（m²）
南城街道	G-NC12	12196.45	6098.22		
	G-NC14	10367.67	5183.83		
	G-NC16	65324.24	32662.12		
	G-NC17	14814.47	7407.23		
	G-NC20	5817.82	2908.91		
万江街道	G-WJ01	30673.76	15336.88		
	G-WJ02	24328.38	12164.19		
	G-WJ03	51274.58	25637.29	5	84485.12
	G-WJ04	33906.61	16953.31		
	G-WJ07	28786.89	14393.45		
松山湖开发区	G-SSH01	24981.37	12490.69		
	G-SSH02	54693.29	27346.64		
	G-SSH03	54144.37	27072.18	6	207550.82
	G-SSH05	54252.42	27126.21		
	G-SSH06	53303.55	26651.78		
	G-SSH07	173726.64	86863.32		
合计				50	1098248.50

表 8.7　规划学校类紧急避震场所用地一览

所在地区	编号	总面积（m²）	有效面积（m²）	小计	
				数量（处）	有效面积（m²）
莞城街道	A-GC01	76438.55	22931.56		
	A-GC07	75788.79	22736.64		
	A-GC09	26844.81	8053.44	5	66443.76
	A-GC10	26356.35	7906.90		
	A-GC11	16050.71	4815.21		

所在地区	编号	总面积（m²）	有效面积（m²）	小计	
				数量（处）	有效面积（m²）
东城街道	A-DC01	30603.52	9181.06	9	106168.43
	A-DC02	22959.13	6887.74		
	A-DC03	46964.37	14089.31		
	A-DC04	68752.38	20625.71		
	A-DC05	34041.13	10212.34		
	A-DC06	34265.18	10279.55		
	A-DC07	12347.61	3704.28		
	A-DC08	79977.88	23993.37		
	A-DC10	23983.55	7195.06		
南城街道	A-NC02	52869.68	15860.91	6	57801.19
	A-NC03	22819.36	6845.81		
	A-NC05	36030.29	10809.09		
	A-NC06	26465.86	7939.76		
	A-NC07	23079.45	6923.83		
	A-NC08	31405.98	9421.79		
万江街道	A-WJ02	14760.98	4428.29	9	86213.34
	A-WJ03	57675.13	17302.54		
	A-WJ04	25079.55	7523.86		
	A-WJ05	41910.30	12573.09		
	A-WJ06	23597.08	7079.12		
	A-WJ07	23585.41	7075.62		
	A-WJ09	36731.04	11019.31		
	A-WJ11	22017.46	6605.24		
	A-WJ12	42020.89	12606.27		
松山湖开发区	A-SSH01	22999.14	6899.74	2	13633.61
	A-SSH07	22446.23	6733.87		
合计				31	330260.31

表 8.8　规划体育场馆类紧急避震场所用地一览

所在地区	编号	总面积（m²）	有效面积（m²）	小计 数量（处）	小计 有效面积（m²）	合计 数量（处）	合计 有效面积（m²）
莞城街道	C-GC01	21406.93	19266.24	2	36937.58	10	162560.96
	C-GC02	19634.83	17671.34				
东城街道	C-DC01	10670.19	9603.17	5	97246.32		
	C-DC02	20044.83	18040.35				
	C-DC03	48661.25	43795.13				
	C-DC04	15792.27	14213.05				
	C-DC06	12882.91	11594.62				
南城街道	C-NC02	6231.75	5608.57	1	5608.57		
万江街道	C-WJ01	13485.11	12136.59	2	22768.49		
	C-WJ02	11813.22	10631.90				
松山湖开发区	—	—	—	—	—		

表 8.9　规划其他类紧急避震场所用地一览

所在地区	编号	总面积（m²）	有效面积（m²）	小计 数量（处）	小计 有效面积（m²）
莞城街道	S-GC01	3409.45	3068.50	5	28114.32
	S-GC02	3865.82	3479.24		
	S-GC03	17518.39	15766.55		
	S-GC04	3467.82	3121.03		
	S-GC05	2976.65	2678.98		
东城街道	S-DC01	4224.20	3801.78	10	94922.06
	S-DC02	12264.41	11037.97		
	S-DC03	48793.00	43913.70		
	S-DC04	2730.674	2457.61		
	S-DC05	13129.80	11816.82		
	S-DC06	4639.60	4175.64		
	S-DC07	6570.08	5913.08		

所在地区	编号	总面积（m²）	有效面积（m²）	小计 数量（处）	小计 有效面积（m²）
东城街道	S-DC08	10153.62	9138.26		
	S-DC10	2963.56	2667.20		
南城街道	S-NC01	4388.48	3949.63	12	72362.48
	S-NC02	5442.86	4898.58		
	S-NC03	3610.72	3249.65		
	S-NC04	2953.90	2658.51		
	S-NC06	5471.43	4924.28		
	S-NC07	14132.99	12719.69		
	S-NC08	4148.60	3733.74		
	S-NC09	10088.19	9079.37		
	S-NC10	2425.78	2183.20		
	S-NC11	13659.12	12293.21		
	S-NC12	5732.51	5159.26		
	S-NC13	8348.18	7513.36		
万江街道	S-WJ01	1842.75	1658.48	3	12443.36
	S-WJ02	10005.55	9005.00		
	S-WJ03	1977.64	1779.88		
松山湖开发区	—	—	—	—	—
合计				30	207842.20

表8.10 规划各类紧急避震场所用地一览

所在区域	规划绿地类紧急避震场所有效面积（m²）	规划学校类紧急避震场所有效面积（m²）	规划体育场馆类紧急避震场所有效面积（m²）	规划其他类紧急避震场所有效面积（m²）	合计（m²）
莞城街道	71123.17	66443.76	36937.58	28114.32	202618.84
东城街道	446890.44	106168.42	97246.32	94922.06	745227.24
南城街道	288198.94	57801.19	5608.57	72362.48	423971.18
万江街道	84485.12	86213.34	22768.49	12443.35	205910.30

续表

所在区域	规划绿地类 紧急避震场所 有效面积 （m²）	规划学校类 紧急避震场所 有效面积 （m²）	规划体育场馆类 紧急避震场所 有效面积 （m²）	规划其他类 紧急避震场所 有效面积 （m²）	合计 （m²）
松山湖开发区	207550.82	13633.61	—	—	221184.43
合计	1098248.48	330260.31	1625610.96	207842.21	1798911.99

（2）固定避震疏散场所用地规划。

经规划人口预测，至规划期末，规划范围内需设置固定避震疏散场所用地面积不低于114.01 万平方米，经规划落实的固定避震疏散场所用地 45 处，面积约 163.91 万平方米，满足规划预测需求。

固定避震场所的确定涉及规划待建设的公园绿地、广场、体育场馆用地及中小学用地资源时，原则上其场所资源位置规模不得轻易变更、取消，应列入近期建设计划备案，尽快实施。

规划范围内的固定避震疏散场所用地规划布局与规模如图 8.12 和表 8.11～表 8.15所示。

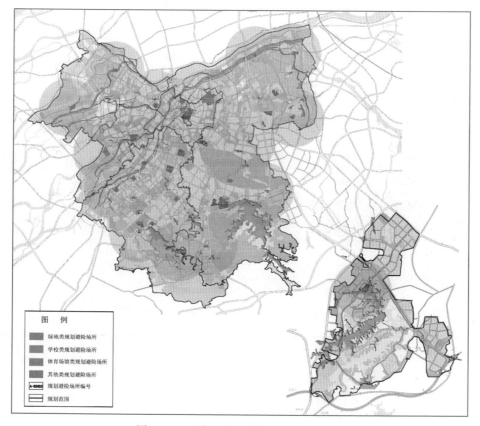

图 8.12　固定避震疏散场所用地规划图

表 8.11　规划绿地类固定避震疏散场所用地一览

所在地区	编号	总面积（m²）	有效面积（m²）	小计 数量（处）	小计 有效面积（m²）	合计 数量（处）	合计 有效面积（m²）
莞城街道	G-GC04	232038.71	116019.35	3	159056.01		
	G-GC07	60378.26	30189.13				
	G-GC08	25695.06	12847.53				
东城街道	G-DC03	20790.24	10395.12	9	415365.16		
	G-DC08	25222.76	12611.38				
	G-DC12	29929.96	14964.98				
	G-DC18	93572.21	46786.10				
	G-DC20	98199.44	49099.72				
	G-DC21	40215.53	20107.76				
	G-DC24	51453.55	25726.78				
	G-DC27	23457.12	11728.56				
	G-DC28	447889.52	223944.76				
南城街道	G-NC03	159264.99	79632.50	9	335411.67	24	1022276.40
	G-NC05	43310.39	21655.19				
	G-NC07	170454.88	85227.44				
	G-NC11	44735.80	22367.90				
	G-NC13	17883.36	8941.68				
	G-NC15	20936.42	10468.21				
	G-NC18	94460.66	47230.33				
	G-NC19	18088.67	9044.34				
	G-NC21	101688.18	50844.09				
万江街道	G-WJ05	12111.15	6055.58	2	28390.44		
	G-WJ06	44669.73	22334.86				
松山湖开发区	G-SSH04	168106.21	84053.11	1	84053.11		

表 8.12　规划学校类固定避震疏散场所用地一览

所在地区	编号	总面积（m²）	有效面积（m²）	小计		合计	
				数量（处）	有效面积（m²）	数量（处）	有效面积（m²）
莞城街道	A-GC02	70336.29	21100.89	6	180516.57	12	295609.47
	A-GC03	16396.48	4918.94				
	A-GC04	28836.31	8650.89				
	A-GC05	54670.28	16401.08				
	A-GC06	306321.10	91896.33				
	A-GC08	125161.46	37548.44				
东城街道	A-DC09	23825.97	7147.79	1	7147.79		
南城街道	A-NC01	38546.18	11563.85	2	29423.40		
	A-NC04	59531.84	17859.55				
万江街道	A-WJ01	51125.54	15337.66	3	78521.71		
	A-WJ08	61151.89	18345.57				
	A-WJ10	149461.58	44838.48				
松山湖开发区	—	—	—	—	—		

表 8.13　规划体育场馆类固定避震疏散场所用地一览

所在地区	编号	总面积（m²）	有效面积（m²）	小计		合计	
				数量（处）	有效面积（m²）	数量（处）	有效面积（m²）
莞城街道	C-GC03	22699.29	20429.36	1	20429.36	6	284681.44
东城街道	C-DC05	42049.99	37844.99	2	57767.65		
	C-DC07	22136.29	19922.66				
南城街道	C-NC03	59344.64	53410.18	2	94466.04		
	C-NC04	45617.62	41055.86				
万江街道	C-WJ03	124464.88	112018.39	1	112018.39		
松山湖开发区	—	—	—	—	—		

表 8.14 规划其他类固定避震疏散场所用地一览

所在地区	编号	总面积 (m²)	有效面积 (m²)	小计		合计	
				数量 (处)	有效面积 (m²)	数量 (处)	有效面积 (m²)
莞城街道	S-GC06	10229.12	9206.21	1	9206.21	3	36577.69
东城街道	S-DC09	24630.49	22167.44	1	22167.44		
南城街道	S-NC05	5782.27	5204.04	1	5204.04		
万江街道				—	—		
松山湖开发区				—	—		

表 8.12 规划各类固定避震疏散场所用地汇总

所在区域	规划绿地类固定避震场所有效面积 (m²)	规划学校类固定避震场所有效面积 (m²)	规划体育场馆类固定避震场所有效面积 (m²)	规划其他类固定避震场所有效面积 (m²)	合计 (m²)
莞城街道	159056.01	180516.57	20429.36	9206.21	369208.15
东城街道	415365.16	7147.79	57767.65	22167.44	502448.04
南城街道	335411.68	29423.41	94466.04	5204.04	464505.16
万江街道	28390.44	78521.71	112018.39	0.00	218930.54
松山湖开发区	84053.11	—	—	—	84053.11
合计	1022276.40	295609.47	284681.44	36577.69	1639145.00

（3）中心避震疏散场所用地规划。

将规模较大、可符合利用、资源丰富、地处各行政区域中心的固定避震疏散场所用地规划为中心避震疏散场所用地，共确定中心避震疏散场所用地 3 处，总面积为 179.47 万平方米，包括东城峰景高尔夫、东莞体育中心和东莞理工学院松山湖校区，全为规划待建设用地，需尽快落实。其中，东城风景高尔夫的规划中心避震疏散场所用地与其东侧位于东莞篮球中心广场的规划应急避护场所相结合，共同组成综合应急避护中心。

规划范围内的中心避震疏散场所用地规划布局与规模情况如图 8.13 和表 8.16~表 8.18 所示。

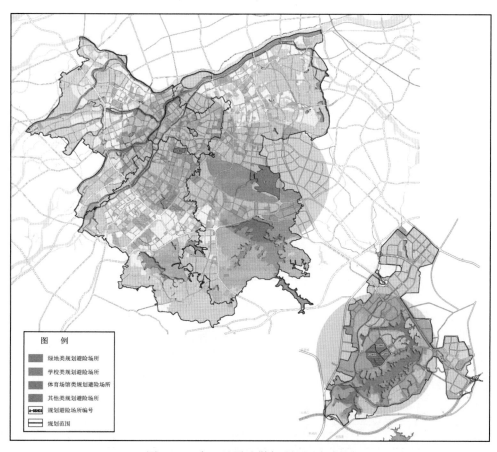

图 8.13   中心避震疏散场所用地规划图

表 8.16   规划绿地类中心避震疏散场所用地一览

所在地区	编号	总面积（m²）	有效面积（m²）	小计		合计	
				数量（处）	有效面积（m²）	数量（处）	有效面积（m²）
莞城街道				—	—	1	1101388.49
东城街道	G-DC32	2202776.99	1101388.49	1	1101388.49		
南城街道				—	—		
万江街道				—	—		
松山湖开发区				—	—		

表 8.17　规划体育类中心避震疏散场所用地一览

所在地区	编号	总面积（m²）	有效面积（m²）	小计		合计	
				数量（处）	有效面积（m²）	数量（处）	有效面积（m²）
莞城街道				—	—	1	190187.07
东城街道				—	—		
南城街道	C-NC01	211318.97	190187.07	1	190187.07		
万江街道				—	—		
松山湖开发区				—	—		

表 8.16　规划学校类中心避震疏散场所用地一览

所在地区	编号	总面积（m²）	有效面积（m²）	小计		合计	
				数量（处）	有效面积（m²）	数量（处）	有效面积（m²）
莞城街道	—	—	—	—	—	1	503136.80
东城街道	—	—	—	—	—		
南城街道	—	—	—	—	—		
万江街道				—	—		
松山湖开发区	A-SSH04	898636.57	269590.97	1	503136.80		
	A-SSH05	481491.15	144447.34				
	A-SSH06	296994.94	89098.48				

8.4.3.5　疏散通道规划

（1）疏散通道的概念及等级划分。

疏散道路是指进行抗震救灾和受灾人员从遭受破坏的建筑中疏散所必须使用且满足避震疏散要求的道路。疏散采用的道路可以划分为救灾干道、疏散主干道、疏散次干道三个层次：

①救灾干道：在高于Ⅷ度的地震下需保障城市抗震救灾安全通行的道路，主要用于城市对内对外的救援运输，一般为连接外埠的快速路或高等级公路；

②疏散主干道：在Ⅶ度地震下需保障城市抗震救灾安全通行的城市道路，主要用于连接城市中心或固定疏散场所、指挥中心和救灾机构或设施，一般为城市主干路；

③疏散次干道：在Ⅵ度地震下能保障城市抗震救灾安全通行的城市道路，主要用于人员通往固定疏散场所，一般为城市主干路或次干路。

（2）疏散通道的通行能力。

城市疏散通道布局应满足下述要求：

①救灾干道应保证有效宽度不小于 20m，可利用市区与外部相连的高速路、快速路和主干路设置。救灾干道要有限保持通畅；

②疏散主干道应保证有效宽度不小于 15m，疏散主干道应避开危险源并确保消防车、大型救援车的通行；

③疏散次干道有效宽度宜在 8m 以上，疏散次干道应具备消防通道的功能，保障通道的安全性、可靠性和通达性。

（3）东莞市道路交通规划分析。

根据《东莞市城市总体规划（2016—2030 年）》，东莞市城市道路分为 5 个等级：城市快速路、干线性主干路、主干路、次干路、支路。为了强化中心城区、各组团、重要的物流园区、产业园区以及港口之间的快速联系，市域主要功能组团进入高快速路的时间不超过10 分钟，任何一点进入高快速路的时间不超过 20 分钟；组团内部构建以组团中心为核心、联系各个镇街的、功能层次分明、道路级配合理的城市道路网络；完善次干路和支路网络，建立健全城市交通微循环系统，发挥路网整体效应（图 8.14）。

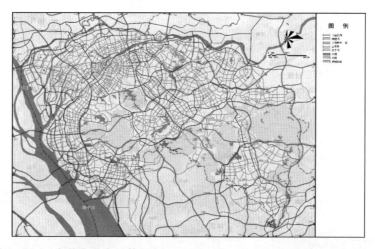

图 8.14　《东莞市城市总体规划（2016—2030 年）》市域道路系统规划图

防灾通道规划以《东莞市城市总体规划（2016—2030 年）》远期市域道路系统规划为基础，综合考虑道路等级、对外出入口、疏散方向、避震场所空间布局之间的关系。

（4）疏散通道规划。

①救灾干道。高速公路：广深高速公路、莞深高速公路、莞佛高速公路。城市快速路：包括环莞快速路、环城西路、环城南路、环城东路、东部快速干线等。城市主干路：包括东城中路、北王路、莞穗路、莞龙路、莞长路、东纵路等。

②对外出入口和疏散方向。对外入口 13 处，主要通过高速公路、快速路通往广州市、惠州市和深圳市，并且快速联系中心城区和松山湖。

由于万江街道水系纵横，桥梁较多，震时破坏程度较其他城区更大；莞城街道建筑密度高，传统建筑多，震时易遭破坏；万江街道和莞城街道内的避震疏散场所用地也相对较少。因而，中心城区内主要疏散方向主要为南城街道和东城街道方向。

万江街道疏散方向主要通过莞穗路、环城西路、金鳌路、广深高速公路通往东城街道和南城街道。

莞城街道疏散方向主要通过莞龙路、建设路、东纵路、旗峰路通往东城街道和南城街道。

③疏散主干道，用于连接固定避震场所的主干道。中心城区：莞太路、罗沙路、体育路、东城西路、宏远路、三元路、东城东路、莞樟路等。松山湖片区：松山湖大道、石大路、新城路、大学路等。

（5）疏散通道的抗灾要求。

东莞市疏散通道规划见图8.15。应保证城市疏散通道的抗震有效宽度，道路管理部门应加强管理，并满足下述要求：

图 8.15　疏散通道规划

①已确定的疏散通道宜设置避震引导标志（牌）。固定避震场所宜设置 4 条以上疏散通道，紧急避震场所宜设置 2 条以上疏散通道，提供不同方向前来避震的受灾群众选择和使用。

②疏散通道的宽度和转弯半径应满足大型救灾设备进出的需要。救灾干道和疏散主干道的桥梁、交叉路口等重要节点要设置紧急情况下的备用通道或采取特别措施，确保灾时的通行能力，并应提高与救灾干道相连接的桥梁的抗灾级别。

③重大次生灾害源点周围起防火隔离带功能的疏散通道要考虑其防火隔离条件，通过增加道路两侧的防护绿地来增强安全隔离作用。

④避震道路两侧除建筑物具有高抗震和耐火能力外，还要与建筑物保持一定的距离，以防建筑物倒塌时对道路造成堵塞，影响使用。

8.4.3.6　避震疏散场所用地规划布局校核

（1）校核思路。

本次规划须重点对规划范围内各类规划避震疏散场所用地的服务半径、空间分布和规模进行校核，并重点对各街道办、园区中的各类规划避震疏散场所用地满足情况进行评估。

（2）存在的问题。

①事实偏差。松山湖建设情况与总规差别较大，综合考虑现状建设情况后，发现该处规划紧急与固定避震疏散场所用地无法满足全覆盖要求，须分别增加总有效面积不小于 7.88 万平方米的紧急避震疏散场所用地与总有效面积不小于 9.59 万平方米的固定避震疏散场所用地。

②各区规模配置。通过规划范围内各类避震疏散场所用地的总体规模与分街道办规模对比，发现规划总体规模满足预测规模要求，但在空间分布上呈现不均衡，如万江街道办内规划紧急避震疏散场所用地无法满足预测规模要求，仍存缺口，须增加总有效面积不小于 12.89 万平方米的紧急避震疏散场所用地（表 8.19）。

表 8.19　预测规模与规划规模对比一览

片区	2030 年规划人口（万人）	紧急疏散人口（万人）	紧急避震疏散场所用地需求（hm²）	规划紧急避震疏散场所用地规模（hm²）	固定疏散人口（万人）	固定避震疏散场所用地需求（hm²）	规划固定避震疏散场所用地规模（hm²）
莞城街道	15.23	15.23	15.23	20.26	4.569	9.14	36.92
东城街道	71.6	71.6	71.6	74.52	21.48	42.96	50.24
南城街道	39.7	39.7	39.7	42.40	11.91	23.82	54.58
万江街道	33.48	33.48	33.48	20.59	10.044	20.09	21.89
松山湖开发区	30	30	30	22.12	9	18	8.41
合计	190	190.01	190.01	179.89	57	114	

（3）问题解决途径。

本次规划建议通过用地方案解决上述问题。

规划避震疏散场所用地选址主要基于总规纲要成果用地规划进行筛选获得的，本次规划建议对原用地规划方案进行适当调整，增加避震疏散场所用地对应用地类型、设施的数量和规模，以满足地震避震疏散和救灾需求。规划增加避震疏散场所用地位置如图8.16所示。

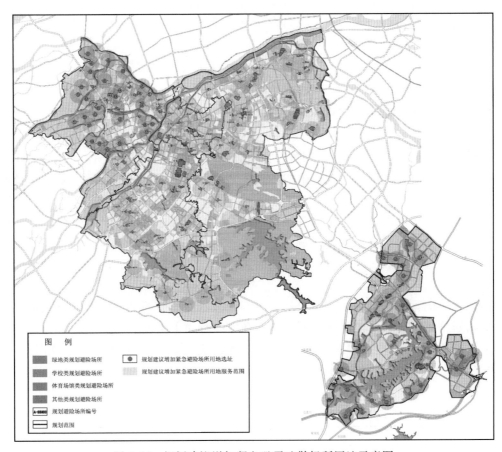

图8.16　规划建议增加紧急避震疏散场所用地示意图

（4）增加避震疏散场所用地规划。

本次规划建议在总规用地规划的基础上，规划增加相应数量和有效规模的避震疏散场所用地，并提出相应的控制要求（图8.17）。具体如下：

①规划在万江街道办增加26处紧急避震疏散场所用地，每处有效用地面积不小于0.5万平方米，疏散人口不小于5000人；

②规划在松山湖开发区增加26处紧急避震疏散场所用地，每处有效用地面积分别不小于0.5万平方米、疏散人口不小于5000人的紧急避震疏散场所用地，并增加10处、每处有效用地面积不小于1.0万平方米、疏散人口不小于5000人的固定避震疏散场所用地。

（5）规划避震疏散场所用地汇总。

结合上述建议，形成本次避震疏散场所规划用地汇总情况，如表8.20和图8.18所示。

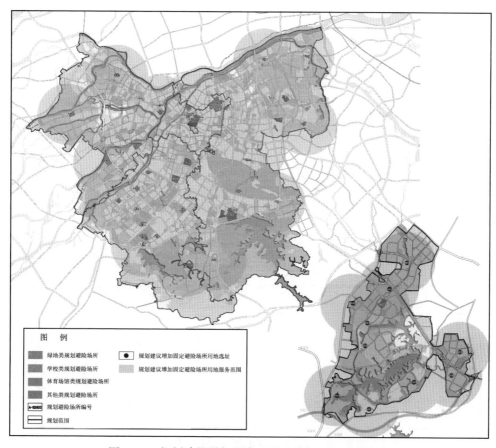

图 8.17　规划建议增加固定避震疏散场所用地示意图

表 8.20　规划避震疏散场所用地汇总

片区	规划紧急避震疏散场所用地		规划固定避震疏散场所用地		规划中心避震疏散场所用地		规划增加紧急避震疏散场所用地		规划增加固定避震疏散场所用地		总计	
	规划数量（处）	规划规模（hm²）	规划数量（处）	规划规模（hm²）	规划数量（处）	规划规模（hm²）	规划数量（处）	规划规模（hm²）	规划数量（处）	规划规模（hm²）	规划数量（处）	规划规模（hm²）
莞城街道	17	20.26	11	36.92	—	—	—	—	—	—	28	57.18
东城街道	46	74.52	13	50.24	1	110.14	—	—	—	—	60	234.90
南城街道	31	42.40	14	46.45	1	19.02	—	—	—	—	46	107.87
万江街道	19	20.59	6	21.89	—	—	26	13	—	—	51	55.48
松山湖开发区	8	22.12	1	8.41	1	50.31	26	13	10	10	46	103.84
合计	121	179.89	45	163.91	3	179.47	52	26	10	10	231	559.27

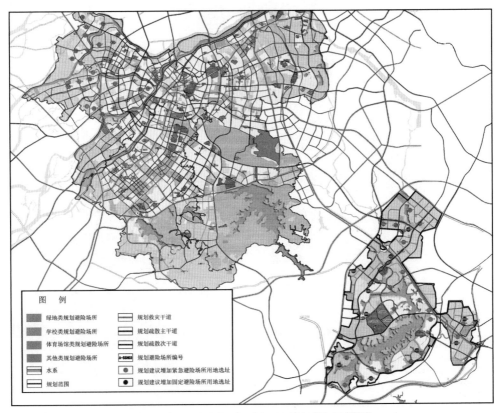

图 8.18　规划避震疏散场所用地总体规划图

8.5　避震疏散场所用地近期建设规划

8.5.1　现状避震疏散场所用地潜在资源筛选

8.5.1.1　现状避震疏散场所用地潜在资源盘点

规划范围内潜在避震疏散场所用地位于城市综合中心、各水系沿线地区、山体公园、社区服务中心等地区，集中分布在东城、南城、松山湖。潜在避险场所数量共 291 处，其中莞城 39 处、东城 72 处、南城 94 处、万江 48 处、松山湖 38 处。潜在避震疏散场所用地总有效面积约 912.63 万平方米，其中莞城 61.56 万平方米、东城 381.08 万平方米、南城 190.93 万平方米、万江 75.74 万平方米、松山湖 203.32 万平方米（图 8.19，表 8.21）。

图 8.19　现状避震疏散场所用地潜在资源分布示意图

表 8.21　现状避震疏散场所用地潜在资源有效面积汇总

镇街	公园绿地		广场		学校		体育场		其他		有效避险面积合计（m²）
	用地面积（m²）	有效面积（m²）	用地面积（m²）	有效面积（m²）	用地面积（m²）	有效面积（m²）	用地面积（m²）	有效面积（m²）	用地面积（m²）	有效面积（m²）	
莞城街道	486252	243126	116611	104950	743146	222944	9831	8848	39697	35727	615595
东城街道	5353050	2676525	88263	79437	2357843	707353	312560	281304	73487	66138	3810757
南城街道	1439125	719563	337680	303912	1273367	382010	378483	340635	181284	163156	1909275
万江街道	611573	305787	33309	29978	827575	248273	181873	163686	10738	9664	757387
松山湖开发区	1871436	935718	—	—	3599083	1079725	19776	17798	—	—	2033241
合计	9761436	4880719	575863	518277	8801014	2640305	902523	812271	305206	274685	9126255

8.5.1.2　现状避震疏散场所用地筛选

（1）城市用地抗震评估。

根据地质勘探评估结果，万江全部、东城和南城局部地区位于抗震较适宜区内，其余地区除现状山体、水域外，基本位于抗震适宜区内。

现状抗震较适宜区内的避险场所主要选择公园、广场、体育场和停车场等建筑物较少的开敞空间。抗震适宜区内的避震场所则不受该因素限制（图8.20）。

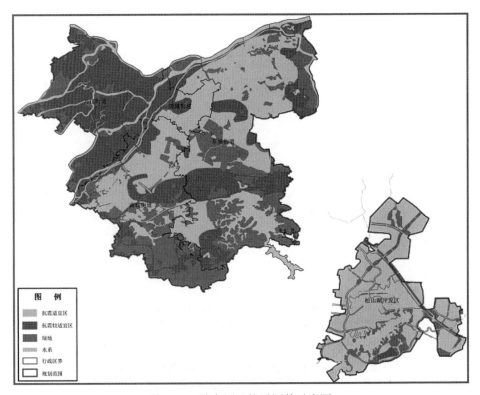

图 8.20　城市用地抗震评估示意图

（2）城市用地抗震不利地形评估。

根据本次规划的现状地质勘探结果，规划范围内东北、西南向分别有石龙—厚街断裂穿过中心城区，南坑—虎门断裂穿过中心城区和松山湖之间的地区，还有大朗—三和断裂穿过松山湖高新区南部；西北、东南向分别有黄旗峰断裂位于中心城区中部，温塘—观澜断裂穿过松山湖高新区。

现状避震疏散场所用地的选址应尽量避开断裂带影响区域，并结合现状用地优先选取有利场地作为避震场所（图8.21）。

（3）次生灾害影响评估。

对地震避震疏散场所用地选址产生重要影响的次生灾害有加油加气站、易燃易爆化工厂、燃气储备站、天然气调压站、高压电线、垃圾处理站、变电站、河流、文物保护区、城市救灾干道和高层建筑等，其中以加油加气站、高压电线与变电站和河流等要素影响最大。本次规划须根据各次生灾害影响因素的退缩距离对潜在资源进行筛选，位于次生灾害影响范围内潜在资源用地不得用作避震疏散场所用地。

①加油加气站影响。规划范围内，莞城南部、东城北部和南部、南城北部和西部、万江西部受现状危险化学品储罐及易燃易爆危险生产单位影响较大，半径1000m范围内禁止设置避震疏散场所用地（图8.22）。

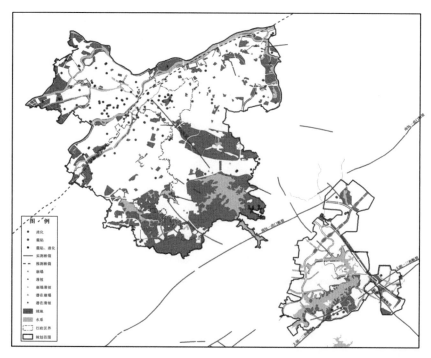

图 8.21　城市用地抗震不利地形评估示意图

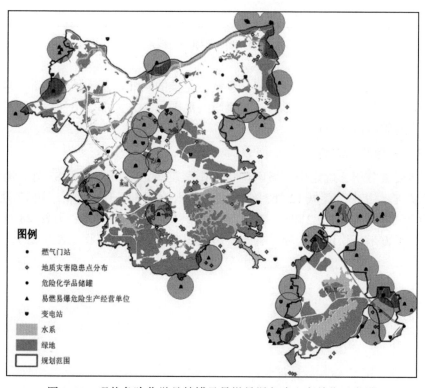

图 8.22　现状危险化学品储罐及易燃易爆危险生产单位示意图

②高压电线与变电站影响。规划范围内现状高压线呈网状分布，切割了大部分的绿地或体育用地，其中在东城东北部和西南部、南城中南部的高压线，对避震疏散场所用地的选址影响最大，导致大量满足建设规划的绿地和体育场无法作为避震疏散场所用地（图8.23）。

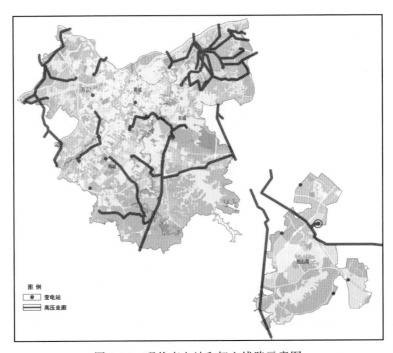

图 8.23　现状变电站和架空线路示意图

③河流影响。规划范围内水网密布，东城、莞城的西北部及南城的西部，以及万江的大部分地区均有河流流经，受防洪影响，河流影响范围较大，大部分沿河绿地、广场和体育场均不适宜选作避震疏散场所用地。

8.5.1.3　资源筛选结论

根据上述要素分析，确定中心城区现状可作避震疏散场所用地共83处，有效避震面积421.38万平方米。其中，莞城12处，有效避震面积36.36万平方米；东城17处，有效避震面积163.78万平方米；南城21处，有效避震面积80.63万平方米；万江28处，有效避震面积41.78万平方米；松山湖5处，有效避震面积98.84万平方米（表8.22）。

表 8.22　中心城区现状避震疏散场所用地有效面积汇总

镇街		莞城街道	东城街道	南城街道	万江街道	松山湖开发区	合计
公园绿地	数量（处）	2	4	8	4	2	20
	用地面积（m²）	234372	2689113	610106	66272	494273	4094136
	有效面积（m²）	117186	1344556	305053	33136	247137	2047068
广场	数量（处）	3	1	2	1	—	7
	用地面积（m²）	107032	13360	316930	9156	—	446478
	有效面积（m²）	96329	12024	285237	8240	—	401830
学校	数量（处）	6	11	9	21	3	29
	用地面积（m²）	470697	729449	461121	709091	2470905	4841263
	有效面积（m²）	141209	218835	138336	212727	741272	1452379
体育场	数量（处）	1	1	2	2	—	6
	用地面积（m²）	9831	69266	86299	181874	—	347270
	有效面积（m²）	8848	62339	77669	163687	—	312543
小计	数量（处）	12	17	21	28	5	83
	有效避险面积（m²）	363572	1637754	806295	417790	988408	4213819

　　现状可用避震疏散场所用地总规模为 421.38 万平方米，能满足现状所需的 201.92 万平方米需求规模。但在空间分布上，可用避震疏散场所用地分布不均。其中，莞城、南城、万

江和松山湖的可用资源总规模大于预测的需求规模，而东城的可用资源总规模则小于预测的需求规模。因此，本次规划须结合避震疏散场所用地的服务半径对其空间布局进行优化（图 8.24）。

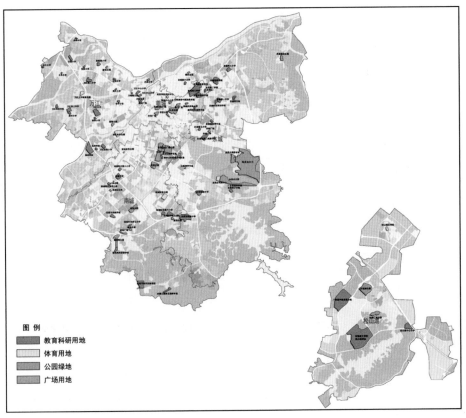

图 8.24　中心城区现状可作避震疏散场所用地分布图

8.5.2　近期建设避震疏散场所用地

8.5.2.1　近期建设紧急避震疏散场所用地

根据现状人口预测，规划范围内需设置紧急避震疏散场所用地面积不低于 130.50 万平方米，现状实际紧急避震疏散场所用地共 59 处（莞城 5 处、东城 12 处、南城 17 处、万江 22 处、松山湖 3 处），有效面积 171.04 万平方米，满足现状避险需求（表 8.23～表 8.27，图 8.25）。

表 8.23　现状公园绿地类紧急避震疏散场所一览

所属区域	编号	名称	用地面积（m²）	有效面积（m²）	位置	小计 数量（处）	小计 有效面积（m²）	合计 数量（处）	合计 有效面积（m²）
莞城街道	G-GC02	草堂公园	15741	7871	金牛路	1	7871		
东城街道	G-DC01	樟村公园	9505	4753	文华路	3	243168		
	G-DC02	周屋悠闲公园	42827	21414	莲矿区一巷				
	G-DC04	山泉水公园	434004	217002	八一路				
南城街道	G-NC01	市民中心广场公园	215595	107798	石竹路	7	252736	15	576659
	G-NC03	上和公园	1892	946	上围街				
	G-NC04	袁屋边公园	9638	4819	宝园路				
	G-NC05	迎宾公园	130656	65328	东莞大道				
	G-NC06	蛤地公园	16614	8307	新南路				
	G-NC07	御花苑公园	115530	57765	清华东路				
	G-NC08	雅园公园	15546	7773	村前路				
万江街道	G-WJ01	蟠龙公园	12120	6060	莫屋街	3	17872		
	G-WJ02	万福路公园	6070	3035	万福路				
	G-WJ04	曲海公园	17553	8777	厚德路				
松山湖开发区	G-SSH02	松湖广场公园	110027	55014	玉兰路	1	55014		

表 8.24　现状广场类紧急避震疏散场所一览

所属区域	编号	名称	用地面积（m²）	有效面积（m²）	位置	小计 数量（处）	小计 有效面积（m²）	合计 数量（处）	合计 有效面积（m²）
莞城街道	S-GC01	莞城文化广场	51404	46264	运河东二路	2	75314		
	S-GC02	市民广场	32278	29050	可园南路				
东城街道	S-DC01	东城广场	13360	12024	东城路	1	12024	4	349324
南城街道	S-NC01	中心广场	291096	261986	鸿福路	1	261986		
万江街道	—	—	—	—	—	—	—		
松山湖开发区	—	—	—	—	—	—	—		

表 8.25　现状学校类紧急避震疏散场所一览

所属区域	编号	名称	用地面积 （m²）	有效面积 （m²）	位置	小计	
						数量 （处）	有效面积 （m²）
莞城街道	A-GC01	东莞市经贸学校	68278	20483	东城中路	2	24477
	A-GC05	莞城步步高小学	13313	3994	万园路		
东城街道	A-DC01	东城第六小学	15389	4617	瑞和街	8	178613
	A-DC03	东城技师学院	132317	39695	莞龙路		
	A-DC04	东城第一中学	50180	15054	莞温路		
	A-DC05	东城职业培训学校	19694	5908	莞温路		
	A-DC06	东城第五小学	14001	4200	东城中路		
	A-DC09	东华高级中学	93483	28045	莞长路		
	A-DC10	广东省技师学院 东莞育才分院	29627	8888	光明三路		
	A-DC11	东莞市高级中学	240684	72205	伟业路		
南城街道	A-NC01	南城阳光第三小学	23565	7070	新基路	8	115390
	A-NC03	南城阳光第四小学	17820	5346	校前路		
	A-NC04	东莞市尚城学校	37460	11238	宏六路		
	A-NC05	南城阳光第六小学	27212	8164	坡头路		
	A-NC06	广东科技学院北区	76743	23023	东四路		
	A-NC07	南城阳光第七小学	11179	3354	新南路		
	A-NC08	御花苑外国语学校	29229	8769	清华东路		
	A-NC09	东莞市南开 实验学校	161424	48427	水濂山路		
万江街道	A-WJ01	滘联小学	7109	2133	滘联李屋路	18	131246
	A-WJ02	长江小学	13075	3923	小亨路		
	A-WJ03	谷涌小学	37393	11218	沿河路		
	A-WJ04	小亨小学	4062	1219	小亨路		
	A-WJ05	智新小学	12641	3792	玉塘路		
	A-WJ08	石美小学	13230	3969	石美路		
	A-WJ09	美江小学	6691	2007	美江路		
	A-WJ10	艺林小学	15103	4531	新丰路		
	A-WJ11	万江中心小学	29481	8844	水果街		

续表

所属区域	编号	名称	用地面积（m²）	有效面积（m²）	位置	小计	
						数量（处）	有效面积（m²）
万江街道	A-WJ12	万江中心小学	21128	6338	教育路		
	A-WJ13	育华小学	14611	4383	教育路		
	A-WJ14	万江中学	113620	34086	泰新路		
	A-WJ15	琼林小学	10586	3176	金龙新邨商业街		
	A-WJ16	万江明星学校	19158	5747	大汾教育路		
	A-WJ17	万江第三中学	50018	15005	大新路		
	A-WJ18	新村小学	18481	5544	大新路		
	A-WJ20	长鸿学校	10948	3284	塘城东路		
	A-WJ21	万江实验小学	40151	12045	和谐路		
松山湖开发区	A-SSH01	广东医学院东莞分院	851062	255319	科苑路	2	289139
	A-SSH03	松山湖中心小学	112735	33821	新竹路		
合计						38	738864

表 8.26　现状体育类紧急避震疏散场所一览

所属区域	编号	名称	用地面积（m²）	有效面积（m²）	位置	小计		合计	
						数量（处）	有效面积（m²）	数量（处）	有效面积（m²）
莞城街道	—	—	—	—	—	—	—	2	45592
东城街道	—	—	—	—	—	—	—		
南城街道	C-NC01	宏远体育公园	6331	5698	运河西三路	1	5698		
万江街道	C-WJ01	万江上甲体育公园	44327	39894	汾溪路	1	39894		
松山湖开发区	—	—	—	—	—	—	—		

表 8.27　现状各类紧急避震疏散场所一览

镇街	公园绿地		广场		学校		体育场		小计	
	数量（处）	有效面积（m²）	数量（处）	有效面积（m²）	数量（处）	有效面积（m²）	数量（处）	有效面积（m²）	数量（处）	有效面积（m²）
莞城街道	1	7871	2	75314	2	24477	0	0	5	107662
东城街道	3	243168	1	12024	8	178613	0	0	12	433805
南城街道	7	252736	1	261986	8	115390	1	5698	17	635809
万江街道	3	17872	0	0	18	131246	1	39894	22	189012
松山湖开发区	1	55014	0	0	2	289139	0	0	3	344153
合计计	15	576659	4	349324	38	738864	2	45592	59	1710440

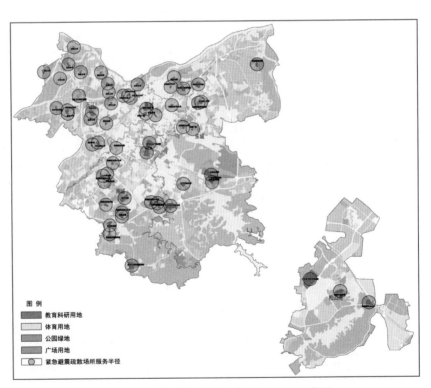

图 8.25　近期紧急避震疏散场所用地示意图

8.5.2.2　近期建设固定避震疏散场所用地

根据现状人口预测，规划范围内需设置固定避震疏散场所用地面积不低于 78.30 万平方米，现状实际固定避震疏散场所用地共 22 处（莞城 7 处、东城 4 处、南城 4 处、万江 6 处、松山湖 1 处），有效面积 94.99 万平方米，总体满足现状避震需求。

东城受不利因素影响，固定避震疏散场所用地小于规模需求；松山湖、南城、万江虽满足规模，但服务半径有所欠缺。结合避震疏散场所布局规划和服务半径需求，近期需建设固定避震疏散场所用地 9 处，用地面积 70.16 万平方米，有效避险面积 33.40 万平方米。其中，万江 1 处，面积 6.12 万平方米；东城 4 处，面积 24.04 万平方米；南城 1 处，面积 10.17 万平方米；松山湖 3 处，面积 29.83 万平方米。建设完成后，近期固定避震疏散场所用地共 31 处（莞城 7 处、东城 7 处、南城 6 处、万江 7 处、松山湖 4 处），有效面积 128.39 万平方米（表 8.28~表 8.33，图 8.26）。

表 8.28　现状公园绿地类固定避震疏散场所一览

所属区域	编号	名称	用地面积（m²）	有效面积（m²）	位置	小计 数量（处）	小计 有效面积（m²）	合计 数量（处）	合计 有效面积（m²）
莞城街道	G-GC01	人民公园	218631	109316	罗沙路	1	109316		
东城街道	—	—	—	—	—	—	—		
南城街道	G-NC02	元美公园	104635	52318	元美中路	1	52318	4	369021
万江街道	G-WJ03	万江公园	30529	15265	公园路	1	15265		
松山湖开发区	G-SSH01	百花洲公园	384246	192123	新城路	1	192123		

表 8.29　现状广场类固定避震疏散场所一览

所属区域	编号	名称	面积（m²）	有效面积（m²）	位置	小计 数量（处）	小计 有效面积（m²）	合计 数量（处）	合计 有效面积（m²）
莞城街道	S-GC03	东门广场	23350	21015	罗沙路	1	21015		
东城街道	—	—	—	—	—	—	—		
南城街道	S-NC02	蛤地广场	25834	23251	蛤地路	1	23251	3	52506
万江街道	S-WJ01	曦龙广场	9156	8240	公园路	1	8240		
松山湖开发区	—	—	—	—	—	—	—		

表 8.30　现状学校类固定避震疏散场所一览

所属区域	编号	名称	面积（m²）	有效面积（m²）	位置	小计		合计	
						数量（处）	有效面积（m²）	数量（处）	有效面积（m²）
莞城街道	A-GC02	东莞理工学校	273016	81905	学院路	4	116732	11	261382
	A-GC03	东莞理工学校（东校区）	14368	4310	东城中路				
	A-GC04	东莞中学初中部	82372	24712	学院路				
	A-GC06	莞城中心小学	19350	5805	万寿路				
东城街道	A-DC02	东城第三小学	44642	13393	桥园路	3	40222		
	A-DC07	东城小学	29136	8741	东城支路				
	A-DC08	东莞市第二高级中学	60296	18089	东城南路				
南城街道	A-NC02	南城中学	76489	22947	育才路	1	22947		
万江街道	A-WJ06	拔蛟窝小学	32713	9814	西环路二十九巷	3	81482		
	A-WJ07	万江第二中学	52499	15750	汾溪路				
	A-WJ19	翰林学校	186393	55918	创业工业路				
松山湖开发区	—	—	—	—	—	—	—		

表 8.31　现状体育类固定避震疏散场所一览

所属区域	编号	名称	面积（m²）	有效面积（m²）	位置	小计		合计	
						数量（处）	有效面积（m²）	数量（处）	有效面积（m²）
莞城街道	C-GC01	经贸学校实训中心	9831	8848	安靖路	1	8848	4	266951
东城街道	C-DC01	东莞市网球中心	69266	62339	军英路	1	62339		
南城街道	C-NC02	南城体育公园	79968	71971	东骏路	1	71971		
万江街道	C-WJ02	滨江体育公园	137547	123792	东江大道	1	123792		
松山湖开发区	—	—	—	—	—	—	—		

表 8.32 现状各类固定避震疏散场所一览

镇街	公园绿地		广场		学校		体育场		小计	
	数量（处）	有效面积（m²）	数量（处）	有效面积（m²）	数量（处）	有效面积（m²）	数量（处）	有效面积（m²）	数量（处）	有效面积（m²）
莞城街道	1	109316	1	21015	4	116732	1	8848	7	255910
东城街道	0	0	0	0	3	40222	1	62339	4	102562
南城街道	1	52318	1	23251	1	22947	1	71971	4	170486
万江街道	1	15265	1	8240	3	81482	1	123792	6	228779
松山湖开发区	1	192123	0	0	0	0	0	0	1	192123
合计	4	369021	3	52506	11	261382	4	266951	22	949860

表 8.33 需新增固定避震疏散场所一览

镇街	场所用地类型	数量（处）	编号	用地性质	用地面积（m²）	有效避险面积（m²）	有效面积小计（m²）
莞城街道	—	—	—	—	—	—	—
东城街道	固定避震疏散场所用地	4	G-DC05	公园绿地	25223	12612	120227
			G-DC06	公园绿地	93572	46786	
			G-DC07	公园绿地	98199	49100	
			G-DC08	公园绿地	23457	11729	
南城街道	固定避震疏散场所用地	1	G-NC09	公园绿地	101688	50844	50844
万江街道	固定避震疏散场所用地	1	A-WJ22	学校用地	61152	18346	18346
松山湖开发区	固定避震疏散场所用地	3	G-SSH03	公园绿地	101615	50808	144572
			G-SSH04	公园绿地	173727	86864	
			A-SSH04	学校用地	22999	6900	
合计	—	9	—	—	701632	333989	333989

图 8.26　近期固定避震疏散场所用地示意图

8.5.2.3　近期建设中心避震疏散场所用地

近期建设中心避震疏散场所用地按照规划布局落实，共 2 处，有效面积 155.35 万平方米（表 8.34，图 8.27）。

表 8.34　现状中心避震疏散场所一览

所属区域	编号	名称	用地面积（m²）	有效面积（m²）	位置	小计 数量（处）	小计 有效面积（m²）	合计 数量（处）	合计 有效面积（m²）
莞城街道	—	—	—	—	—	—	—		
东城街道	G-DC03	峰景高尔夫	2202777	1101388	迎宾路	1	1101388		
南城街道	—	—	—	—	—	—	—	2	1553520
万江街道	—	—	—	—	—	—	—		
松山湖开发区	A-SSH02	东莞理工学院松山湖校区	1507108	452132	大学路	1	452132		

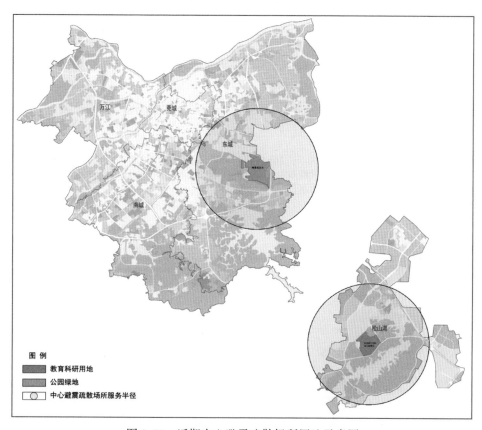

图 8.27 近期中心避震疏散场所用地示意图

8.5.2.4 近期避震疏散场所用地规划

本次规划通过对规划绿地、学校用地、体育用地和停车场用地中等潜在资源的筛选，选取适合建设为各类避险场所的用地，并根据服务半径和分区规模配置的要求，增加相应数量和规模的固定避震疏散场所，增加后的总有效避险面积约 454.78 万平方米，共 92 处（表 8.35）。

表 8.35　近期避震疏散场所用地规划一览

镇街		莞城街道	东城街道	南城街道	万江街道	松山湖开发区	合计
公园绿地	数量（处）	2	8	9	4	4	27
	用地面积（m²）	234372	2929484	711794	66272	769615	4711537
	有效面积（m²）	117186	1464742	355897	33136	384808	2355769
广场	数量（处）	3	1	2	1	—	7
	用地面积（m²）	107032	13360	316930	9156	—	446478
	有效面积（m²）	96329	12024	285237	8240	—	401830
学校	数量（处）	6	11	9	22	4	52
	用地面积（m²）	470697	729449	461121	770243	2493904	4925414
	有效面积（m²）	141209	218835	138336	231073	748171	1477624
体育场	数量（处）	1	1	2	2	—	6
	用地面积（m²）	9831	69266	86299	181874	—	347270
	有效面积（m²）	8848	62339	77669	163687	—	312543
小计	数量（处）	12	21	22	29	8	92
	有效避险面积（m²）	363572	1757940	857139	436136	1132979	4547766

8.5.2.5　近期需要新增避震疏散场所用地

完成建设万江固定避震疏散场所用地 1 处；东城固定避震疏散场所用地 4 处；南城固定

避震疏散场所用地 1 处；松山湖固定避震疏散场所用地 3 处。共 9 处，有效面积 33.40 万平方米，完善场所半径需求（表 8.36）。

表 8.36 近期重点建设项目一览

镇街	场所用地类型	数量（处）	编号	用地性质	用地面积（m²）	有效避险面积（m²）	有效面积小计（m²）
莞城街道	—	—	—	—	—	—	—
东城街道	固定避震疏散场所用地	4	G-DC05	公园绿地	25223	12612	120227
			G-DC06	公园绿地	93572	46786	
			G-DC07	公园绿地	98199	49100	
			G-DC08	公园绿地	23457	11729	
南城街道	固定避震疏散场所用地	1	G-NC09	公园绿地	101688	50844	50844
万江街道	固定避震疏散场所用地	1	A-WJ22	学校用地	61152	18346	18346
松山湖开发区	固定避震疏散场所用地	3	G-SSH03	公园绿地	101615	50808	144572
			G-SSH04	公园绿地	173727	86864	
			A-SSH04	学校用地	22999	6900	
合计	—	9	—	—	701632	333989	333989

8.6 规划实施建议

8.6.1 规划管控接口

8.6.1.1 对接全市总体规划

（1）避震场所规划。

①落实规划避震场所用地。在总规用地规划中，须按照本规划落实各类避震场所的规划用地性质与规模，若存在调整规划避震场所用地性质的需要，则须在保证满足服务范围要求且有效避震面积不减少的前提下进行调整。

②新增规划避震场所用地。总体规划须按照规划校核中提出的调整建议，在选址建议范围内适当规划满足有效避震面积的规划公园绿地、广场、停车场和学校（万江除外）等用地，以满足地震避震疏散要求。

（2）疏散交通规划。

在总规道路系统规划中，须考虑疏散通道的等级以及控制要求。若存在调整疏散通道的需要，应分三类情况进行调整。

①救灾通道：原则不建议调整。若需调整，需综合考虑城市疏散通道体系，在满足避震要求的前提下进行调整。

②疏散干道：调整时，需考虑调整通道对组团间的影响，在满足避震要求的前提下进行调整。

③疏散支路：调整时，需考虑通道设置的有效宽度要求。

8.6.1.2　对接相关专项规划

（1）对接对象。

本次规划对接的对象为东莞市市域层面或中心城区、松山湖地区内的绿地系统、综合交通、教育设施、电力等各类专项规划。

（2）避震场所规划对接要求。

各相关专项规划须根据本规划划定的避震场所位置、范围与规模，在保障有效避震面积不减少与满足次生灾害影响退缩距离的前提下，完善各自专项规划内容与体系。

8.6.1.3　对下层次规划的指引

（1）指引对象。

本次规划的指引对象为中心城区及松山湖高新区内的控制性详细规划、修建性详细规划及地块包装研究等下层次规划。

（2）避震场所规划指引要求。

严格按照规划场所选址、规模和建设要求给予落实，在保障有效避震面积不减少的前提下，可对避震场所的用地性质进行适当调整。

8.6.2　近期重点建设项目

各个街道办需根据规划的避震疏散场所用地，分别完成1处固定避震疏散场所的建设，莞城街道需建设人民公园和东门广场，其中人民公园已建成；东城街道需建设山水泉公园；南城街道需建设元美公园；万江街道需建设万江上甲体育公园；松山湖开发区需建设百花洲公园。近期重点建设的避震疏散场所需完善各场所相应的配套设施（表8.37，图8.28）。

表8.37　近期重点建设避震疏散场所

镇街	场所名称	用地面积（m²）	有效面积（m²）
莞城街道	人民公园（已建成）和东门广场一并建设	241982	120991
东城街道	山水泉公园	434005	217002.5
南城街道	元美公园	104635	52317.5
万江街道	万江上甲体育公园	44327	22163.5
松山湖开发区	百花洲公园	384246	192123

图 8.28　近期建设避震场所规划图

8.6.3　避震疏散场所建设要求

应按照《地震应急避难场所场址及配套设施》（GB 21734—2008）的要求配备相应的设施（表 8.38）。

固定及中心避震疏散场所需配备相应的配套建设，配备较完善的"生命线"工程要求的配套设施（设备），包括应急供水（自备井、封闭式储水池、瓶装矿泉水（纯净水）储备）、应急厕所、救灾指挥中心、应急监控（含通信、广播）、应急供电（自备发电机或太阳能供电）、应急医疗救护（卫生防疫）、应急物资供应（救灾物品贮存）用房、应急垃圾及污水处理设施，并配备消防器材等。有条件的还可以建设洗浴设施，应在开阔平坦处设置应急停机坪。

为保证灾后救援车辆的正常行驶要求，避震疏散场所（公园绿地等）内的主要道路的宽度应不低于 3.75m（一条机动车道的设计宽度）。另外，要按照建设部《城市道路和建筑物无障碍设计规范》的要求对避难场所进行无障碍设计，保证全部用地无障碍化——坡道化。还要根据残疾人、老年人等弱势群体的特殊生活需要，安排无障碍洗手间或专用厕位。

为保证地震发生时人流、车辆更好地疏散、避震，建议在实施过程中，进行详细的避震标识系统规划，更有序地组织避震活动。

表 8.38　避震疏散场所配套设施一览

	配套设施内容	紧急避震疏散场所	中心避震疏散场所	中心避震疏散场所
基本设施配置	应急篷宿区设施	√	√	√
	医疗救护与卫生防疫设施	√	√	√
	应急供水设施	√	√	√
	应急供电设施	√	√	√
	应急排污系统	√	√	√
	应急厕所	√	√	√
	应急垃圾储运设施	√	√	√
	应急通道	√	√	√
	应急标志	√	√	√
一般设施配置	应急消防设施		√	√
	应急物资储备设施		√	√
	应急指挥管理设施		√	√
综合设施配置	应急停车场		○	√
	应急停机坪		○	√
	应急洗浴设施		○	√
	应急通风设施		○	√
	功能介绍设施		○	√

注：√为应配套设施，○为选择性配套设施。

第9章 抗震防灾规划信息管理系统

按照《城市抗震防灾规划标准》（GB 50413—2007）的规定，为加强抗震防灾规划的管理和编制，提高应用水平，编制抗震防灾规划时，建立抗震防灾规划信息管理系统。抗震防灾规划信息管理系统的研发应符合《城市抗震防灾规划标准》（GB 50413—2007）的要求，抗震防灾规划信息管理系统应具有方便可操作性。

9.1 系统基本结构

东莞市抗震防灾规划管理平台采用先进的、流行的三层体系架构，分别为应用表示层、业务逻辑层和数据存储层。如图9.1所示。

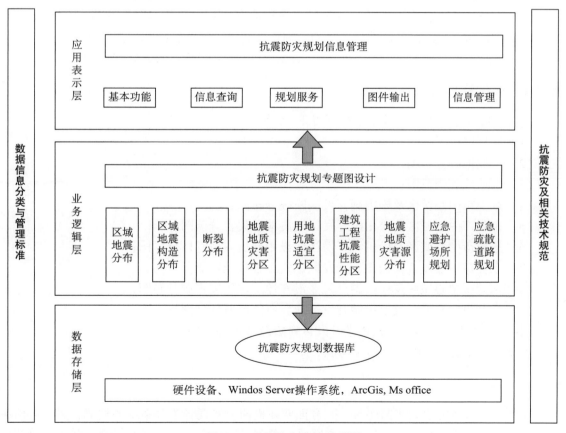

图 9.1 系统基本结构示意图

应用表示层：通过用户权限和信息权限过滤后，统一用户界面显示，接收用户界面操作和查询请求，将业务分析处理后的数据生成用户界面。应用表示层也称为应用服务层，这些服务包括：①数据访问服务；②数据共享与交换服务；③应用集成服务；④业务协同服务；⑤统一安全服务；⑥统一管理服务。

业务逻辑层：负责按照用户界面层提交的请求，并按照业务逻辑提取、过滤和处理数据将处理完的数据包返回给应用表示层进行显示。业务分析层主要包括全部抗震防灾规划成果内容，即区域地震分布、区域地震构造分布、断裂分布、地震地质灾害分区、建筑工程抗震性能分区、地震地质灾害源分布、应急避护场所规划、应急疏散道路规划等。

数据存储层：也称为资源层。负责系统数据和信息的存储、检索、优化、自我故障诊断/恢复，以及业务数据。存储的数据主要包括抗震防灾规划要素类数据。该层还包括支撑系统的网络通信协议和计算机软硬件等资源。本系统采用的网络通信协议是 TCP/IP 协议。支撑本系统主要的软硬件包括客户端计算机、服务器、Windows Server 操作系统、ArcGIS 等。

9.2　抗震防灾规划数据库

建设基于 GIS 的东莞市抗震防灾规划信息管理系统，首先应解决规划数据问题。目前我们使用的地震数据、地震应急数据、地震灾害防御数据绝大多数采用经纬度坐标、Shape 格式文件，能满足系统建设的需要。而东莞的规划数据一些采用的是珠区坐标、CAD 图，有些则是栅格数据。因此，需要进行大量的数据格式转换、坐标转换和地图数字化。

对采集的各类数据进行加工、处理、入库，建设东莞市抗震防灾规划数据库。

9.2.1　数据库内容

抗震防灾规划数据库内容主要包括以下专题图：
（1）规划区位置图；
（2）区域地震分布图；
（3）区域地震构造图；
（4）东莞市中心城区及松山湖开发区断裂分布图；
（5）东莞市中心城区及松山湖开发区地震地质灾害分区图；
（6）东莞市中心城区及松山湖开发区建设用地抗震适宜性分区图；
（7）东莞市中心城区及松山湖开发区建筑工程抗震性能分区图；
（8）东莞市中心城区及松山湖开发区潜在地震次生灾害源分布图；
（9）东莞市中心城区及松山湖开发区应急避险场所规划图；
（10）东莞市中心城区及松山湖开发区避震疏散道路规划图。
上述每个专题图又由数个图层构成。

9.2.2　数据库结构

在构建抗震防灾规划数据库时，一方面要在横向上实现各个分系统的功能，另一方面应在纵向上深入分析各个系统之间的内在联系。首先设计一个具有良好逻辑性的数据库总体框架结构，然后在这个总体框架结构的基础上实现各项数据支持功能。这个总体框架结构应使各功能系统能够方便地使用数据库中的各种数据和中间结果以及一些功能性服务，从而使系统真正成为一个有机整体。

9.2.3 数据存储方式设计

抗震防灾规划数据库包括大量空间数据，因此在数据存储上采用 ESRI 开发的地理数据库模型（Geodatabase Model）进行存储。

地理数据库模型是定义地理信息的一般模型，这个模型可以有不同的用户和应用，它本质上是一种空间数据和属性数据的一体化存储机制，其中有许多专门的存储结构，用来存储空间要素、要素集、属性、属性间的关联以及要素间的关联。由于 Geodatabase 具有内置的属性有效性规则、高级的数据存储选项，并且赋予数据集要素自然行为能力，因此十分适合用来作为海量与地理空间相关的数据的存储模型。地理数据库模型支持面向对象的矢量数据模型和各种各样的地理对象类型，还可以定义对象之间的关系和完整性规则。

9.2.4 数据访问方式

抗震防灾规划数据库对空间数据和属性数据的访问，均采用 ADO 方式。

9.2.5 数据库优化设计

保证数据库能在最佳的性能状态下运行，对于整个项目来说是至关重要的，在开发工作开始之前就应该考虑数据库的优化策略。优化策略一般包括服务器操作系统参数调整、数据库参数调整、网络性能调整、应用程序 SQL 语句分析及设计等几个方面，其中应用程序的分析与设计是在系统开发之前完成的。

分析评价数据库性能主要有数据库吞吐量和数据库用户响应时间两项指标。获得满意的用户响应时间有两个途径：一是减少系统服务时间，即提高数据库的吞吐量；二是减少用户等待时间，即减少用户访问同一数据库资源的冲突率。为实现这一目标，数据库性能优化主要包括如下四个部分：

（1）调整数据结构的设计，根据需要考虑是否使用数据库的分区功能，对于经常访问的数据库表是否需要建立索引等。

（2）调整 SQL 语句数据库端应用程序的执行最终将归结为数据库中的 SQL 语句执行，因此 SQL 语句的执行效率最终决定了数据库的性能。

（3）调整服务器内存分配，数据库管理员根据数据库的运行状况不仅可以调整数据库系统全局区（SGA 区）的数据缓冲区、日志缓冲区和共享池的大小，而且还可以调整程序全局区（PGA 区）的大小。

（4）调整硬盘 I/O，数据库管理员可以通过对不同数据文件在硬盘上物理存储地址来合理规划，做到硬盘之间 I/O 负载均衡。

9.3　系统功能

9.3.1　基本功能

提供 GIS 的基本功能，包括图形浏览、图形缩放、图形平移、距离计算。

（1）图形浏览。选择任意规划专题图，显示各种图件的图形信息、图形要素的空间位置以及不同图层的组合显示。

（2）图形缩放。对选择的专题图进行放大、缩小。

（3）图形平移。对选择的专题图进行上、下、左、右平移。

（4）距离计算。计算两点间距离。

9.3.2　信息查询

包括图形查询和属性查询。

（1）图形查询。选取图形空间要素查询属性。

（2）属性查询。打开数据表，选择属性数据查询图形空间要素。

9.3.3　规划服务

通过设定规划区范围，包括框选或任意多边形，裁剪提取规划图件（各专题图），可打印输出。

9.3.4　图件输出

图件输出包括输出和打印专题图。

（1）输出专题图。将专题图输出生成为 jpg 格式文件。

（2）打印专题图。将专题图打印输出。

9.3.5　信息管理

实现对各专题图图层、空间要素和属性数据的管理。

（1）实现对专题图图层的添加和删除。

（2）利用 ArcGIS 的 Editor 工具，实现对空间要素的添加和删除及对属性数据的编辑。

9.4　系统支撑环境

软件开发环境：ArcGIS Engine、C#. net；

数据库环境：MS Office Access；

系统运行环境：WINDOWS 操作系统、MS Office 软件、AE Runtime。

参考文献和资料

293 份地震安全性评价报告 . 广东省工程防震研究院, 广东省地震工程勘测中心.

54 份工程地质勘察报告 . 韶关地质工程勘察院.

《工程场地地震安全性评价》（GB 17741—2005）宣贯教材 . 中国标准出版社，2005.

《中国地震动参数区划图》（GB 18306—2015）.

《建筑地基基础设计规范》（GB 50007—2011）.

《建筑抗震设计规范》（GB 50011—2010）.

《岩土工程勘察规范》（GB 50021—2001）（2009 版）.

《建筑抗震鉴定标准》（GB 50023—2009）.

《室外给水排水和煤气热力工程抗震设计规范》（GB 50032—2003）.

《古建筑木结构维护与加固技术规范》（GB 50165—92）.

《构筑物抗震设计规范》（GB 50191—2012）.

《建筑工程抗震设防分类标准》（GB 50223—2008）.

《输气管道工程设计规范》（GB 50251—2003）.

《电力设施抗震设计规范》（GB 50260—96）.

《建筑边坡工程技术规范》（GB 50330—2002）.

《镇（乡）村建筑抗震技术规程》（JGJ 161—2008）.

《底部框架——抗震墙砌体房屋抗震技术规程》（JGJ 248—2012）.

《建筑消能减震技术规程》（JGJ 297—2013）.

《软土地区工程地质勘察规范》（JGJ 83—2011）.

《公路工程抗震规范》（JT GB02—2013）.

《公路路基设计规范》（JTG D30—2004）.

《公路桥梁抗震设计细则》（JTG/T B02-01—2008）.

《电气设施抗震鉴定技术标准》（SY 4063—93）.

《东莞市城市总体规划（2000—2015）》. 中国城市规划设计研究院, 东莞市城建规划局, 2001 年 5 月.

《东莞市城市总体规划（2016—2030）》纲要 . 东莞市城乡规划局, 中国城市规划设计研究院, 东莞市城建规划设计院, 2015 年 1 月.

《东莞市石龙—厚街、南坑—虎门断裂探测与地震危险性评价报告》. 广东省工程防震研究院, 2008 年 10 月.

《东莞市市区地震次生灾害预测技术报告》. 广东省地震局, 2006 年 10 月.

《东莞市市区地震小区划综合报告》. 广东省地震局, 2006 年 6 月.

《东莞市市区建筑物震害预测技术报告》. 中国地震局工程力学研究所, 2006 年 10 月.

《东莞市市区生命线工程震害预测技术报告》. 广东省地震局, 2006 年 10 月.

《东莞市域城镇体系规划（2005—2020 年）》. 中国城市规划设计研究院, 东莞市城建规划局等, 2007 年 5 月.

《东莞市综合交通运输体系规划（2013—2030 年）》. 东莞市交通运输局, 中国城市规划设计研究院, 2014 年.

《广东省东莞市 2015 年地质灾害群测群防点基本信息表》. 东莞市国土资源局, 2015 年.

《广东省东莞市地质灾害防治规划（2006—2020 年）》. 东莞市国土资源局, 2006 年.

《广东省志-地震志》. 广东人民出版社, 2003 年.

《松山湖开发区地震地质环境调查分析评估》报告. 广东省地震工程实验中心, 2014 年.

《松山湖开发区既有建 (构) 筑物抗震性能普查鉴定报告》. 广东省地震工程实验中心, 2014 年 12 月.

《中国·东莞松山湖科技产业园总体规划》. 东莞市松山湖科技产业园管委会, 中国城市规划设计研究院,
　　2002 年 8 月.

陈一平, 陈欣. 公路交通系统震害预测. 中国建筑科学研究院抗震所, 1987 年.

东莞统计年鉴-2014. 东莞市统计局编, 2014 年 8 月.

董军, 邓洪洲. 地基不均匀沉降引起上部结构损坏的非线性全过程分析. 土木工程学报, 2000, 33 (2):
　　101~104.

范立础. 桥梁抗震. 同济大学出版社, 1995.

高云学等. 哈尔滨市地震次生灾害危险评估及防灾对策研究. 国家地震局工程力学研究所研究报告,
　　1995 年.

高云学等. 哈尔滨市地震次生灾害危险评估及防灾对策研究. 国家地震局工程力学研究所研究报告,
　　1995 年.

耿伟等. 地震次生水灾的成因及对策. 西北地震学报, 2005. 3.

工程力学研究所主编. 海城地震震害. 地震出版社, 1979.

广东省地震工程勘测中心. 广州市部分城区地震次生灾害评估技术报告, 2004 年.

郭继武. 建筑抗震设计. 高等教育出版社, 1990.

韩阳. 城市地下管网系统的地震可靠性研究. 大连理工大学博士学位论文, 2002 年.

胡聿贤. 地震工程学. 地震出版社, 1988.

黄龙生, 黄勇. 公路桥的震害预测. 工程抗震, 1996. 9.

黄棠, 王效通. 结构设计原理. 中国铁道出版社, 1993.

建标 158—2011　建筑抗震加固建设标准.

蒋越等. 地震次生灾害对石油化工的影响. 当代化工, 2015. 5.

李杰. 生命线工程抗震——基础理论与应用. 科学出版社, 2005.

李荣安, 房贺岩, 岳明生, 宋志宏. 辽宁地震重点监视区桥梁震害预测. 地震工程工程振动, 1996. 9.

李天等. 高压变电站抗震可靠性分析 (二). 地震工程与工程振动, 第 20 卷第 4 期.

李天等. 高压变电站抗震可靠性分析 (一). 地震工程与工程振动, 第 20 卷第期.

李天等. 高压变电站主接线系统抗震可靠性分析. 世界地震工程, 16 卷 3 期.

李昭淑等. 1556 年华县大地震的次生灾害. 山地学报, 2007. 7

刘宝林等. 电气设备选择·施工安装·设计应用手册 (上、下册). 中国水利水电出版社, 1997.

刘恢先主编. 唐山大地震震害. 地震出版社, 1986.

刘小生, 黄玉生. 基于 Arc/Info 的洪水淹没面积的计算方法. 测绘通报, 2003 (6): 46~48.

陆建忠, 梁永青, 梁启智. 珠海 (磨刀门) 大桥震害预测及对策, 1995. 9.

罗桂纯等. 地震次衍生灾害及减灾措施. 中国应急救援, 2013.

马祥骏, 彭汉杰, 杨志田. 浅谈桥梁抗震设计. 山东交通科技, 1999, 1.

清华大学, 西南交通大学, 等. 汶川地震建筑震害分析及设计对策. 中国建筑工业出版社, 2009.

全国中小学校舍信息管理系统. (网址: http://schoolhouse.snedu.com/login.html).

沈世杰. 地下管道在地震波作用下的动力反应分析. 特种结构, 1987.

孙振凯, 邹其嘉. 公路桥梁地震易损性和震后恢复过程. 华南地震, 1999. 6.

王东升, 冯启民. 桥梁震害预测方法, 自然灾害学报, 2001. 8.

王东升, 翟桐, 郭明珠. 利用 Push-over 方法评价桥梁的抗震安全性. 界地震工程, 2000. 6.

王菁, 高小旺. 城市中典型及重要钢筋混凝土梁式桥震害预测方法. 工程抗震, 1995. 3.

魏柏林．东南沿海地震活动特征．地震出版社，2001.

吴宗之等．危险评价方法及其应用．冶金工业出版社，2001.

伍国春．日本近现代地震及其次生灾害的社会影响．地震学报，2012.5.

徐善华，初凤荣，于池清．公路桥梁震害预测．山东建材学院学报，1998.

许建东等．石化企业地震次生火灾危险性评估与对策研究．自然灾害学报，2002.7

杨亚娣，张其浩．具有柔性结点的有限元法及其应用．工程力学，1988年第5卷，第3期.

杨亚娣等．多柱式电气设备抗震分析．地震学刊，1988年1期.

叶秉如．水利计算．水利电力出版社，1985，210~211.

尹之潜．地震灾害及损失预测方法．地震出版社，1996.

尹之潜等．地震灾害预测与地震灾害等级．中国地震，1991年7卷1期.

余世舟．地震次生灾害的数值模拟．中国地震局工程力学研究所硕士论文，2004.

宇德明．重大危险源的评价及火灾爆炸事故严重度的若干研究．博士学位论文．北京理工大学，1997.6

张竞等．珠江三角洲通信系统震害预测．华南地震．1995年15卷3期.

赵成刚，冯启民，等．生命线地震工程．地震出版社，1994.

赵振东等．地震次生火灾发生的危险性分析．中国地震局工程力学研究所研究报告.

赵振东等．建筑物震后火灾发生与蔓延危险性分析的概率模型．地震工程与工程振动，2003年23卷，4期.

中国地震局地质研究所．石狮市区震害预测及防震减灾对策研究报告，2000.

周魁一等．十四世纪以来我国地震次生水灾的研究．自然灾害学报，1992.7.

朱美珍．给水管网的震害预测及可靠性评定．同济大学学报，1994，12（4）.

朱美珍．公路桥梁震害预测的实用方法．同济大学学报，1994.9.

卓卫宋，范立础．从震害教训中反思我国桥梁抗震设计现状．福建大学学报（自然科学版），1999，6.